焊接机器人编程与维护

主　编　肖　珑　任艳艳　楚雪平
副主编　张怡青　谢胜利
参　编　王亚强　武继旭

北京理工大学出版社
BEIJING INSTITUTE OF TECHNOLOGY PRESS

内 容 简 介

本书基于工作过程系统化等先进职教理念，从职业院校实际教学使用出发，结合 1 + X 焊接机器人编程与维护职业技能等级证书和企业实际岗位职业能力要求，校企合作共同开发。本书由焊接机器人基础知识、焊接机器人参数配置、焊接行业典型焊接机器人编程与操作、焊接行业典型接头的焊接与编程、焊接机器人维护保养、机器人变位机操作编程等六个部分组成。基础知识和一般结构组成主要介绍焊接机器人的发展历程、分类、安全使用、机械结构和电气结构；焊接机器人编程与操作从基础指令入手，介绍编程的基础知识；典型接头的焊接与编程从实际出发，讲解机器人焊接的应用实例，还讲述了在焊接过程中由于各种原因造成的焊缝缺陷的处理方法；焊接机器人维护保养介绍正确的保存焊丝的方法和焊丝更换的方法、剪丝机的维护与保养的各相关保养知识；机器人变位机操作编程介绍了变位机的操作方法。

本书既适合作为高等院校智能焊接技术、焊接技术应用等相关专业的教材或焊接机器人岗位培训用书，也可作为高职院校机电及相关专业学生的实践选修课教材，同时可供有关技术人员参考。

图书在版编目(CIP)数据

焊接机器人编程与维护 / 肖珑，任艳艳，楚雪平主编. -- 北京 : 北京理工大学出版社，2022.10

ISBN 978-7-5763-1769-5

Ⅰ. ①焊… Ⅱ. ①肖… ②任… ③楚… Ⅲ. ①焊接机器人-程序设计②焊接机器人-维修 Ⅳ. ①TP242.2

中国版本图书馆 CIP 数据核字(2022)第 196064 号

出版发行 / 北京理工大学出版社有限责任公司
社　　址 / 北京市海淀区中关村南大街 5 号
邮　　编 / 100081
电　　话 / (010)68914775(总编室)
　　　　　(010)82562903(教材售后服务热线)
　　　　　(010)68944723(其他图书服务热线)
网　　址 / http://www.bitpress.com.cn
经　　销 / 全国各地新华书店
印　　刷 / 三河市天利华印刷装订有限公司
开　　本 / 787 毫米 × 1092 毫米　1/16
印　　张 / 13.75
字　　数 / 290 千字
版　　次 / 2022 年 10 月第 1 版　2022 年 10 月第 1 次印刷
定　　价 / 69.00 元

责任编辑 / 高雪梅
文案编辑 / 高雪梅
责任校对 / 周瑞红
责任印制 / 李志强

前言

“焊接机器人编程与维护”是面向高职智能焊接技术专业学生开设的专业核心课程，课程围绕立德树人根本任务，融通“岗课赛证”和学校办学定位，确定课程目标。通过本课程的教学，使学生能归纳出常用焊接机器人的结构组成，能根据操作规范安全操作焊接机器人设备，能根据典型零件焊接要求正确编制焊接工艺与程序；了解焊接设备日常维护方法，能正确分析并解决常见焊接技术问题；养成认真、专注、严谨的工作态度；培养学生吃苦耐劳、精益求精和守正创新的工匠精神。

本教材为河南职业技术学院国家双高专业群和国家现代学徒制的建设成果之一。教材结合焊接机器人岗位能力要求、焊接技能竞赛规程、焊接机器人编程与维护 1 + X 考证要求，以企业典型焊接任务为基础，进行教学内容优化重组和模块化设计，使理论知识与基本技能相融合，知识传授与技术技能培养并重。全书共 6 个模块，包括焊接机器人基础知识、焊接机器人参数配置、典型焊接机器人编程与操作、焊接行业典型接头的焊接与编程、焊接机器人维护保养和机器人变位机操作编程。本教材具有以下特点：

（1）融通岗课赛证创，重构课程内容。以焊接应用技术为主线，融合岗位标准、X 证书标准、竞赛规程、新工艺标准等，从易到难重构课程内容，解决传统教学中知识与技能、原理与岗位应用脱节的问题。

（2）图文并茂、言简意赅、资源丰富、贴近实际。将传统教材中大量冗余烦琐的知识内容表格化、图片化，减少了过多的理论阐述和逻辑推导过程，提升了教材的直观性和可读性。利用信息技术将抽象、枯燥、难理解的焊接技能点以微课、动画等形式直观、生动展现出来，提高学生获得感。

（3）校企“双元”合作开发，产教融合深入。教材编写组邀请行业企业的高级工程师深度参与教材编写，有效融入岗位要求和职业素养，并将企业焊接项目转化为教学项目，既保证了教材内容与职业标准的对接，又及时吸收产业发展新技术、新工艺、新规范，使教材内容紧跟产业发展趋势和行业人才需求，反映产业技术升级，反映典型岗位职业能力要求，行业特点鲜明。

（4）课程思政有效融入。针对焊接机器人技术操作规范性强、技能训练强度大、应用广泛等特点，将吃苦耐劳、精益求精、守正创新等课程思政元素有机融入课程内容。

本书既适合作为高职院校智能焊接技术、焊接技术应用等相关专业的教材或焊接机器人岗位培训用书，也可作为高职院校机电及相关专业学生的实践选修课教材，同时可供有关技术人员参考。

本教材的参考教学时数为 68 学时。其中模块 1 建议 4 学时，模块 2 建议 12 学时，模块 3 建议 16 学时，模块 4 建议 20 学时，模块 5 建议 12 学时，模块 6 建议 4 学时。本课程的教学建议在教、学、做一体化实训基地进行，实训基地中应具有教学区、工作区和资料区，应能满足学生自主学习和完成工作任务的需要。

本教材由河南职业技术学院肖珑、任艳艳、楚雪平任主编；河南职业技术学院张怡青、郑州国电机械设计研究所有限公司谢胜利任副主编；河南职业技术学院王亚强、郑州煤矿机械集团股份有限公司武继旭参编；全书由肖珑统稿。具体编写分工如下：肖珑编写模块 1，张怡青编写模块 2 和模块 6，任艳艳编写模块 3，楚雪平编写模块 4，王亚强编写模块 5，谢胜利、武继旭参与了大量的资料收集、稿件审核和配套资源制作等工作。

由于编者水平有限，书中不足之处在所难免，恳请广大读者批评指正。

编　者

目 录

模块1 焊接机器人基础知识

导 入

焊接机器人是为提升焊接工艺而提供的高质量且高速度的解决方案，目前可通过氩弧焊、点焊、激光焊接、摩擦焊、冷焊等技术与机器人工艺相配合完成各种工业常见焊接，如图1－0－1所示。焊接机器人是所有工业机器人应用中体量最大的，目前占工业机器人应用总量的1/3左右，在我国得到了广泛的应用。

图1－0－1 焊接机器人

焊接机器人是从事焊接（包括切割与喷涂）的工业机器人。根据国际标准化组织（International Organization for Standardization，ISO）的定义，工业机器人是一种多用途的、可重复编程的自动控制操作机（manipulator），具有3个或更多可编程的轴，用于工业自动化领域。

一、焊接机器人发展过程

近年来，数字化、智能化、流水线化结构件加工设备已在汽车、数码3C产品等制造业细分领域得到广泛应用，工业机器人便是这些产线数字化、智能化的核心部件。

经过半个多世纪的发展，工业机器人在物料搬运、非接触式加工、零部件装配及自动化检测等生产过程中，均有不同深度、广度的应用。

其中，非接触式加工中的焊接机器人是工业机器人中应用最广、最为主流的品类，全球在役的工业机器人中，半数以上应用于焊接加工流程。

1. 硬件发展

1957 年，美国机器人公司 Unimation 成立，并于次年正式运营。

1959 年，工业机器人 Unimate 问世，它由美国发明家约瑟夫·恩格尔伯格（Joseph F. Engelberger）和乔治·德沃尔（George Devol）共同发明，如图 1－0－2 所示。

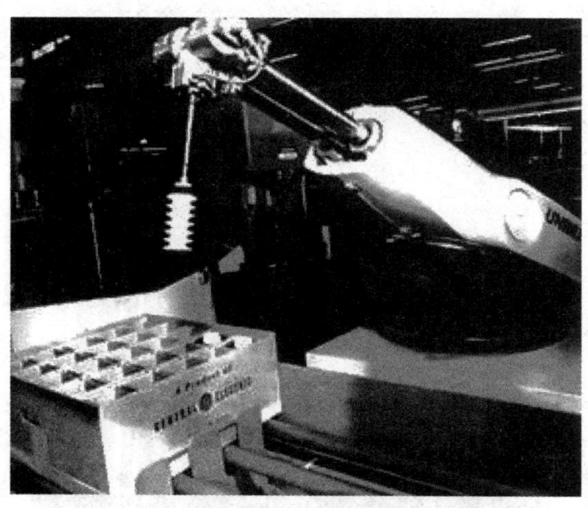

图 1－0－2　世界上第一台工业机器人 Unimate

1961 年，美国通用汽车公司安装了这台工业机器人，标志着机器人在工业领域正式投入应用。

20 世纪 80 年代，美国军方将工业机器人应用于军船的建造，工业机器人逐渐走入航运及船舶制造业。

20 世纪 90 年代，日本大型造船企业开始采用机器人进行焊接作业。

1995 年，韩国船企改造生产线，焊接机器人逐步应用于造船工业。

21 世纪以来，欧洲各企业的焊接机器人生产、应用逐步成熟，奥地利、芬兰等国的焊接机器人广泛应用于丹麦、德国、新加坡等国的大型船企。

目前，日韩船企正在逐步完成小组立焊接生产线的机器人化，工人投入逐渐减少的同时，生产效率有了明显提高。

2. 软件发展

工业机器人作业编程软件的发展大致可以分为 3 个阶段，即通过示教进行作业再现、通过离线编程进行作业下发及自主识别编程。其中，通过示教进行作业再现阶段较为初级，即通过人工导引或示教盒引导机器人末端的夹持器、焊枪等功能执行器具依照固定的路径及输出参数完成预设的动作，该过程称为示教。由用户示教过程编制出的程序可被机器人记忆并不断再现，并指导机器人完成重复性较高的工作。

工业机器人发展初期，投入生产的机器人多通过人工导引示教进行编程。20 世纪末，使用示教盒示教的方式逐渐兴起。

目前，通过示教作业进行编程的机器人仍占据工业生产领域的主流地位，在汽车、消费级数码3C产品等领域的生产装配得到了大规模的应用。我国“七五”和“八五”期间研制、生产的工业机器人多属示教再现型机器人。

针对焊缝复杂、小批量、柔性化生产的工件，示教再现型机器人应用效率较低。车体焊接过程中，焊接机器人针对单个工件的示教作业需数月时间，而施焊过程仅需十余小时。因此，施焊与编程同步进行、几乎不存在停机等待时间的离线编程逐渐兴起。离线编程模式中，操作者读取目标焊件三维模型后，在相应的软件环境下通过离线编程软件远程编辑、修改机器人运行轨迹，软件编译模型和指令生成机器人作业代码，控制机器人依设定轨迹运行。另外，部分软件中带有仿真模块，通过工件模型、生产设备模型及厂房设施模型针对机器人的运行轨迹进行仿真模拟，在焊接作业下发前确认焊接路径的合理性，可避免造成设备及焊件损坏。离线编程的工艺流程如图1－0－3所示。

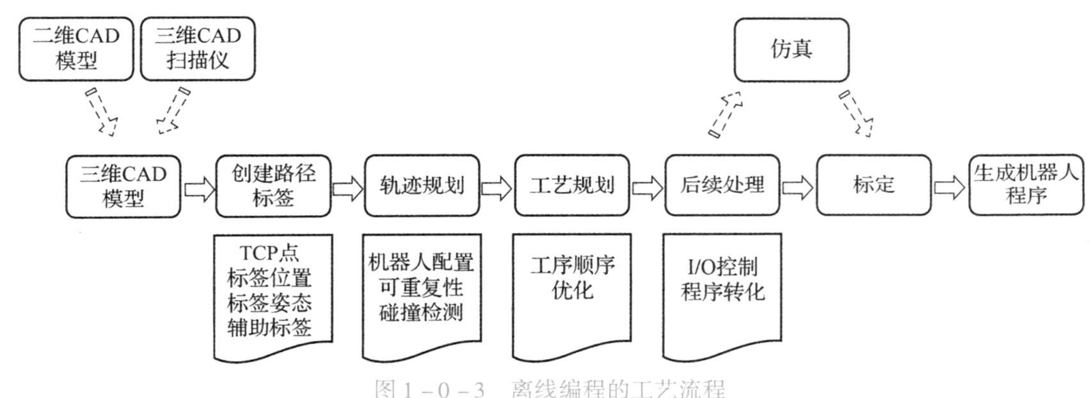

图1－0－3 离线编程的工艺流程

相较于传统的示教编程，离线编程作业程序在目标焊件运送至生产线前完成编制，编程工作不占用焊接机器人工作时间，在上一焊件施焊完毕前完成下一焊件程序的编制，时间上衔接恰当，极大程度提高了小批量、柔性生产流程中的作业效率。

尽管不占用焊接机器人工作时间，但对于较为复杂的焊件而言，离线编程模式模式中焊缝路径建立、轨迹和工艺规划仍非常烦琐。

随着各种测量、传感技术日益成熟，人工智能、图像识别等新技术不断涌现，关于机器人自主编程技术的思考也在逐年增加。人们希望通过视觉、超声等传感器及工业照相机获取现场目标焊件及周围环境信息，自动识别工件外形尺寸、类型，通过图像处理算法提取工件数学模型，并通过特征点自动识别目标焊缝位置、自动规划机器人焊接路径、自动生成工艺特征等参数，最终达到自动生成带机器人运动位姿焊接作业程序的程度。作业程序无须依赖操作者的经验，而是通过读取焊接工艺专家数据库来匹配对应工艺需求，进而通过需求及参数匹配对应焊接工艺，并根据工艺信息自适应生成机器人焊接程序，下发至机器人执行。该方式不仅无须停机操作，也无须操作人员干预，适合在自动化程度需求较高的工业环境下，针对复杂焊件做到真正的“无人化”“自动化”生产。

目前，自主编程方式已逐步应用于焊缝规律的简单结构件，但无法完全保证复杂结构的“无人化”生产。

3. 我国焊接机器人发展现状

我国工业机器人的开发晚于美国和日本，直到20世纪70年代末，我国才在引进国外技术的基础上，开始研究焊接机器人。20世纪70年代末，上海电焊机厂与上海电动工具研究所合作研制的直角坐标机械手，成功地应用于上海牌轿车底盘的焊接。1985年，哈尔滨工业大学研制成功我国第一台HY－1型焊接机器人。1989年，北京机床研究所和华南理工大学联合为天津自行车二厂研制出了焊接自行车前三脚架的TJR－G1型弧焊机器人，为中国第二汽车制造厂研制出用于焊接东风牌汽车系列驾驶室及车身的点焊机器人。上海交通大学研制的“上海1号”“上海2号”示教型机器人也都具有弧焊和点焊的功能。经过几十年的持续努力，我国焊接机器人的研究在基础技术、控制技术、关键元器件等方面取得了重大进展，并已进入使用化阶段，形成了点焊、弧焊机器人系列产品，能够实现小批量生产。1997年，首都钢铁公司和日本安川株式会社共同建立了首钢－莫托曼机器人公司，并于当年年底推出了第一批国内生产的机器人，其中主要产品是焊接机器人。1999年7月15日，国家863计划智能机器人主题专家验收通过了由中国一汽集团、哈尔滨工业大学和沈阳自动化研究所联合开发的HT－100A型点焊机器人，国内的焊接机器人已开始逐步走向实用化阶段。

相关数据显示，在我国超过一半的工业机器人被运用于汽车制造业，而这些工业机器人中多数为焊接机器人。目前，中国焊接机器人的市场空间仍然很大。这是因为其一，老龄化及用工成本高，推动中国焊接机器人快速发展；其二，中国焊接机器人密度持续上升，但仍有较大升空间；其三，通用焊接机器人应用规模较小，未来应用空间大。

二、焊接机器人主要应用领域

焊接机器人的应用

1. 工程机械制造领域

焊接作业存在劳动条件差，热辐射较大的情况，是一个危险性较强的作业，机械制造中的很多大型设备，也加大了焊接的难度。焊接机器人是从事焊接工作的自动机械设备，它降低了工人劳动强度，可帮助机械制造领域提高自动化水平。

2. 汽车制造领域

近几年，为了适应大众的需求，汽车行业呈现多样化发展，传统焊接无法满足汽车及汽车零部件制造的高焊接要求。焊接机器人可以针对焊缝实现精确焊接，下放刚刚好的焊材进行填充，焊缝美观且牢固，在很多现代化汽车生产车间中，已经形成了自动焊接设备流水线，如图1－0－4所示。

3. 电子设备

电子设备领域对焊接质量要求较高。随着社会对电子设备需求的提高，电子设备在飞速发展的同时也面临着严峻的挑战。焊接机器人可以在保证生产效率的同时稳定焊接质量，实现对电子设备的精确焊接，比人工效率提升3～4倍。

4. 船舶制造

在船舶结构中，船舶的焊接组件近千件，涉及的零件近万件，船舶的重要承力构件较多

图1-0-4 自动焊接设备流水线

地采用了焊接构件，船体在运行过程中承受着较大的压力，所以焊接要求较为严格。焊接机器人通过焊缝自动跟踪技术灵活设置焊接参数，可对船舶各部件进行精确性焊接。

三、焊接机器人的分类

1. 按照性能、技术参数分类

按照性能、技术参数分类，焊接机器人分为超大型焊接机器人、大型焊接机器人、中型焊接机器人、小型焊接机器人、超小型焊接机器人5种。根据可焊工件的范围不同，其技术指标也是不同的，用户可以根据自身的需求进行选择。

2. 按照焊接工艺分类

按照焊接工艺分类，焊接机器人分为点焊机器人、弧焊机器人、搅拌摩擦焊机器人、激光焊接机器人等类型。市场中常见的是点焊机器人和弧焊机器人。

点焊机器人是用于点焊自动作业的机器设备，广泛应用于薄板材料的焊接，一般具有6个自由度，灵活性较好并能够做到精确焊接，实现点到焊件的精确定位。

弧焊机器人通过系统设置参数进行自动化焊接，由计算机控制轨道运行和点位的焊接，在焊接作业中可以通过焊缝的规格实现自动焊接。弧焊机器人具有高稳定性、高效率焊接的特点，可以长期进行焊接作业，提高企业的生产效率。

3. 按照编程方式分类

按照编程方式分类，焊接机器人可分为如下几类。

第一类为示教再现型焊接机器人。由操作者将完成某项作业所需的运动轨迹、运动速度、触发条件、作业顺序等信息通过直接或间接的方式对机器人进行“示教”，由记忆单元将示教过程进行记录，焊接机器人重复再现被示教的内容。

第二类为离线编程型焊接机器人。其具备一定的智能性，通过传感器对环境进行一定程度的感知，并根据感知到的信息对机器人作业内容进行适当的反馈控制，具备多种智能化功能。

第三类是自主编程型焊接机器人。其除了具有一定的感知能力，还具有一定的决策和规划能力，能够利用计算机处理传感结果并对焊接任务进行规划。

知识单元1　焊接机器人安全标识

【单元描述】

安全标识是用以表达特定安全信息的标志，由图形符号、安全色、几何形状（边框）或文字构成。安全标识是向工作人员警示工作场所或周围环境的危险状况，指导人们采取合理行为的标志。安全标识能够提醒工作人员预防危险，从而避免事故发生；当危险发生时，能够指示人们尽快逃离，或者指示人们采取正确、有效、得力的措施，对危害加以遏制。安全标识不仅类型要与所警示的内容相吻合，还要正确合理设置位置，否则就难以真正充分发挥其警示作用。

【单元目标】

1. 了解焊接机器人系统中存在的安全风险。
2. 掌握焊接机器人安全标识的含义。
3. 提高学生的安全意识。

【单元分析】

焊接机器人是一种自动化程度较高的智能装备。在操作焊接机器人前，操作人员需要先了解焊接机器人操作或运行过程中可能存在的各种安全风险，并能够对安全风险进行控制。

一、焊接机器人系统中存在的安全风险

在操作焊接机器人前，操作人员需要先了解焊接机器人操作或运行过程中可能存在的各种安全风险，并能够对安全风险进行控制，需要关注的安全风险主要包括以下几个方面。

1. 焊接机器人系统非电压相关的安全风险

1）焊接机器人的工作空间前方必须设置安全区域，防止他人擅自进入，可以配备安全光栅或感应装置作为配套装置。

2）如果焊接机器人采用空中安装、悬挂或其他并非直接坐落于地面的安装方式，可能会比直接坐落于地面的安装方式存在更多的安全风险。

3）在释放制动闸时，焊接机器人的关节轴会受到重力影响而坠落。此时，除了可能受到运动的焊接机器人部件撞击，还可能受到平行手臂的挤压（如有此部件）。

4）焊接机器人中存储的用于平衡某些关节轴的电量可能在拆卸焊接机器人或其部件时释放。

5）在拆卸/组装机械单元时，请提防掉落的物体。

6）注意运行中或运行结束的焊接机器人及控制器中存在的热能，在实际触摸之前，务

必先用手在一定距离感受可能会变热的组件是否有热辐射。如果要拆卸可能会变热的组件，请等到它冷却后，或者采用其他方式进行预处理。

7）切勿将焊接机器人当作梯子使用，这可能会损坏焊接机器人。另外，因为焊接机器人的电动机可能会产生高温，或焊接机器人可能会发生漏油现象，所以攀爬焊接机器人会存在严重的滑倒风险。

2. 焊接机器人系统电压相关的安全风险

1）尽管有时需要在通电情况下进行故障排除，但是在维修故障、断开或连接各单元时必须关闭焊接机器人系统的主电源开关。

2）焊接机器人主电源的连接方式必须保证操作人员可以在焊接机器人的工作空间之外关闭整个焊接机器人系统。

3）在系统上操作时，确保没有其他人可以打开焊接机器人系统的电源。

4）伴有高压危险的控制器部件如下。

①主电源/主开关。

②变压器。

③电源单元。

④控制电源（AC230 V）。

⑤整流器单元（AC262/400～480 V 和 DC400/700 V）。

⑥驱动单元（DC400/700 V）。

⑦驱动系统电源（AC230 V）。

⑧维修插座（AC115/230 V）。

⑨用户电源（AC230 V）。

⑩机械加工过程中的额外工具电源单元或特殊电源单元。

⑪附加连接。

5）伴有高压危险的焊接机器人部件如下。

①电动机电源（高达 DC800 V）。

②末端执行器或系统中其他部件的用户连接（最高 AC230 V）。

6）需要注意末端执行器、物料搬运装置等的带电风险。

即使焊接机器人系统处于关机状态，末端执行器、物料搬运装置等也可能是带电的。在焊接机器人工作过程中，处于运行状态的电缆可能会出现破损。

二、识读焊接机器人安全标识

在从事与焊接机器人操作相关的作业时，一定要注意相关的警告标识，并严格按照相关标识的指示执行操作，以此确保操作人员和焊接机器人本体的安全，并逐步提高操作人员的安全防范意识和生产效率。

常用的焊接机器人安全标识有危险提示、转动危险提示、叶轮危险提示、螺旋危险提示等 31 种，如表 1－1－1 所示。

表 1－1－1　常用的焊接机器人安全标识

序号	安全标识	含义
1	危险 机器人工作时，禁止进入机器人工作范围。 ROBOT OPERATING AREA DO NOT ENTER	机器人工作时，禁止进入机器人工作范围
2	WARNING ROTATING HAZARD 警告 转动危险	转动危险。可导致严重伤害，维护保养前必须断开电源并锁定
3	WARNING SCREW HAZARD 警告:螺旋危险 检修前必须断电	螺旋危险，检修前必须断电
4	IMPELLER BLADE HAZARD 警告:叶轮危险 检修前必须断电	叶轮危险，检修前必须断电
5	ROTATING SHAFT HAZARD 警告:旋转轴危险 保持远离,禁止触摸	旋转轴危险，保持远离，禁止触摸
6	ENTANGLEMENT HAZARD 警告:卷入危险 保持双手远离	卷入危险，保持双手远离
7	PINCH POINT HAZARD 警告:夹点危险 移除护罩禁止操作	夹点危险，移除护罩，禁止操作
8	SHARP BLADE HAZARD 警告:当心伤手 保持双手远离	当心伤手，保持双手远离
9	MOVING PART HAZARD 警告:移动部件危险 保持双手远离	移动部件危险，保持双手远离
10	ROTATING PART HAZARD 警告:旋转装置危险 保持远离,禁止触摸	旋转装置危险，保持远离，禁止触摸
11	MUST BE LUBRICATEI PERIODICALLY 注意：按要求定期加注机油	注意：按要求定期加注机油

续表

序号	安全标识	含义
12	MUST BE LUBRICATED PERIODICALLY 注意：按要求定期加注润滑油	注意：按要求定期加注润滑油
13	MUST BE LUBRICATED PERIODICALLY 注意：按要求定期加注润滑脂	注意：按要求定期加注润滑脂
14		注意平衡缸的内部有弹簧，十分危险，切勿对其进行拆解
15		注意千万不要将脚放在机器人上或爬到其上面
16		机器人电动机或控制柜的出风口
17	必须戴防护手套	必须戴防护手套
18	禁止焊接作业 No welding A730	禁止焊接作业
19	必须按规程操作 Danger:Gas	必须按照规程操作
20		必须戴防护眼镜
21		必须戴防毒面具
22	必须戴防尘口罩	必须戴防尘口罩

续表

序号	安全标识	含义
23	必须戴安全帽	必须戴安全帽
24	必须穿防护鞋	必须穿防护鞋
25	必须用防护服	必须用防护服
26	当心弧光 Warning arc	当心弧光
27	必须用防护屏 Must use protective screen	必须用防护屏
28	必须保持安全距离 Must keep safety distance	必须保持安全距离
29	危险！压缩气瓶 Danger! Compressed gas cylinders	危险！压缩气瓶
30	注意气瓶 Warning cylinder	注意气瓶
31	必须保持清洁	必须保持清洁

【单元习题】

1. 简述焊接机器人作业前准备工作流程。
2. 根据以下所给安全标识，回答标识含义。

【单元小结】

安全标识的学习对于初学者而言非常重要，要逐渐养成规范意识和安全意识。

知识单元2 焊接机器人安全操作

【单元描述】

焊接机器人的主要工作就是焊接作业，即弧焊、点焊、激光焊等。焊接过程中产生的弧光会对人身造成一定的危害，所以焊接机器人操作人员初次使用及日后工作前必须穿戴相应的防护装备，了解焊接机器人安全操作规程及安全范围，避免安全事故的发生。

【单元目标】

1. 了解焊接机器人安全操作要求及安全区域。
2. 掌握正确穿戴焊接机器人安全作业服和安全防护装备方法。
3. 能够正确判断焊接机器人操作环境安全区域。
4. 提高学生的自我保护意识。

【单元分析】

下面对焊接机器人安全操作规范，在焊接机器人系统中存在的安全风险，安全区域的识读，正确穿戴焊接机器人安全作业服和安全防护装备的方法等进行详细的讲解，通过实操使作业人员掌握焊接机器人安全操作规范。

一、焊接机器人安全操作要求

在工作时，焊接机器人的工作空间都是危险场所，稍有不慎就有可能发生事故。因此，相关操作人员必须熟知焊接机器人安全操作要求，从事安装、操作、保养等操作的相关人员，必须遵守运行期间安全第一的原则。操作人员在使用焊接机器人时需要注意以下事项。

1）避免在焊接机器人的工作场所周围做出危险行为，接触焊接机器人或周边机械有可能造成人身伤害。

2）为了确保安全，在工厂内请严格遵守“严禁烟火”“高电压”“危险”“无关人员禁止入内”等标识的要求。

3）不要强制搬动、悬吊、骑坐在焊接机器人上，以免造成人身伤害或者设备损坏。

4）绝对不要倚靠在焊接机器人或者其他控制柜上，不要随意按动开关或者按钮，否则焊接机器人会发生意想不到的动作，造成人身伤害或者设备损坏。

5）当焊接机器人处于通电状态时，禁止未接受培训的人员触摸焊接机器人控制柜和示教器，否则焊接机器人会发生意想不到的动作，造成人身伤害或者设备损坏。

二、焊接机器人作业安全区域

在从事焊接机器人装调等作业时，确认作业区域足够大，以确保装有工具的机器人转动时不会碰到墙、安全围栏或控制柜。否则，可能会因机器人产生未预料的动作而引起人身伤害或设备损坏。

焊接机器人工作空间如图 1－2－1 所示，作业安全区域如图 1－2－2 所示。

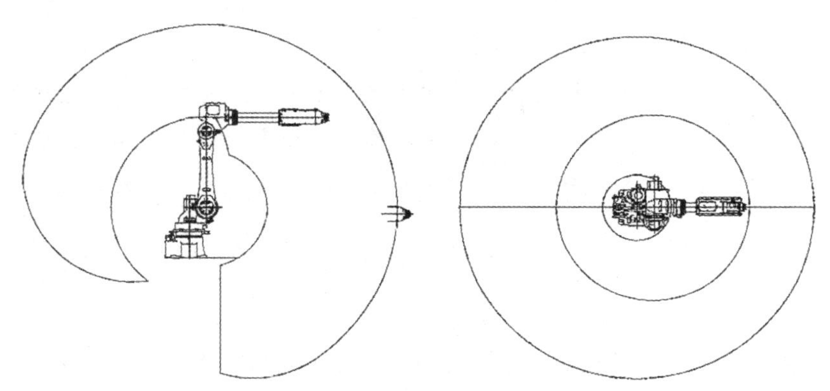

图 1－2－1　焊接机器人工作空间

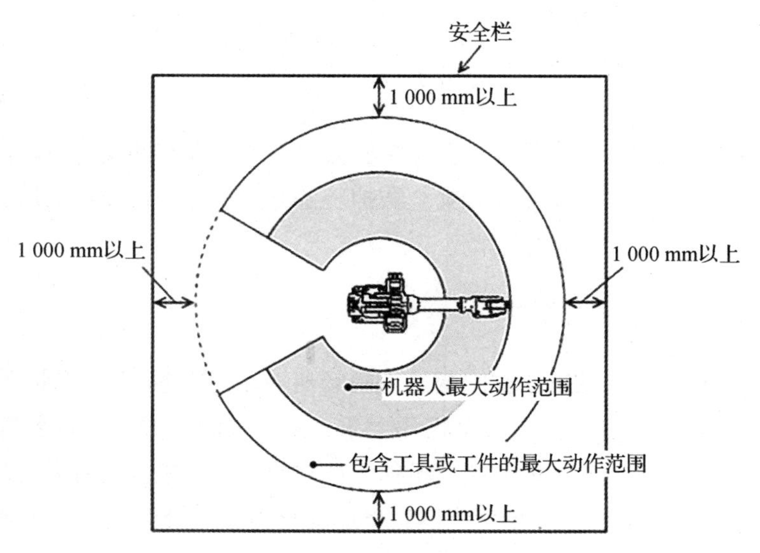

图 1－2－2　作业安全区域

三、焊接机器人装调与编程前的安全准备工作

任何负责装调与编程焊接机器人的人员务必阅读并遵循以下通用安全操作规范。

1）只有熟悉焊接机器人并且经过焊接机器人相关方面培训的人员才允许装调与编程焊接机器人。作业人员须正确穿戴焊接机器人安全作业服和安全防护装备。

2）接入电源时，请确认机器人的动作范围内没有作业人员。同时必须切断电源后，方可进入机器人的动作范围内进行作业。

3）装调与编程焊接机器人的人员在饮酒、服用药品后，不得装调与编程焊接机器人。

4）在装调与编程焊接机器人时必须使用符合要求的专用工具，装调与编程焊接机器人的人员必须严格按照说明手册或安全操作指导书中的步骤进行。

5）装调与编程等作业必须在通电状态下进行时，此时应两人一组进行作业。一人保持可立即按下紧急停止按钮的姿势，另一人则在机器人的动作范围内，保持警惕并迅速进行作业。此外，应确认好撤退路径后再行作业。

6）示教作业完成后，应以低速状态手动检查机器人的动作。如果在自动模式下，以100%速度运行，则会因程序错误等因素导致事故发生。

7）示教作业时，应先确认程序号码或步骤号码，再进行作业。错误的编辑程序和步骤会导致事故发生。对于已经完成的程序，使用存储保护功能，防止误编辑。

8）作业人员在作业过程中，也应随时保持逃生意识。必须确保在紧急情况下，可以立即逃生。

9）时刻注意机器人的动作，不得背向机器人进行作业。对机器人的动作反应缓慢，也会导致事故发生。发现有异常时，应立即按下紧急停止按钮。注意，必须彻底贯彻执行此规定。

四、焊接机器人工作前的安全措施

1. 确认安全区域

观察并识读对应焊接机器人周边安全标识，确定安全区域。

2. 正确穿戴焊接机器人安全作业服和安全防护装备

（1）安全帽

安全帽如图1－2－3所示。

安全帽的使用要求如下。

1）要保持清洁。

2）要系好下领带或后帽箍。

3）要保持帽壳和头顶有足够的缓冲距离。

4）要每30个月更换一顶。

5）不要歪戴。

图1－2－3　安全帽

6）不要在安全帽上开孔。

7）不要拆掉帽内的缓冲层。

8）不要长时间在阳光下暴晒。

9）不要当坐垫使用。

10）不要接触火源。

11）不要涂刷油漆。

12）不要用热水浸泡。

13）不得超期使用。

（2）防护镜

防护镜如图1－2－4所示。

图1－2－4　护目镜

防护镜的使用要求如下。

1）宽窄和大小要适合脸型。

2）镜片磨损粗糙、镜架损坏，应及时调换。

3）要专人使用，防止传染眼病。

4）要注意防止重摔重压，防止坚硬的物体摩擦镜片和面罩。

（3）防护手套

防护手套如图1－2－5所示。

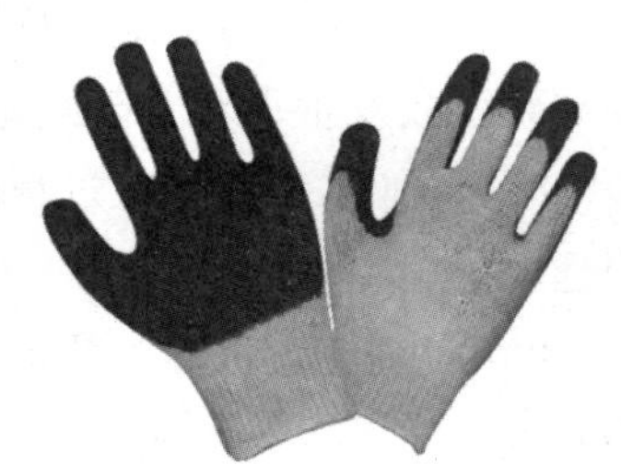

图1－2－5　防护手套

防护手套的使用要求如下。

1）使用安全手套必须按手套的防护功能来选用。

2）使用前要仔细检查有无破损、老化。

3）橡胶、乳胶手套使用后应冲洗干净、晾干。

4）绝缘手套应严格按使用说明使用，并定期检验电绝缘性能。

（4）安全防护服

安全防护服如图1－2－6所示。

防护服是为了防污、防机械磨损、防绞碾等普通伤害而穿用的，服装面料为纯棉、CVC、涤棉、全涤等织物均可。穿着安全防护服时应保证其大小合身，系好领口和胸前的扣子，防止被旋转设备钩挂。

（5）安全鞋

安全鞋如图1－2－7所示。

安全鞋的使用要求如下。

1）安全鞋只能在干燥环境下使用。

2）普通安全鞋不得作为防静电、绝缘鞋等特种安全鞋使用。

3）穿安全鞋时，不得直接用手接触电气设备。

图 1-2-6 安全防护服

图 1-2-7 安全鞋

4）一定要穿着合适尺码的安全鞋。

5）内包头明显变形后，不得再作为安全鞋使用。

（6）防尘口罩

防尘口罩如图 1-2-8 所示。

图 1-2-8 防尘口罩

防尘口罩分为多次使用型和一次使用型。在粉尘环境下工作时，作业人员必须佩戴防尘口罩。防尘口罩不能用于缺氧环境和有毒环境。

防尘口罩的使用要求如下。

1）使用前要进行气密性检查。

2）正确佩戴。

3）专人保管，使用后及时消毒。

五、焊接机器人本体的安全对策

焊接机器人本体的安全对策主要包括以下几项。

1）机器人的设计应去除不必要的突起或锐利的部分，使用适应作业环境的材料，采用动作中不易发生损坏或事故的故障安全防护结构。此外，应配备机器人使用时的误动作检测停止功能和紧急停止功能，以及周边设备发生异常时防止机器人危险性的联锁功能等，保证安全作业。

2）机器人主体为多关节的机械臂结构，动作中的各关节角度不断变化。进行示教等作业必须接近焊接机器人时，请注意不要被关节部位夹住。各关节动作端设有机械挡块，被夹住的危险性很高。此外，若拆下电动机或解除制动器，机械臂可能会因自重而掉落或朝不定方向乱动。因此，必须实施防止掉落的措施，并确认周围的安全情况后，再行作业。

3）在末端执行器及机械臂上安装附带机器时，应严格选用规定尺寸、数量的螺钉，使用转矩扳手按规定转矩紧固。此外，不得使用生锈或有污垢的螺钉。规定外的紧固和不完善的方法会使螺钉出现松动，导致重大事故发生。

4）在设计、制作末端执行器时，应将末端执行器的质量控制在焊接机器人手腕部位的负荷容许值范围内。

5）应采用故障安全防护结构，即使末端执行器的电源或压缩空气的供应被切断，也不致发生安装物被放开或飞出的事故，并对边角部或突出部进行处理，防止对人、物造成损害。

6）严禁供应规格外的电力、压缩空气、焊接冷却水，以防止其影响焊接机器人的动作性能，引起异常动作或故障、损坏等危险情况。

7）大型系统中由多名作业人员进行作业，在相距较远处进行交谈时，应通过使用手势等方式正确传达意图。这是因为环境中的噪声等因素会使意思无法正确传达，而导致事故发生。手势法如图 1－2－9 所示。

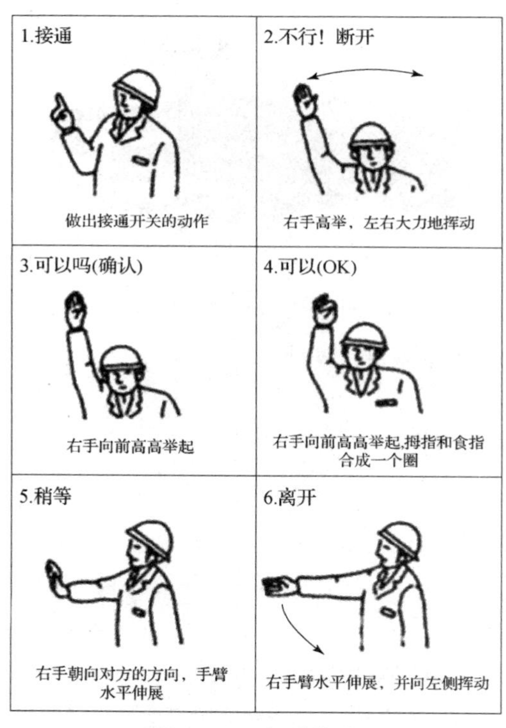

图 1－2－9　手势法

【单元习题】

1. 简述焊接机器人安全操作要求。
2. 简述安全防护装备有哪些。
3. 根据对应手势图片，回答手势含义。

【单元小结】

安全是头等大事，尤其焊接工业机器人的工作环境一般比较危险，初学者一定要进行足够的安全知识的学习和防范意识的培养。

知识单元3 焊接机器人本体结构的基本形式

【单元描述】

焊接机器人是从事焊接工作的工业机器人，具有多个可编程的轴，是一种多用途的、可重复编程的自动机械手，广泛应用于工业自动化领域。工业机器人最后一个轴的机械连接通常为法兰，可安装不同的工具末端执行器，适应不同的用途。焊接机器人在工业机器人的末端法兰上装载焊钳或焊枪，能够进行焊接、切割或喷涂。通过本单元的学习，学生应了解机器人本体结构组成，以及各种机器人机构的特点和适用场合，理解它们的运动和控制关系；认识谐波减速器、RV减速器等驱动元件，为后续的机器人焊接编程操作奠定基础。

【单元目标】

1. 能够认识焊接机器人本体结构组成。
2. 能够根据焊接机器人结构的特点和适用场合正确选用焊接机器人。
3. 能够在掌握谐波减速器原理的基础上，控制焊接机器人的运动。
4. 能够在掌握RV减速器原理的基础上，控制焊接机器人的运动。
5. 能够规范操作焊接机器人。
6. 能够安全操作焊接机器人。
7. 具备主动学习和主动沟通的能力。

焊接机器人的机械结构及功能

【单元分析】

焊接机器人结构多样，按本体坐标形式可分为直角坐标型、圆柱坐标型、球坐标型和关节型。焊接机器人机械部分是机器人本体的“骨骼”和“肌肉”，包括伺服驱动单元和机械本体两个子系统。

1. 伺服驱动单元

焊接机器人能正常运行，需要伺服驱动单元为其人各关节动作提供动力，驱动关节带动负载按预定的轨迹运动。伺服驱动单元可以是电动传动、气动传动，也可以是几种方式结合起来的综合传动。现有焊接机器人以电动传动为主，主流的伺服驱动品牌有安川、多摩川、FANUC、三菱、富士、松下等。

2. 机械本体

焊接机器人机械本体主要由机身、臂部、腕部和手部四大部分构成，每个部分具有若干的自由度，构成一个多自由的机械系统。末端执行器是直接安装在手腕上的一个重要部件，它可以是手爪，也可以是喷枪、焊枪等作业工具。

3. 焊接机器人的组成与分类

（1）直角坐标型机器人

直角坐标型机器人是指在工业应用中，能够实现自动控制、可重复编程、多功能、多自由度运动，且运动自由度之间成空间直角关系的 3 个独立自由度的多用途机器人，如图 1-3-1 所示。它在空间坐标系中有 3 个相互垂直的移动关节，每个关节都可以在独立的方向移动。

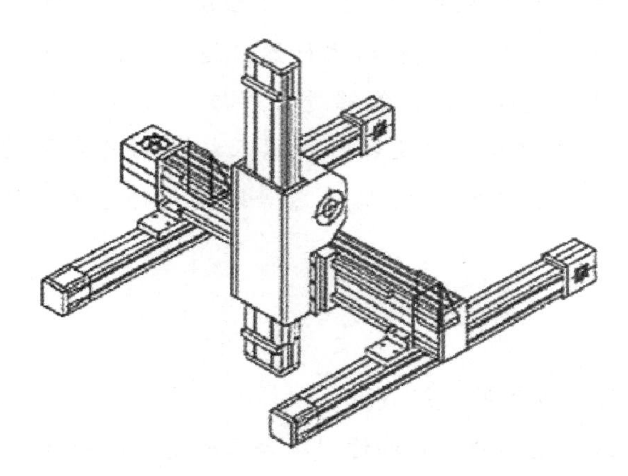

图 1-3-1　直角坐标型机器人

（2）圆柱坐标型机器人

圆柱坐标型机器人主要由一个旋转机座形成的转动关节和垂直、水平移动的两个移动关节构成。圆柱坐标型机器人具有空间结构小，工作范围大，末端执行器速度高、控制简单、运动灵活等优点。其缺点是：工作时，必须有沿 Y 轴线前后方向的移动空间，空间利用率低。目前，圆柱坐标型机器人主要用于重物的卸载、搬运等工作。

（3）球坐标型机器人

球坐标型机器人一般由两个回转关节和一个移动关节构成，其轴线按极坐标配置。这种机器人运动所形成的轨迹表面是半球面，所以称为球坐标型机器人。球面坐标型机器人同样占用空间小，操作灵活且范围大，但运动学模型较复杂，难以控制。

（4）关节型机器人

关节型机器人又称关节手臂机器人或关节机械手臂，是当今工业领域中常见的工业机器人形态之一，适用于装配、喷漆、搬运、焊接等诸多工业领域的机械自动化作业。按照工作性质，关节型机器人可分为搬运机器人、点焊机器人、弧焊机器人、喷漆机器人和激光切割机器人等。按照构造关节型机器人可以分为平面关节型机器人、托盘关节型机器人和五、六轴关节型机器人。

六轴关节型机器人是最常见的，常用于机床上下料、喷漆、焊接、装配、铸锻造等行业领域。

4. 机械本体的组成及功能

机械本体是焊接机器人完成各种运动的机械部件，包括机身、臂部、腕部和手部四大部分，其中机器自由度取决于腕部、肘部、肩膀和腰部等。

（1）腕部结构

工业机器人的腕部是连接手部（末端执行器）和小臂的部件，起安装和支承焊枪、喷枪等工具的作用。焊接机器人一般需要具有 6 个自由度（六轴）才能使手部达到目标位置和处于期望的姿态。腕部的 3 个自由度（J4/J5/J6）主要用于实现所期望的姿态，为使手部能处于空间任意位置，要求腕部能够实现对空间的 3 个坐标轴的转动，即具有翻转、俯仰和偏转功能。腕部结构及运动如图 1－3－2 所示。

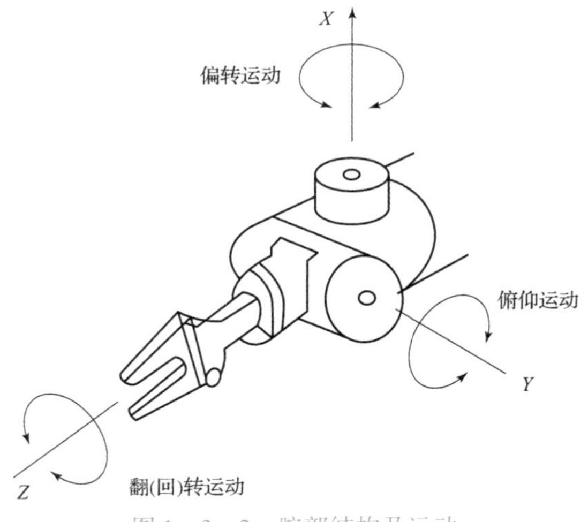

图 1－3－2　腕部结构及运动

腕部按驱动方式可分成直接驱动手腕和远距离传动手腕。驱动手腕的驱动源直接安装在手腕上。为了保证具有足够大的驱动力，驱动装置做得足够小，同时又要减轻手腕的质量，通常采用 RV 减速器远距离驱动方式，实现 3 个自由度的运动。

谐波减速器是利用行星齿轮传动原理发展起来的一种新型减速器，它依靠柔性零件产生弹性机械波来传递动力和运动，是关节型机器人广泛使用的核心部件，如图 1－3－3 所示。

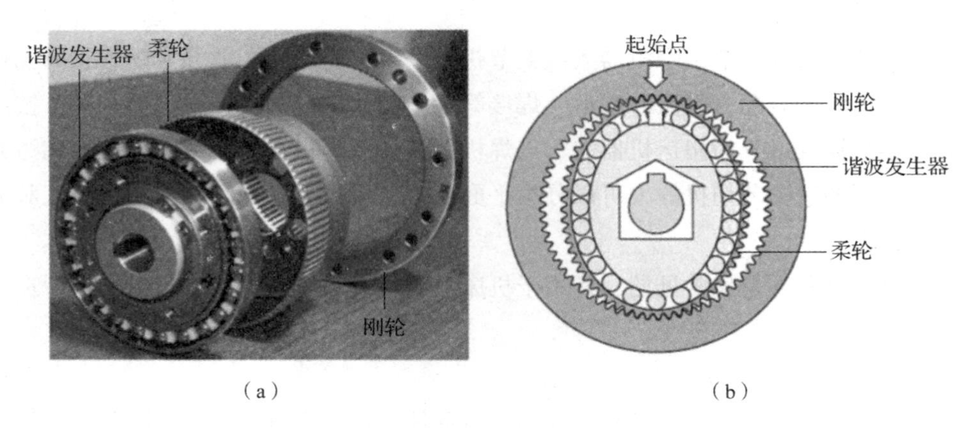

（a）（b）

图1-3-3 谐波减速器

（a）谐波减速器实物图；（b）谐波传动原理图

谐波减速器主要由带有内齿圈的刚轮（相当于行星系中的中心轮）、带有外齿圈的柔轮（相当于行星齿轮）和谐波发生器（相当于行星架）3个零件组成。作为减速器使用时，一般采用谐波发生器输入、刚轮固定、柔轮输出的传动形式。谐波发生器装有滚动轴承构成滚轮，与柔轮内壁相互压紧。柔轮为可产生较大弹性变形的薄壁齿轮，其内孔直径略小于谐波发生器的总长。谐波发生器是使柔轮产生可控弹性变形的构件。当谐波发生器装入柔轮后，迫使柔轮的剖面由原先的圆形变成椭圆形，其长轴两端附近的齿与刚轮上的齿完全啮合，而短轴两端附近的齿和刚轮上的齿完全脱开。圆周上其他区段的齿处于啮合和脱离的过渡状态。当谐波发生器沿一个方向连续转动时，柔轮的变形不断改变，使柔轮与刚轮的啮合状态也不断改变，由啮入、啮合、啮出、脱开、再啮入，周而复始地进行，从而实现柔轮相对刚轮产生与谐波发生器旋转方向相反的缓慢旋转。

（2）肘部结构

机器人肘部是连接小臂和大臂之间的连接和运动部件，主要功能是调整腕部的姿态和方位，如图1-3-4所示。

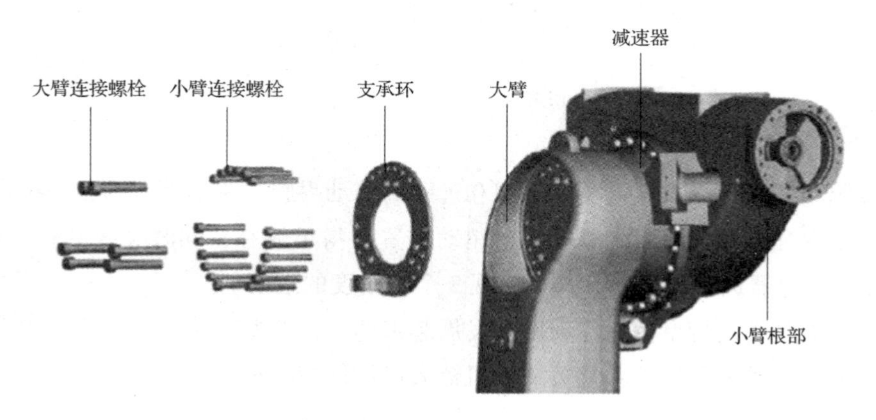

图1-3-4 机器人肘部结构

机器人肘部通常使用 RV 减速器，它是在少齿差的行星传动机构——摆线针轮行星齿轮传动基础上发展出来的一种全新的传动方式，具有体积小、质量小、传动比范围大、寿命长、精度保持稳定、效率高、传动平稳等优点，如图 1－3－5 所示。RV 减速器相比于谐波减速器具有更高的刚度和回转精度，在关节型机器人中，一般将 RV 减速器放置在机座、大臂、肩部等重负载的位置；而将谐波减速器放置在小臂、腕部或手部。

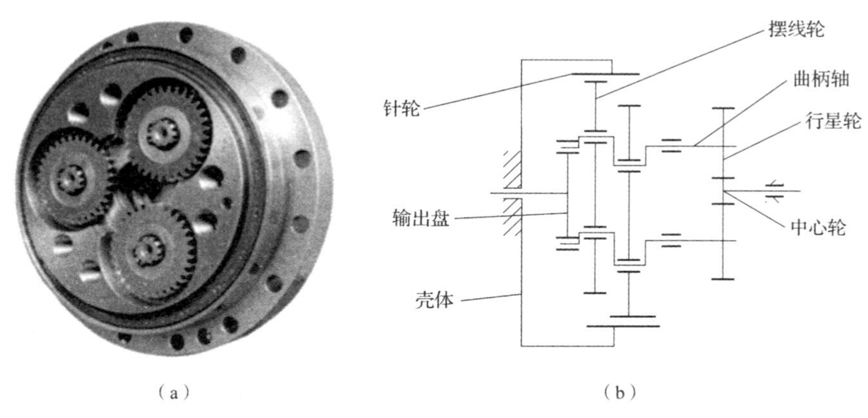

图 1－3－5 RV 减速器

（a）RV 减速器实物图；（b）RV 减速器传动原理图

（3）肩部结构

肩部是大臂与机座相连接的转动关节，可以带动大臂、小臂、手腕和工件的上下转动，幅度较大，驱动力矩大，刚度和运动精度的要求高。肩部结构与肘部结构基本相同，其关键传动部件也采用 RV 减速器。肩部结构主要用以承受工件或工具的负荷，改变工件或工具的空间位置，并将它们移动到程序指定的位置。

（4）腰部结构

机器人腰部包括机座和腰关节，机座是承受机器人全部质量的基础件，必须有足够的强度和刚度，一般为铸铁或铸钢制造，如图 1－3－6 所示。机座结构尺寸应保证机器人运行时的稳定，并满足驱动装置及电缆的安装需要。腰关节是负载最大的运动轴，要求结构简单、安装调整方便，可以承受径向力、轴向力和倾翻力矩。

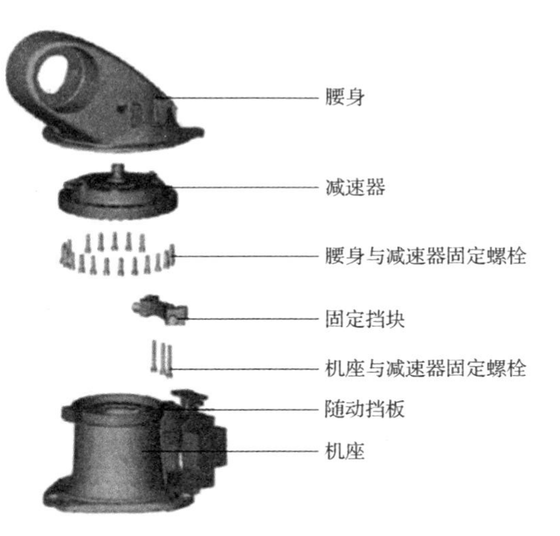

图 1－3－6 机器人腰部结构

【单元习题】

1. 请描述焊接机器人机械本体的组成。
2. 请说出焊接机器人的分类。

3. 请简述 RV 减速器和谐波减速器组成及用途的区别。

【单元小结】

本单元介绍了焊接机器人的组成与分类，以及焊接机器人的运动机构原理等内容，为后期深入学习焊接机器人奠定了基础。

【单元拓展】

谐波减速器和 RV 减速器分别有何特点？

知识单元 4　焊接机器人控制系统的硬件组成

【单元描述】

焊接机器人的控制系统相当于机器人的大脑，可以直接或者通过人工对焊接机器人的动作进行控制。焊接机器人控制系统种类很多，从结构上可以分为单片机焊接机器人控制系统、PLC 焊接机器人控制系统、基于 IPC + 运动控制器的焊接机器人系统控制系统。

【单元目标】

1. 了解焊接机器人控制系统组成。
2. 了解焊接机器人控制系统结构。
3. 掌握焊接机器人控制系统原理。
4. 掌握焊接机器人控制系统的基本功能。

焊接机器人各部分的作用

【单元分析】

以单片机为核心的焊接机器人控制系统把单片机运用到运动控制器中，能够独立运行并且带有通信接口，方便与其他设备通信。单片机在芯片上集成了中央处理器、存储器、输入/输出（I/O）接口等，利用它设计的运动控制器电路原理简洁、运行性能良好、系统的成本低。

以 PLC 或以单片机为核心的焊接机器人控制系统不具有先进的复杂算法，无法进行复杂的数据处理，在一般环境条件下可靠性好，在高频环境下运行不稳定，不能满足机器人系统的多轴联动等复杂的运动轨迹控制。

基于 IPC + 运动控制器是焊接机器人控制系统应用主流和发展趋势，软件开发成本低，系统可靠性强，系统兼容性好，计算能力优势明显。基于 IPC + 运动控制器的焊接机器人控制系统，以工业计算机为平台，采用嵌入式实时操作系统，为动态控制算法和复杂轨迹规划提供了硬件方面的保障。

1. 焊接机器人控制系统基本功能

为了保证能够自动完成规定的工作，焊接机器人控制系统应具备以下基本功能。

1）记忆功能：存储程序、运动路径、运动方式、运动速度，以及工艺参数等信息。

2）示教功能：可通过离线编程、在线示教等方式操作控制焊接机器人。

3）与外部设备联系功能：应当具有I/O接口、通信接口、网络接口等。

4）坐标设置功能：坐标是焊接机器人工作的设定，包括工具和用户自定义坐标系等。

5）人机交互功能：用户和焊接机器人之间交流与互动操作，可通过示教盒、操作面板、显示屏完成。

6）传感器信号接收处理功能：接受外部位置、图像、碰触、受力（转矩）等信号。

7）位置伺服功能：实现焊接机器人多轴联动、运动控制、速度和加速度控制、动态补偿等。

8）故障诊断安全保护功能：运行时系统状态监视、故障状态下的安全保护和故障自诊断。示教功能和坐标设置功能是操作和控制焊接机器人的基础，也是焊接机器人特有的功能。

2. 焊接机器人控制流程

焊接机器人的控制就是示教→计算→伺服驱动→反馈的过程。示教就是通过计算机给焊接机器人下达作业指令，而这个指令实质上是由人发出，并通过人机交互接口输入焊接机器人控制系统中的。计算是由控制系统中的计算机来完成的，它根据示教信息形成一个控制策略，再根据轨迹规划焊接机器人的每个运动轴的伺服运动的控制。伺服驱动就是通过焊接机器人控制器的不同控制算法，将焊接机器人控制策略转化成驱动信号，控制伺服电动机的运动，从而实现焊接机器人的高精度运动来完成作业。反馈就是焊接机器人的传感器将焊接机器人完成作业过程中的运动状态、位置、姿态实时地反馈给控制计算机，使计算机实时监控整个焊接机器人系统的运行情况，及时做出各种决策。

3. 焊接机器人控制系统结构

（1）集中控制系统

集中控制就是用一台计算机实现焊接机器人的全部控制功能，早期焊接机器人常采用这种结构。基于计算机的集中控制系统充分利用了计算机资源开放性的特点，可以实现很好的开放性，多种控制卡、传感器等设备都可以通过标准的PCI插槽或通过标准串口、并口集成到控制系统中。集中控制系统具有硬件成本较低、便于信息的采集和分析、易于实现系统最优控制，以及整体性与协调性较好等优点，基于计算机的集中控制系统的硬件扩展较为方便。但这种系统灵活性差、控制危险容易集中，一旦出现故障，影响面广且后果严重。由于焊接机器人的实时性要求很高，当计算机进行大量数据计算时会降低系统实时性；系统对多任务的响应能力与系统的实时性相冲突；系统连线复杂，降低了系统的可靠性。

（2）主从控制系统

因为焊接机器人功能越来越多，控制的精度越来越高，集中控制已很难满足这些要求，所以就出现了主从控制系统和分布控制系统。在主从控制系统中，通常采用主、从两级处理器实现系统的全部控制功能。主处理器负责系统管理、坐标变换、轨迹生成和系统自诊断等功能，而从处理器负责所有关节的动作控制。主从控制系统的实时性较好，适于高精度、高速度控制，但其系统扩展性较差，维修困难。

（3）分布控制系统

分布控制系统将系统分成几个模块，每个模块各有不同的控制任务和控制策略，各模式之间可以是主从关系，也可以是平行关系。这种方式实时性好，易于实现高速度、高精度控制，易于扩展，可实现智能控制，是目前流行的方式。分布控制的核心思想是“分散控制，集中管理”，即系统对其总体目标和任务可以进行综合协调和分配，并通过子系统的协同工作来完成控制任务。整个控制系统在功能、逻辑和物理等方面都是分散的，所以又称为集散控制系统或分散控制系统。这种结构中，子系统是由控制器和不同被控对象或设备构成的，各个子系统之间通过网络等相互通信。

4. 控制系统的硬件组成

各品牌焊接机器人的控制系统硬件组成基本相同，主要包括下列设备。

1）主计算机：控制系统的调度指挥元件，一般采用 32 位、64 位微型机，如图 1－4－1 所示。

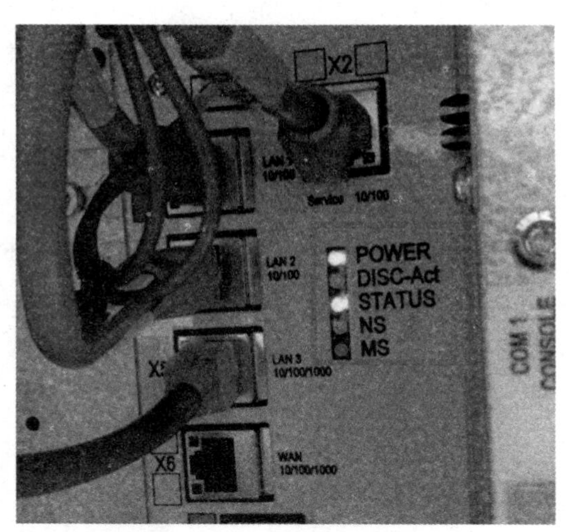

图 1－4－1　主计算机

2）机器人控制柜：将控制策略转化成驱动信号，控制伺服电动机的运动，从而实现机器人高速、高精度运动，如图 1－4－2 所示。

3）示教器：用于示教机器人的工作轨迹和参数设定，以及所有人机交互操作。它拥有自己独立的中央处理器（Central Processing Unit，CPU）及存储单元，与主计算机之间以串行通信方式实现信息交互。

4）操作面板：由各种操作按键、状态指示灯组成，通常只用于基本功能操作。

5）数字和模拟量 I/O 接口：用于各种状态和控制信号的输入或输出。

6）传感器接口：用于自动检测，实现柔顺控制的力觉、触觉和视觉等传感器的接口。

7）轴控制器：用于机器人各关节位置、速度和加速度控制，如图 1－1－3 所示。

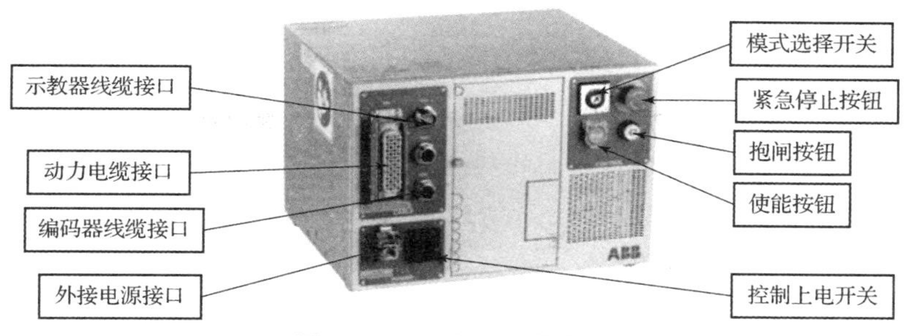

图 1－4－2 机器人控制柜

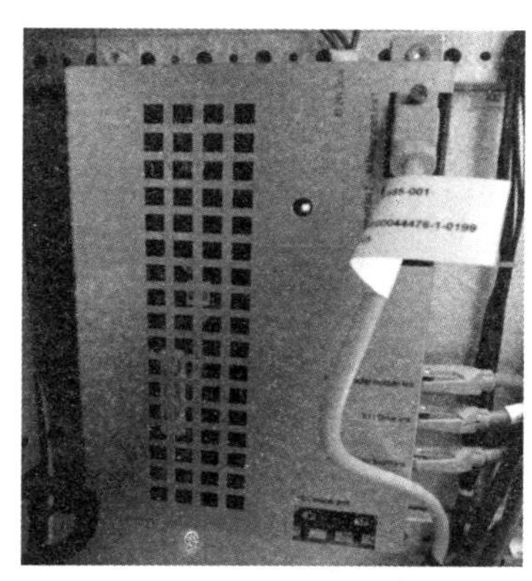

图 1－4－3 轴控制器

【单元习题】

1. 请描述焊接机器人的控制流程。
2. 请描述焊接机器人控制系统的硬件组成。

【单元小结】

本单元介绍了焊接机器人控制系统的基本功能、控制流程、系统结构及其硬件组成等内容。

【单元拓展】

以 PLC 或以单片机为核心的机器人控制系统具有哪些缺点？

知识单元 5 示教编程操作基础

【单元描述】

工业机器人的运行与编程都通过示教完成，示教器的操作和编程基础是学习工业机器人的入门知识。本任务通过手动操纵、基础编程来熟悉焊接机器人的示教编程操作。

【单元目标】

1. 知道ABB机器人示教器的组成。
2. 知道ABB机器人示教器操作界面的功能。
3. 掌握机器人程序编写和编辑方法。

示教器认识

【单元分析】

1. 初识示教器

示教器是进行机器人手动操纵、程序编写、参数配置及监控的手持装置，也是学习中最常用的控制装置。下面以ABB机器人示教器进行说明，如图1－5－1所示。

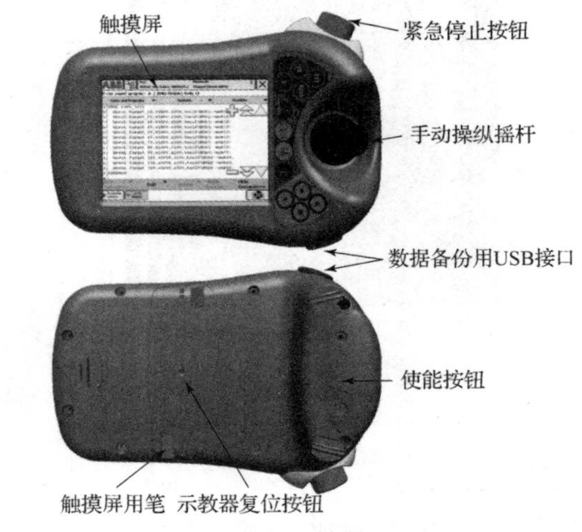

图1－5－1　ABB机器人示教器

示教器快捷菜单操作

2. 示教器操作界面的功能

ABB机器人示教器的操作界面包含机器人参数设置、机器人编程及系统相关设置等功能。比较常用的选项包括输入输出、手动操纵、程序编辑器、程序数据、校准和控制面板，如图1－5－2所示。

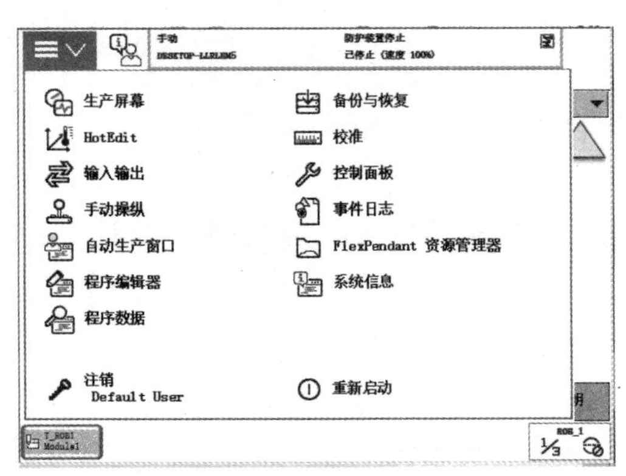

图1－5－2　示教器操作界面

示教器操作界面各个功能含义，如表 1－5－1 所示。

表 1－5－1 示教器操作界面各个功能含义

选项名称	说明
生产屏幕	显示 ABB 附加的功能选项设置界面
HotEdit	程序模块下轨迹点位置的补偿设置窗口
输入输出	设置及查看 I/O 视图窗口
手动操纵	动作模式设置、坐标系选择、操纵杆锁定及载荷属性的更改窗口，也可显示实际位置
自动生产窗口	在自动模式下，可直接调试程序并运行
程序编辑器	建立程序模块及例行程序的窗口
程序数据	选择编程时所需程序数据的窗口
备份与恢复	可备份和恢复系统
校准	进行转数计数器和电动机校准的窗口
控制面板	进行示教器的相关设置
事件日志	查看系统出现的各种提示信息
FlexPendat 资源管理器	查看当前系统的系统文件
系统信息	查看控制器及当前系统的相关信息

3. 示教器状态信息

示教器状态信息显示如图 1－5－3 所示。

名称	描述
Auto	操作模式(自动)
CN－L－0316030	系统名称(控制器名称)
Motors On	控制器状态
Stopped (Speed 100%)	程序状态

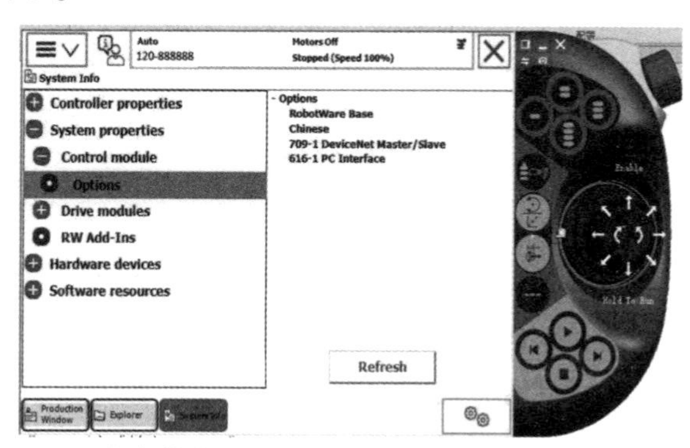

图 1－5－3 TP 状态信息显示

4. 事件日志查看

单击状态栏，示教器画面会自动切换到事件日志，如图 1－5－4 所示。

5. 示教器按键

示教器按键如图 1－5－5 所示。

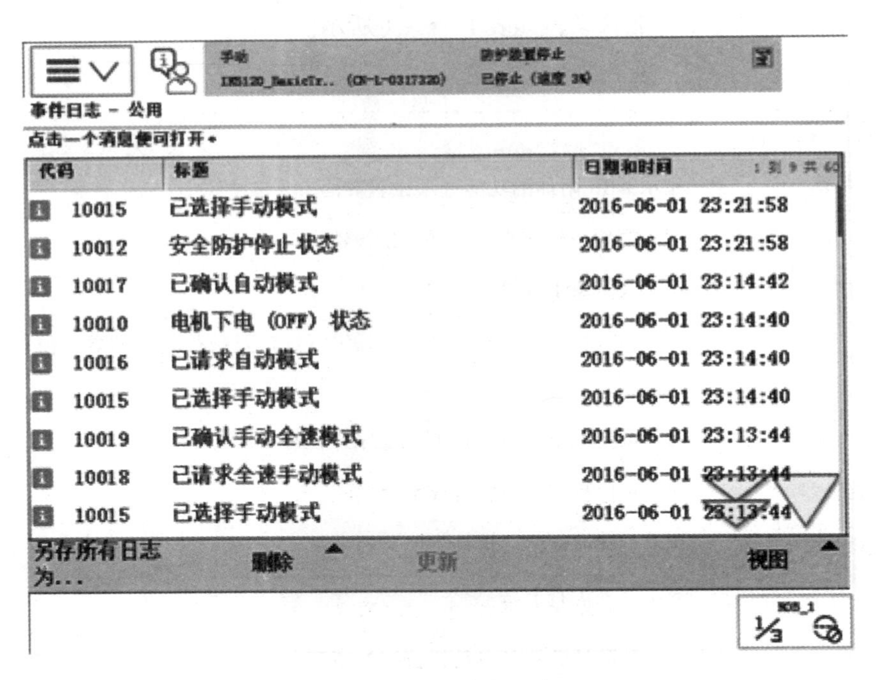

图 1-5-4　事件日志

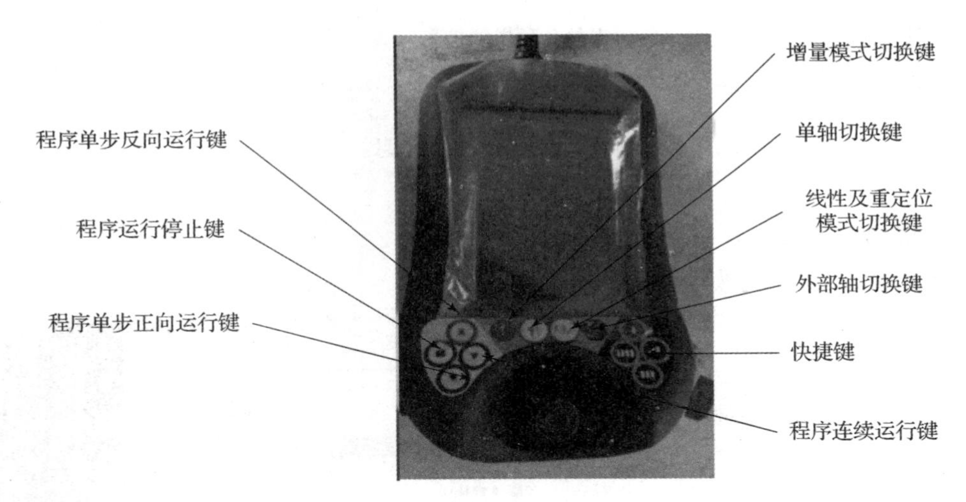

图 1-5-5　示教器按键

6. 示教语言更改

1）机器人主电源开关打开后，用机器人控制柜上的模式选择开关选择手动模式。

2）单击示教器右上角 ABB 主菜单，进入系统操作界面，选择“Control Panel”；如图 1-5-6 所示。

3）进入控制面板选项界面，选择“Language”，如图 1-5-7 所示。

4）进入语言选择界面，选择“Chinese”，单击“OK”，在弹出的“Restart FlexPendant”对话框中单击“Yes”，重新启动系统即可。如图 1-5-8 和图 1-5-9 所示。

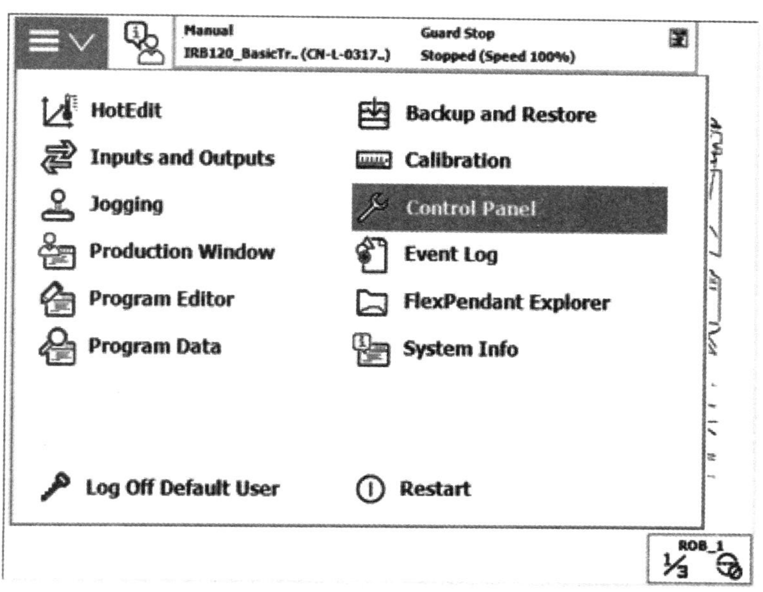

图1－5－6 手动模式设置

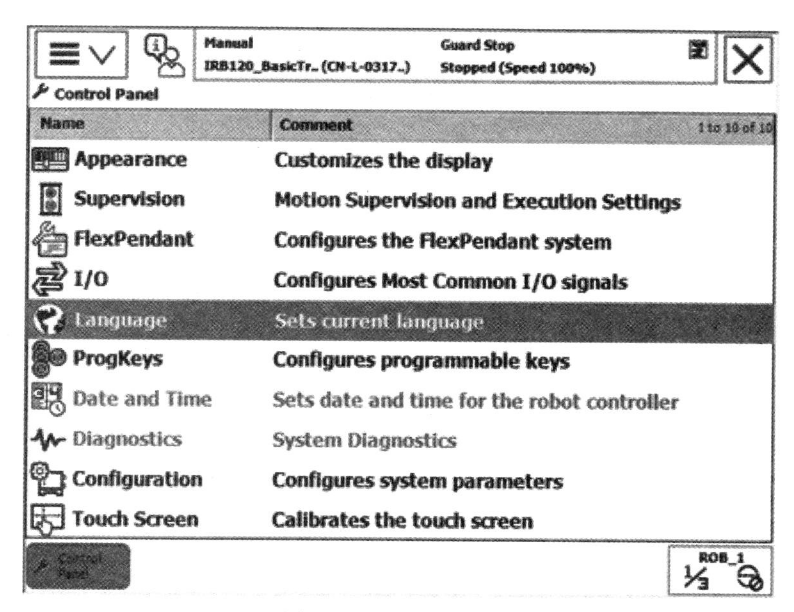

图1－5－7 语言选择

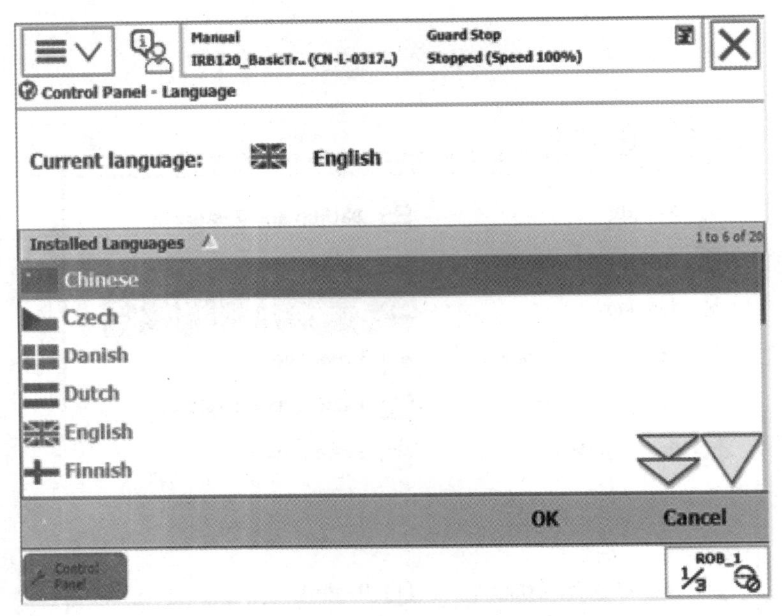

图 1-5-8　中文设置

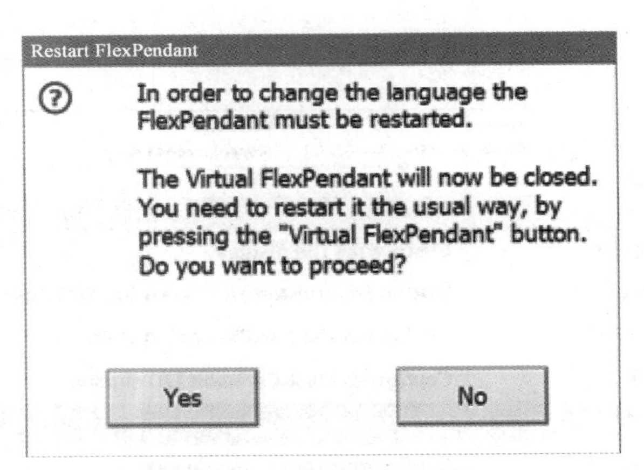

图 1-5-9　重新启动系统

7. 机器人单轴控制（关节坐标运动控制）

机器人单轴操作是机器人 6 个轴相对独立的运动，每个轴都可以通过手动操纵摇杆进行控制。

1）接通电源，将机器人模式选择开关切换为手动限速模式，如图 1-5-10 所示。

2）单击“ABB→手动操纵→动作模式”，选择“轴 1-3”，单击“确定”，如图 1-5-11 所示。

3）左手按下使能按钮，进入“电机开启”状态，操作摇杆，机器人的 1、2、3 轴就会动作，摇杆的操作幅度越大，机器人的动作速度越快，如图 1-5-12 所示。

图 1-5-10　机器人模式选择开关

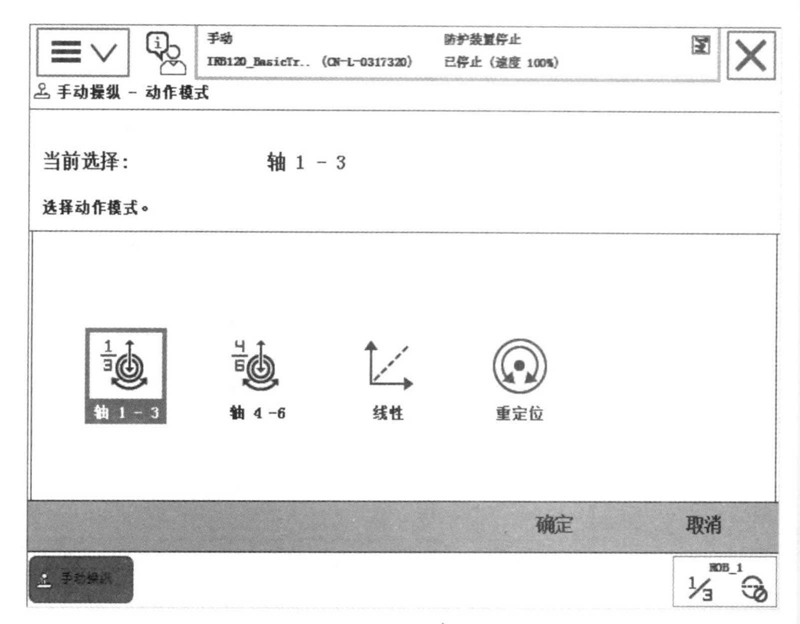

图 1-5-11　动作模式选择界面

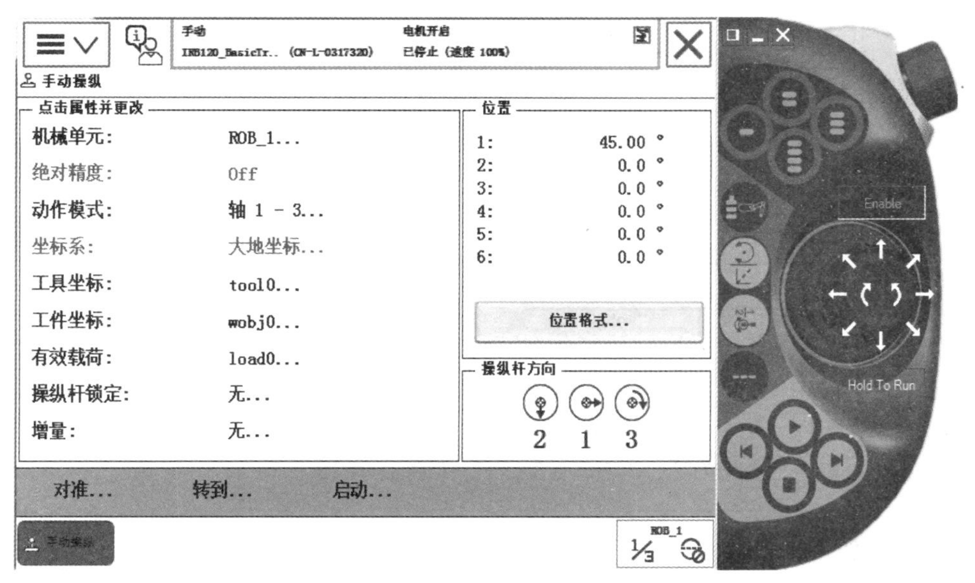

图 1-5-12　手动操纵轴界面

4）用同样的方法，选择“轴 4－6”，操作摇杆，机器人的 4、5、6 轴就会动作。

注意：使能按钮需一直按住，直到不进行机器人点动再松开。

8. 直角坐标与工具坐标运动控制（线性操作）

1）单击“ABB→手动操纵→动作模式”，选择“线性”，单击“确定”，如图 1－5－13 所示。

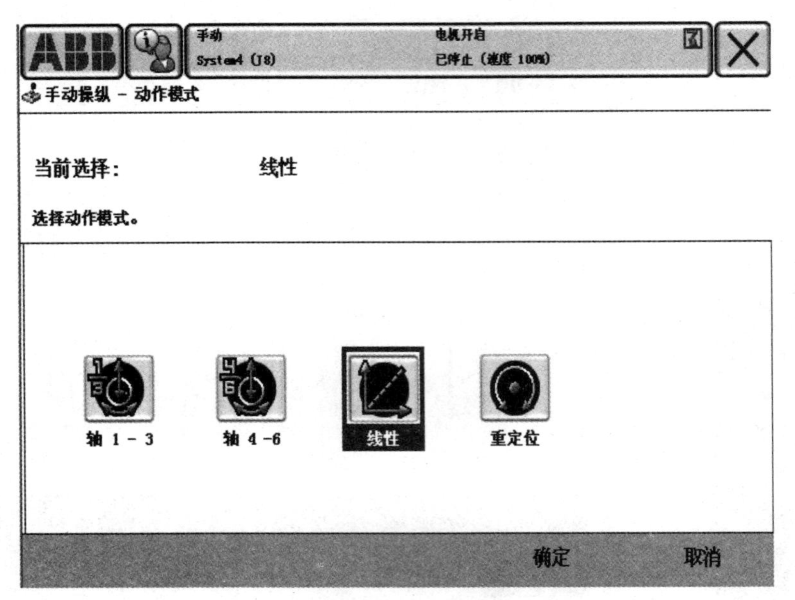

图 1-5-13　选择“线性”

2）机器人的线性运动要在“工具坐标”中指定对应的工具，选择“tool0”，单击“确定”，如图 1-5-14 所示。

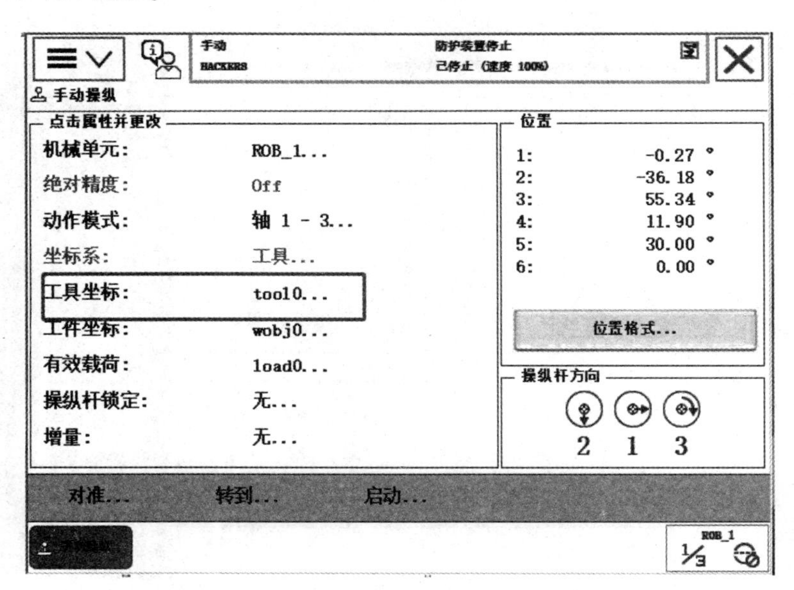

图 1-5-14　选择“tool0”

3）单击“坐标系”选择工具坐标，操作示教器上的手动操纵摇杆，工具的工具中心点（Tool Center Point，TCP）在空间中做线性运动。

9. 增量设置

单击“ABB→手动操纵→增量”，选择不同增量，单击“确定”，在线性运动下进行测试，观察不同增量之间的变化。

10. RAPID 程序和指令

RAPID 程序由程序模块与系统模块组成。一般来说，只通过新建程序模块来构建机器人的程序。而系统模块多用于系统方面的控制，可以根据不同的用途创建多个程序模块，如专门用于主控制的程序。

RAPID 程序中，只有一个主程序 main，它可以存在于任意程序模块中，并且是作为整个 RAPID 程序执行的起点。

应用程序是用 RAPID 编程语言的特定词汇和语法编写而成的。RAPID 是一种编程语言，所包含的指令可以实现移动机器人、设置输出、读取输入，还能实现决策、重复其他指令、构造程序与系统操作员交流等功能。

11. 模块组成

程序模块由各种数据和程序组成，每个模块或程序都可复制到磁盘和内存等设备中。反之，也可从这些设备中复制模块或程序。

一个模块中含有入口过程和被称为 main 的全局过程。执行程序实际上就是在执行 main 过程。每个程序中可包括多个模块，但其中必须要有一个主过程。

一个模块中通常会包含多个小型计算站，而多个偏大的计算站可能共用一个主模块。主模块可引用某一或其他多个模块中包含的程序和数据。程序模块界面如图 1－5－15 所示。

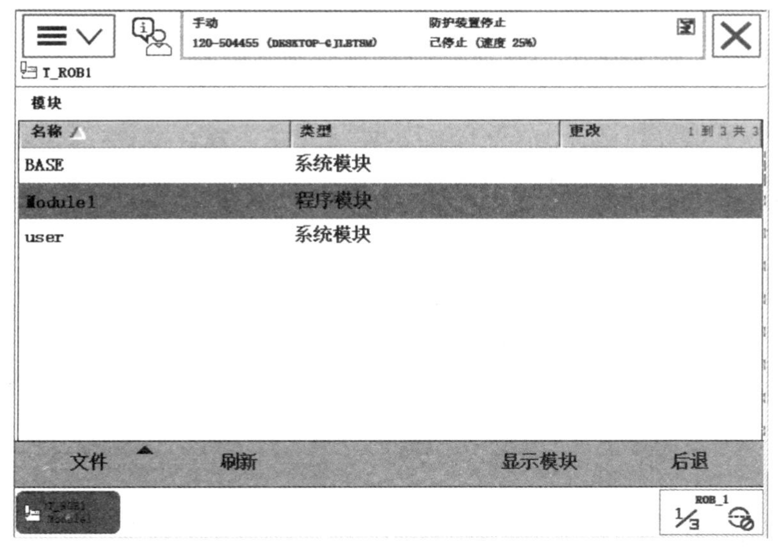

图 1－5－15 程序模块界面

12. 指令

（1）关节运动指令 MoveJ

作业时一般起始点使用 MoveJ 指令。机器人将 TCP 沿最快速轨迹送到目标点，机器人的姿态会随意改变，TCP 路径不可预测。机器人最快的运动轨迹通常不是最短的轨迹，因而关节轴运动不是直线。由于机器人轴的旋转运动，弧形轨迹会比直线轨迹更快。运动指令示意图如图 1－5－16 所示。

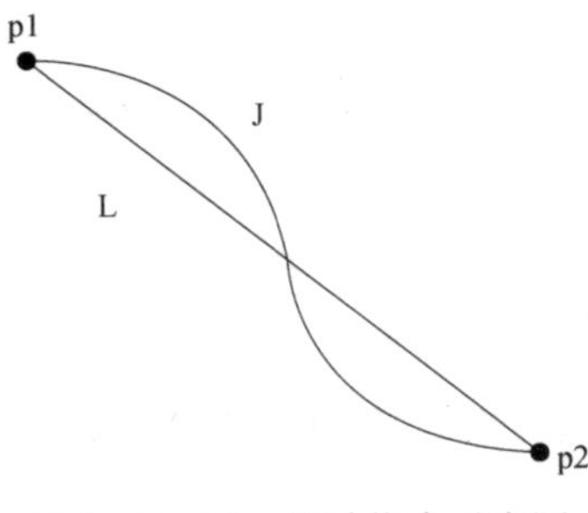

图 1-5-16　运动指令示意图

运动特点：

1）运动的具体过程是不可预见的；

2）6 个轴同时启动并且同时停止。

使用 MoveJ 指令可以使机器人的运动更加高效快速，也可以使机器人的运动更加柔和，但是关节轴运动轨迹是不可预见的。所以，使用该指令时务必确认机器人与周边设备不会发生碰撞。

指令格式：

```
MoveJ p1,v20,fine,tool0;
MoveJ p1,v20,z100,tool0;
```

指令格式说明如下。

1）MoveJ：机器人关节运动指令。

2）p1：位置变量。

3）v：机器人关节运动运行速度符号。

4）20：速度数据 20 mm/s。

5）fine：单行指令运动结束稍作停顿。

6）z100：机器人运动中两行指令以 100 mm 半径圆弧过渡。

7）tool0：工具坐标。

应用：机器人以最快捷的方式运动至目标点，机器人运动状态不完全可控，但运动路径保持唯一，常用于机器人在空间大范围移动。

编程实例：根据如图 1-5-17 所示的运动轨迹，写出其关节运动指令。

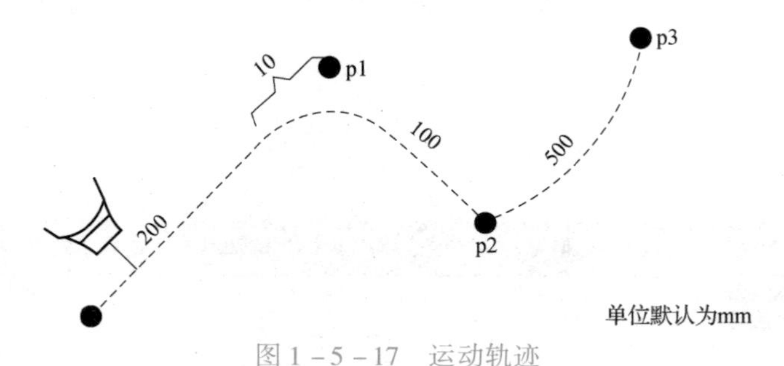

图 1-5-17　运动轨迹

图 1-5-17 所示运动轨迹的指令如下：

```
MoveL p1,v200,z10,tool0;
MoveL p2,v100,fine,tool0;
MoveJ p3,v500,fine,tool0;
```

（2）线性运动（直线运动）指令 MoveL

线性运动是工具的 TCP 按照设定的姿态从起点匀速移动到目标位置点的一种运动方式，

TCP 运动路径是三维空间中 $P1$ 点到 $P2$ 点的直线运动，如图 1－5－18 所示。直线运动的起始点是前一运动指令的示教点，结束点是当前指令的示教点。

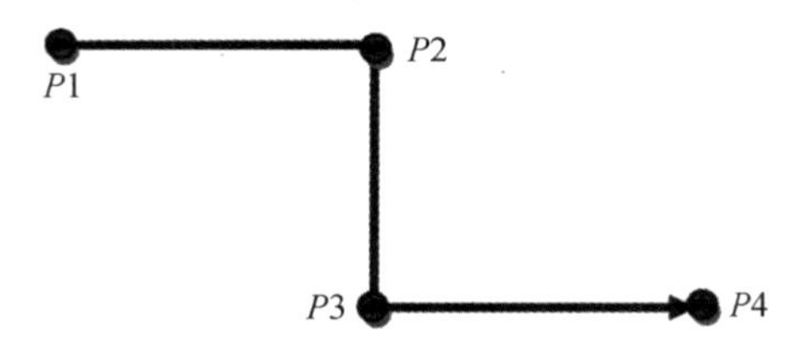

图 1－5－18 直线运动指令示意图

运动特点：

1）运动路径可预见；

2）在指定的坐标系中实现插补运动。

指令格式：

```
MoveL p1,v100,fine,tool0;
MoveL p1,v100,z100,tool0;
```

指令格式说明如下。

1）MoveL：机器人直线运动指令。

2）p1：位置变量。

3）v：机器人直线运动运行速度符号。

4）100：速度数据 100 mm/s。

5）fine：单行指令运动结束稍作停顿。

6）z100：机器人运动中两行指令以 100 mm 半径圆弧过渡。

7）tool0：工具坐标。

应用：机器人以线性方式运动至目标点，当前点与目标点两点决定一条直线，机器人运动状态可控，运动路径保持唯一，可能出现奇点，常用于机器人在工作状态移动。

（3）圆弧运动指令 MoveC

圆弧运动是机器人 TCP 在 3 个点上进行圆弧运动的一种移动方式，需要对经过点和目标点进行示教。圆弧运动的速度单位是 mm/s，使用 MoveC 指令进行编程。圆弧动作如图 1－5－19 所示。

指令格式：

```
MoveC p1,p2,v100,fine,tool0;
MoveC p1,p2,v100,z100,tool0;
```

指令格式说明：

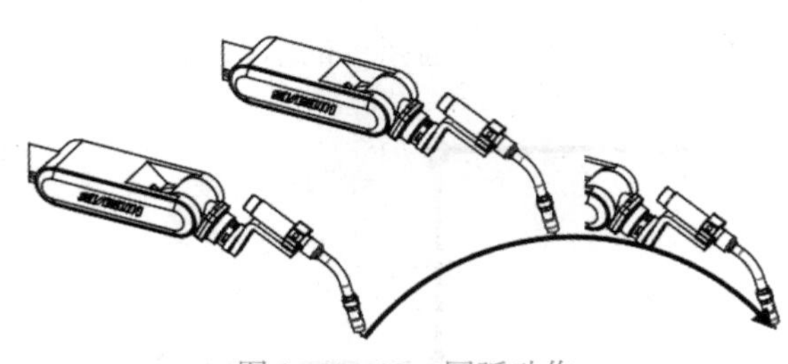

图 1－5－19　圆弧动作

1） MoveC：机器人圆弧运动指令。

2） p1/p2：位置变量。

3） v：圆弧运动运行速度符号。

4） 100：速度数据 100 mm/s。

5） fine：单行指令运动结束稍作停顿。

6） z100：机器人运动中两行指令以 100 mm 半径圆弧过渡。

7） tool0：工具坐标。

应用：机器人通过中心点以圆弧移动方式运动至目标点，当前点、中间点与目标点 3 点决定一段圆弧，机器人运动状态可控，运动路径保持唯一，常用于机器人在工作状态移动。

（4） 其他控制指令

SET DO 01；　　置位数字量输出信号 DO 01 上升沿有效。

RESET DO 01；　　将 DO 01 清 1。

WaitDI DI01，1；　　条件等待，一直等待，直到 DI01 置 1。

WaitTime 1；　　延时 1 s。

示教器编程操作

13. 程序模块和例行程序的建立

步骤一：在示教器操作界面选择“程序编辑器”，如图 1－5－20 所示。

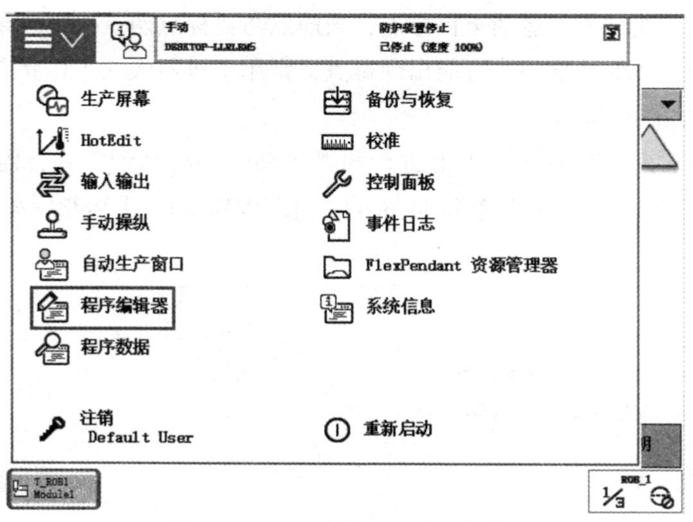

图 1－5－20　选择“程序编辑器”

步骤二：弹出如图 1－5－21 所示的“无程序”对话框，单击“取消”，进入模块列表界面。

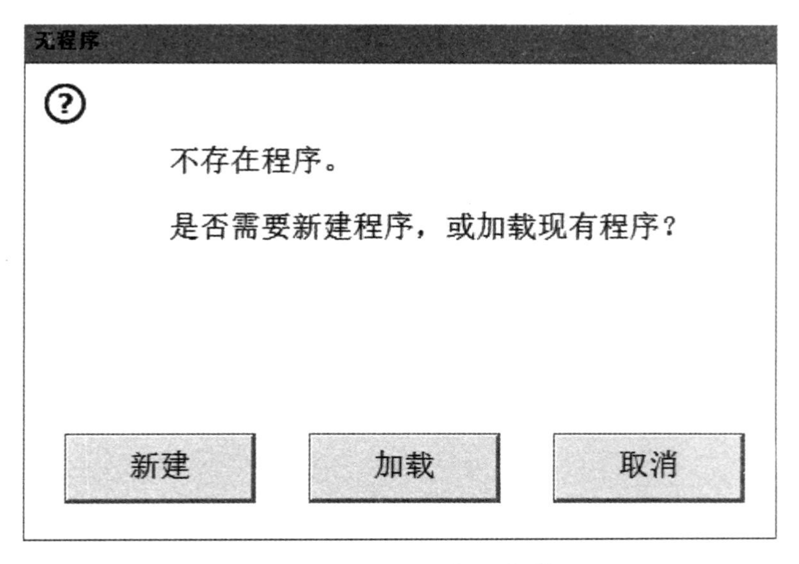

图 1－5－21 “无程序”对话框

步骤三：单击“文件”，打开“文件”菜单，选择“新建模块”，如图 1－5－22 所示，“文件”菜单中的“加载模块”可以加载需要使用的模块；“另存模块为”表示保存模块到机器人硬盘；“更改声明”可以更改模块的名称和类型；“删除模块”表示将模块从运行内存删除，但不影响已在硬盘保存的模块。

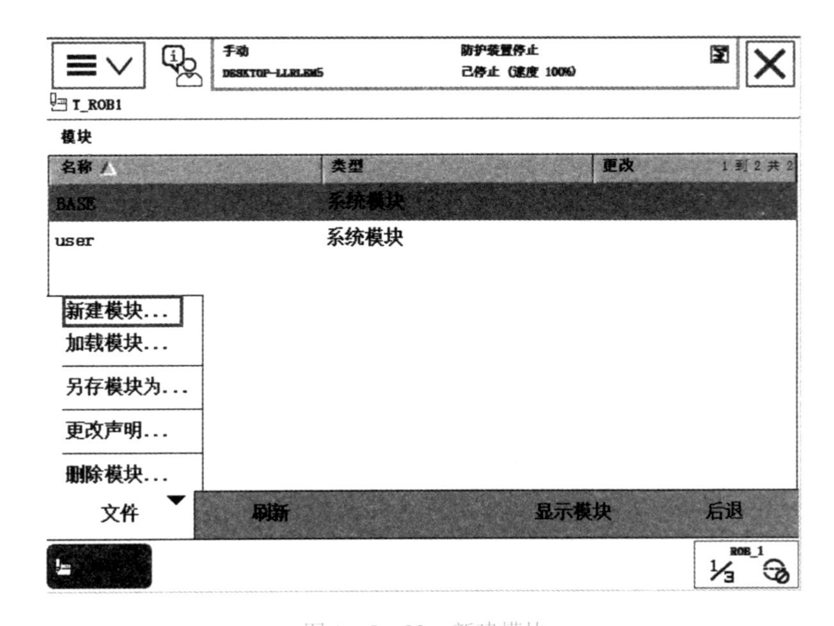

图 1－5－22 新建模块

步骤四：在弹出“模块”对话框中单击“是”，如图 1－5－23 所示。

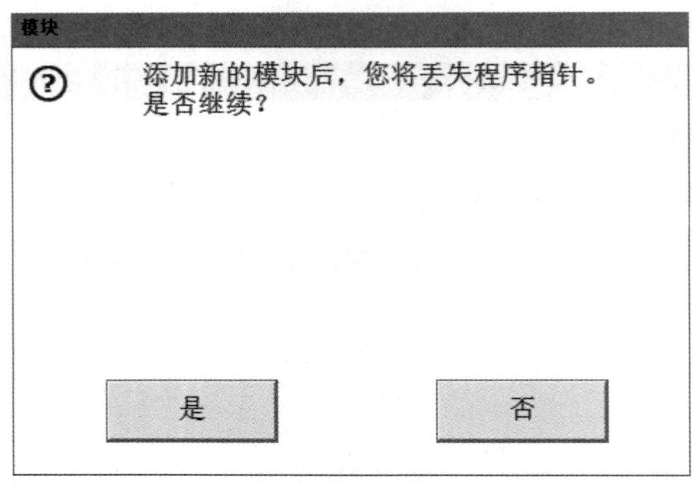

图 1－5－23 “模块”对话框

步骤五：进入创建新模块界面，类型设置为 Program（程序模块），可以通过按钮“ABC”进行模块命名，最后单击“确定”创建，如图 1－5－24 所示。

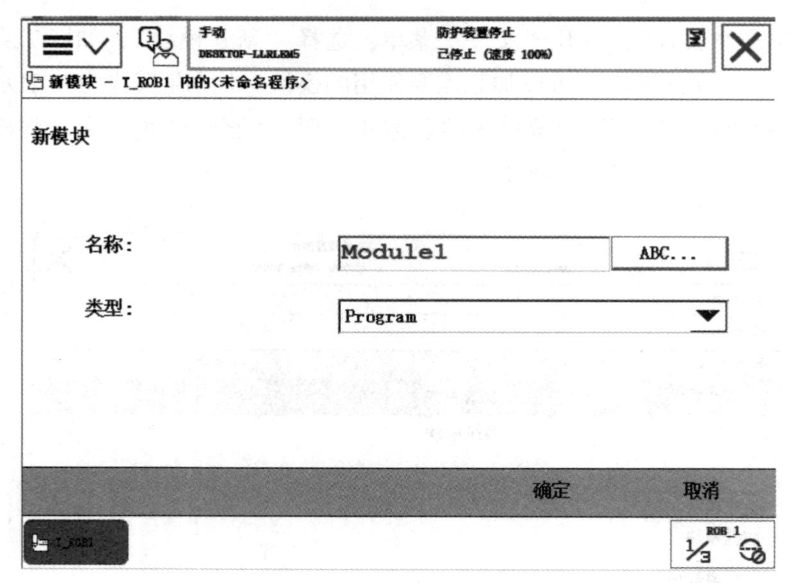

图 1－5－24 模块命名界面

步骤六：在模块列表中，显示出新建的程序模块，选中模块 Module1，单击“显示模块”，如图 1－5－25 所示。

步骤七：单击“例行程序”，进行例行程序的创建，如图 1－5－26 所示。

步骤八：首先创建一个主程序，将其名称设置为 main，单击“确定”，如图 1－5－27 所示。

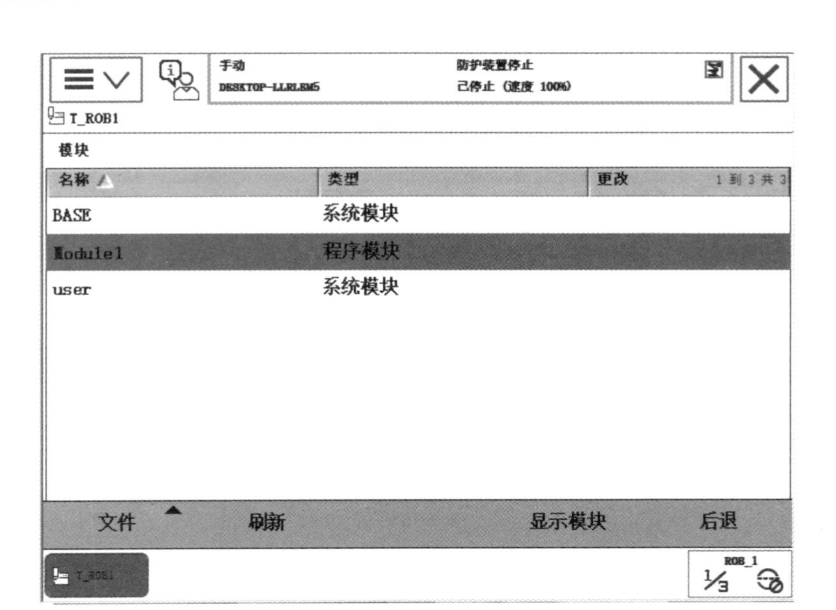

图 1－5－25 选中模块 Module1

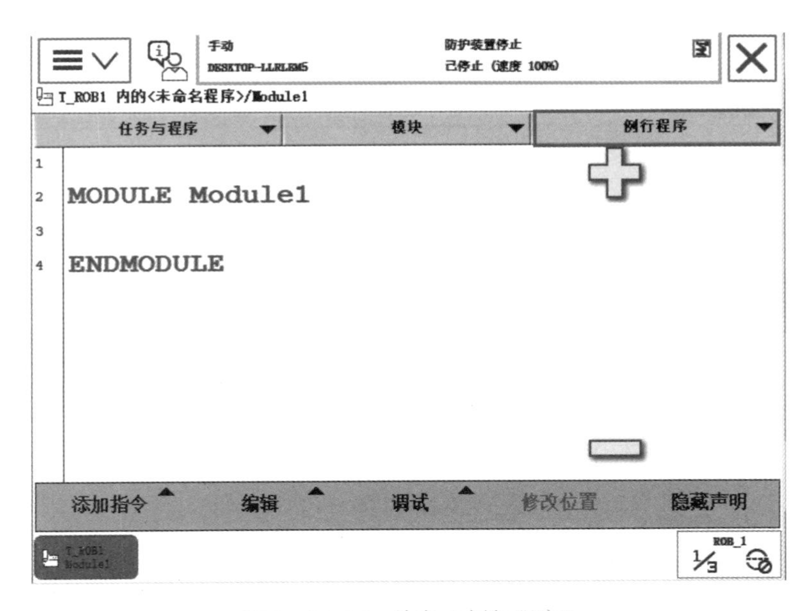

图 1－5－26 单击"例行程序"

步骤九：打开"文件"菜单，选择"新建例行程序"，再新建一个例行程序，如图 1－5－28 所示。

步骤十：可以根据自己的需要新建例行程序，用于被主程序 main 调用或例行程序互相调用，名称可以在系统保留字段之外自由定义，单击"确定"，完成新建，如图 1－5－29 所示。

步骤十一：单击"显示例行程序"，就可以进行编程了。

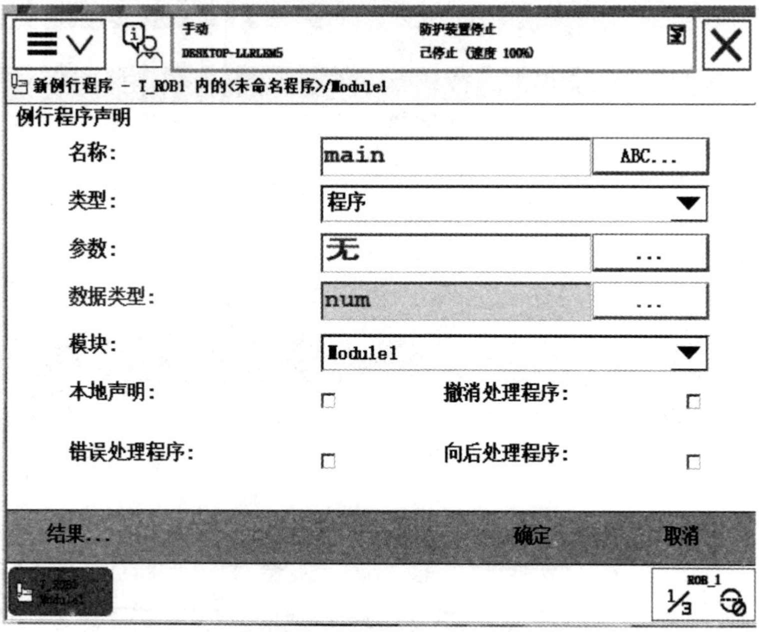

手动
DESKTOP-LLRLEM5
防护装置停止
已停止 (速度 100%)
新例行程序 - T_ROB1 内的<未命名程序>/Module1
例行程序声明
名称: main ABC...
类型: 程序
参数: 无 ...
数据类型: num ...
模块: Module1
本地声明:
撤消处理程序:
错误处理程序:
向后处理程序:
结果... 确定 取消
T_ROB1 Module1
ROB_1 1/3

图 1－5－27　创建一个主程序

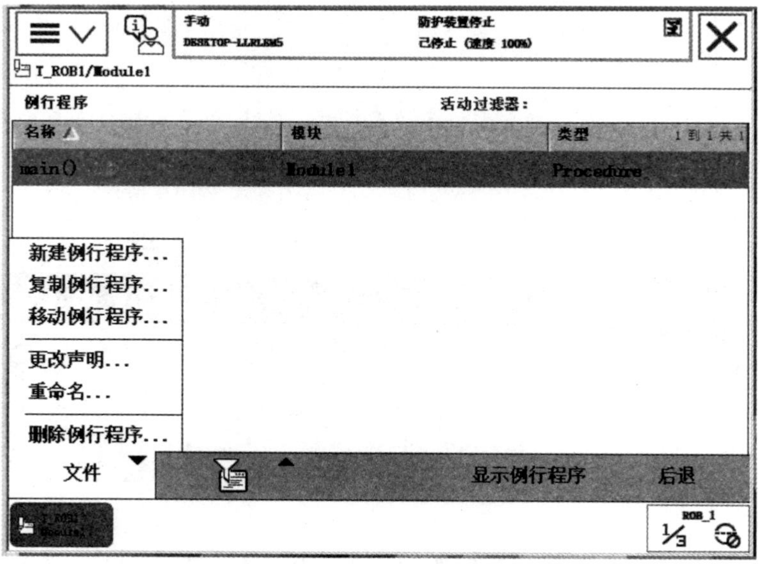

手动
DESKTOP-LLRLEM5
防护装置停止
已停止 (速度 100%)
T_ROB1/Module1
例行程序
活动过滤器:

名称	模块	类型
main()	Module1	Procedure

新建例行程序...
复制例行程序...
移动例行程序...
更改声明...
重命名...
删除例行程序...
文件
显示例行程序 后退
T_ROB1 Module1
ROB_1 1/3

图 1－5－28　选择“新建例行程序”

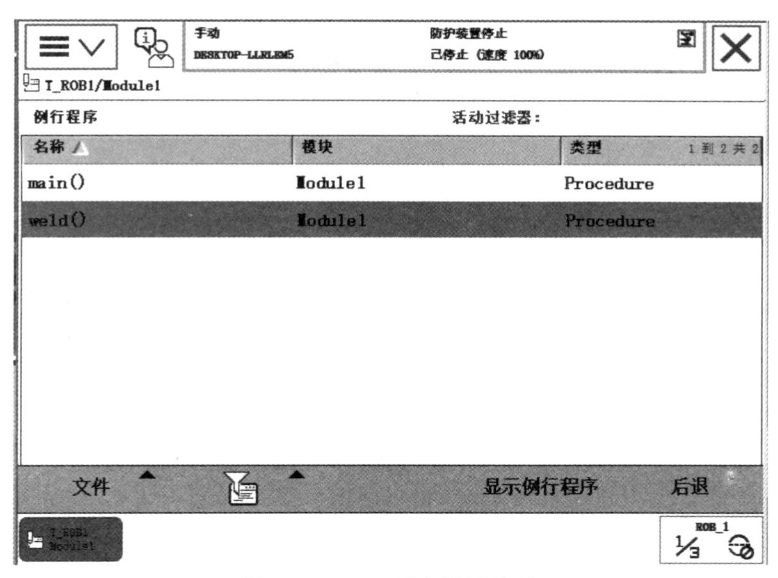

图1-5-29 新建例行程序

14. 例行程序的编辑

步骤一：选中例行程序，选择“复制例行程序”，在打开的界面中可以对复制的例行程序的名称（单击“ABC”）、类型（单击其后下拉按钮）、存储的模块（单击其后下拉按钮）等进行修改，更改后单击“确定”即可，如图1-5-30所示。

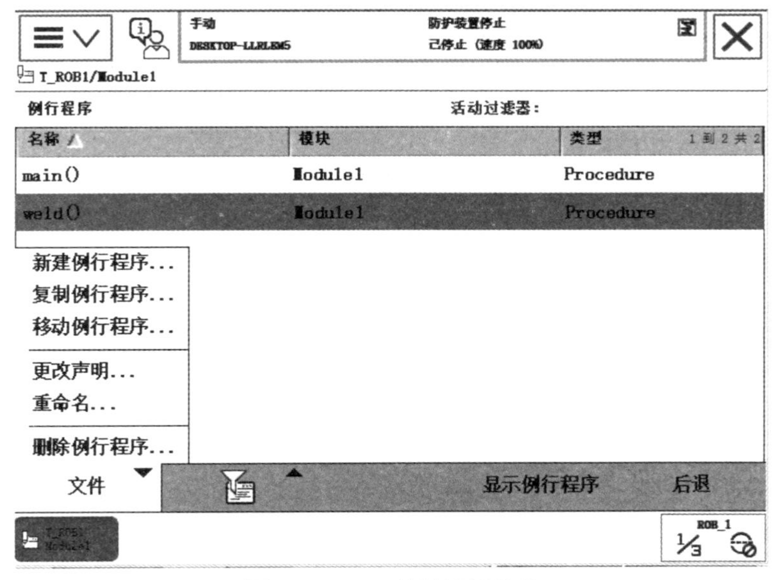

图1-5-30 复制例行程序

步骤二：“移动例行程序”就是将选中的例行程序移动到其他程序模块中。在“文件”中选择“移动例行程序”后，弹出如图1-5-31所示的界面，在“模块”一栏中单击下拉按钮，可以选择移动至的模块。

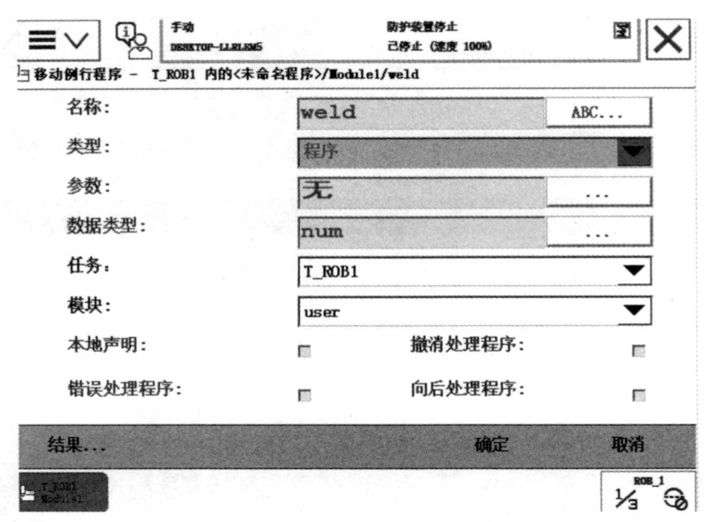

图 1-5-31　移动例行程序

步骤三："更改声明"就是回到最开始新建例行程序时的例行程序声明界面，可以对例行程序的类型（包括程序、功能和中断）及对程序所属的模块进行修改，如图 1-5-32 所示。

图 1-5-32　例行程序声明

步骤四：选择"重命名"后，直接弹出键盘，输入新的名称，单击"确定"，完成对例行程序的重命名。

步骤五：选择"删除例行程序"后，会弹出删除例行程序的界面，确定是否进行删除操作，如果确定删除，则单击"确定"，完成删除操作。

15. RAPID 程序指令的添加

步骤一：在示教器操作界面选择"程序编辑器"。

步骤二：直接进入主程序中，可以直接编辑主程序，如图 1-5-33 所示。选中要插入指令的程序位置，高显为蓝色（编辑画面操作技巧：黄色加减号表示放大/缩小画面；黄色上下双箭头表示向上/向下翻页；黄色上下单箭头表示向上/向下移动）。

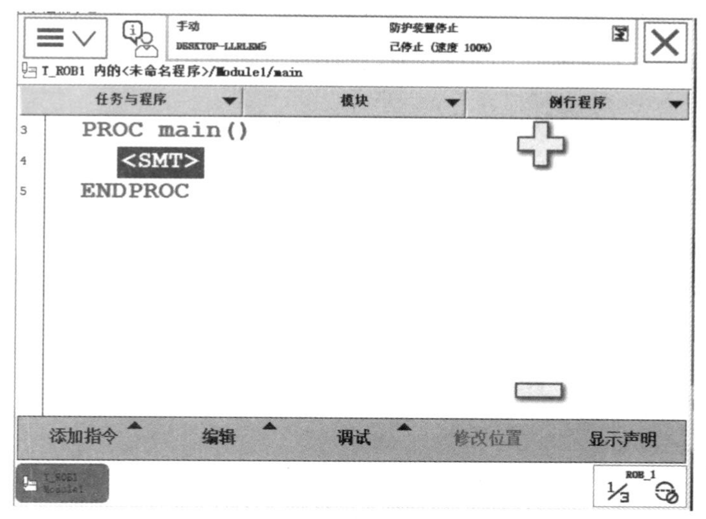

图 1－5－33 编辑主程序

步骤三：单击“添加指令”，打开指令列表，如图 1－5－34 所示。

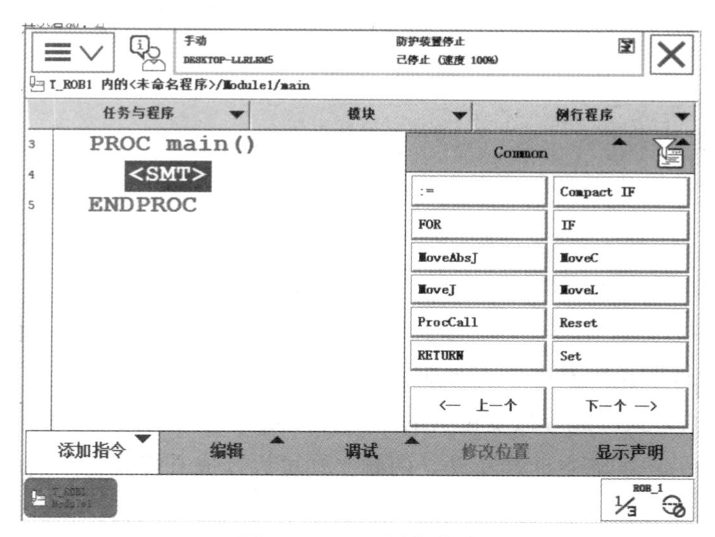

图 1－5－34 添加指令

步骤四：单击“Common”，可以切换到其他分类的指令列表，选择需要的指令进行编辑即可。

【单元习题】

1. 请描述关节运动指令和线性运动指令的区别。
2. 完成一个圆形运动轨迹最少使用几条圆弧指令？

【单元小结】

本单元介绍了机器人程序模块和例行程序的架构，以及 ABB 机器人操作的相关知识。

学会了建立 ABB 机器人程序模块和例行程序后，可以为接下来在例行程序中添加想要的指令奠定基础。

【单元拓展】

1. 可以自定义程序模块吗?

2. 不同模块的数据是否通用?

知识单元 6　焊接变位机的类型

【单元描述】

焊接变位机是将焊件回转、倾斜，使焊件上的焊缝置于有利的施焊位置的焊件变位设备。焊接变位机主要用于机架、机座、法兰、封头等非长形焊件的翻转变位。

【单元目标】

1. 了解焊接变位机种类。

2. 了解焊接变位机在焊接工作中的作用。

【单元分析】

1. 常用的人工焊接变位机

常用的人工焊接变位机基本形式有如下几种。

1）双立柱单回转式。此焊接变位机的主要特点是立柱一端的电动机驱动工作装置沿一个回转方向运转，另一端随主动端从动。两侧立柱可设计成升降式，以适应不同规格产品结构件的焊接需求。此焊接变位机的缺点是只能在一个圆周方向回转，为此选择时要注意焊缝形式是否适合。

2）双座头尾双回转式。此焊接变位机是将被焊结构件的活动空间，在双立柱单回转式焊接变位机的基础上增加一个旋转自由度。此焊接变位机较为先进，焊接空间大，可将工件旋转到需要的位置，目前已在许多工程机械厂家成功应用。

3）L 形双回转式。此焊接变位机的工作装置为 L 形，有两个方向的回转自由度，且两个方向都可以 ±360°任意回转。此焊接变位机优点是开敞性好，容易操作。

4）C 形双回转式。此焊接变位机与 L 形双回转式焊接变位机相同，只是根据结构件的外形，将焊接变位机的工装夹具稍作变动。此焊接变位机适合装载机、挖掘机的铲斗等结构

件的焊接。

2. 按轴的数量分类

按轴的数量分类，焊接变位机可分为单轴变位机、双轴变位机、三轴变位机、复合变位机。

(1) 单轴变位机

单轴变位机按照结构形式一般分为L型和C型。

L型单轴变位机包括主动头、尾架和机械框架。主动头一般由机器人外部轴驱动，可以实现与机器人的协调运动。尾架无动力，为随动系统。L型单轴变位机主要用于旋转型工件的焊接，如图1-6-1所示。

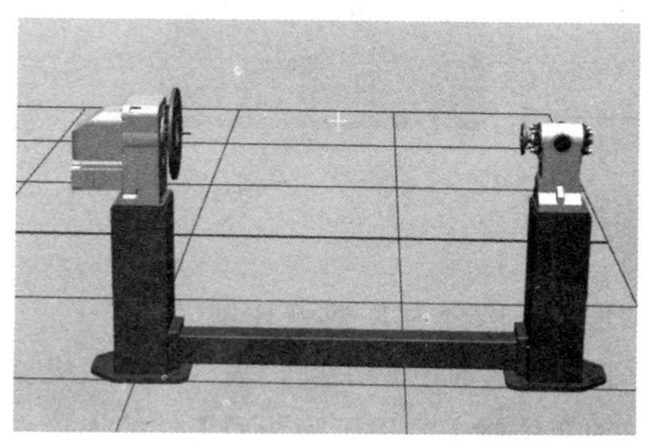

图1-6-1 L型单轴变位机

C型单轴变位机包括旋转胎架、基座和挡光板，旋转胎架一般由机器人外部轴或其他方式驱动，在旋转胎架两侧各设置一个工位，一侧为机器人焊接工位，一侧为上料工位。C型单轴变位机一般只做180°旋转，如图1-6-2所示。

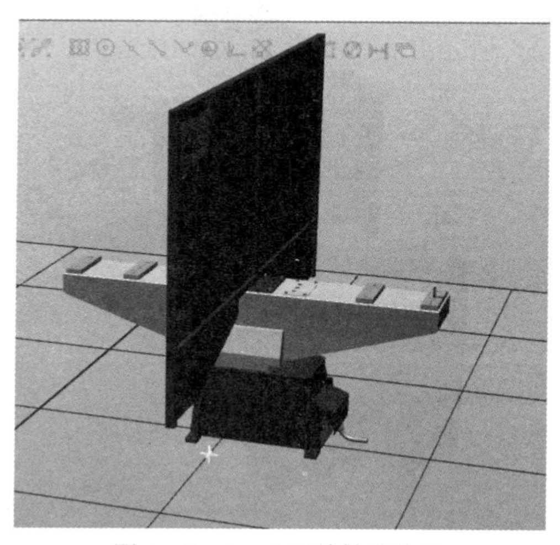

图1-6-2 C型单轴变位机

(2) 双轴变位机

双轴变位机主要以A型为主，由旋转轴、翻转轴和机械框架等构成，一般为机器人外部轴驱动，以实现协调运动。从理论上讲，双轴变位机可将任意焊缝置于水平或船型焊位置。A 型双轴变位机通常用于多面体型工件的焊接，如图 1－6－3 所示。

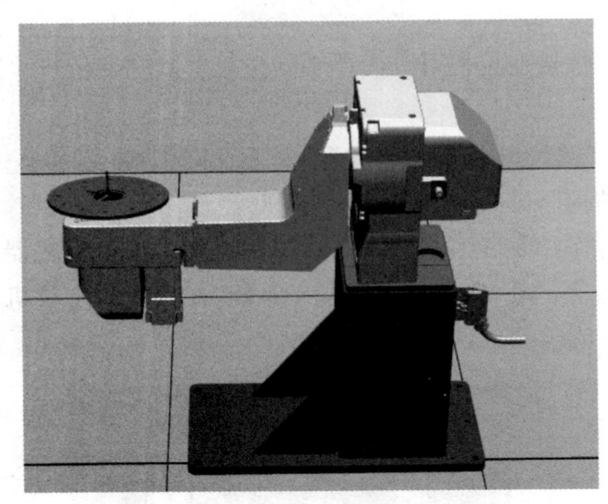

图 1－6－3　A 型双轴变位机

（3）三轴变位机

三轴变位机按主旋转轴形式一般分为 K 型和 R 型。

K 型三轴变位机包括垂直主旋转轴和两个旋转头，一般由机器人外部轴驱动，可以实现与机器人协调运动。K 型三轴变位机主要用于旋转型工件的焊接，其特点是变位机主要占用垂直空间，节约水平空间位置，如图 1－6－4 所示。

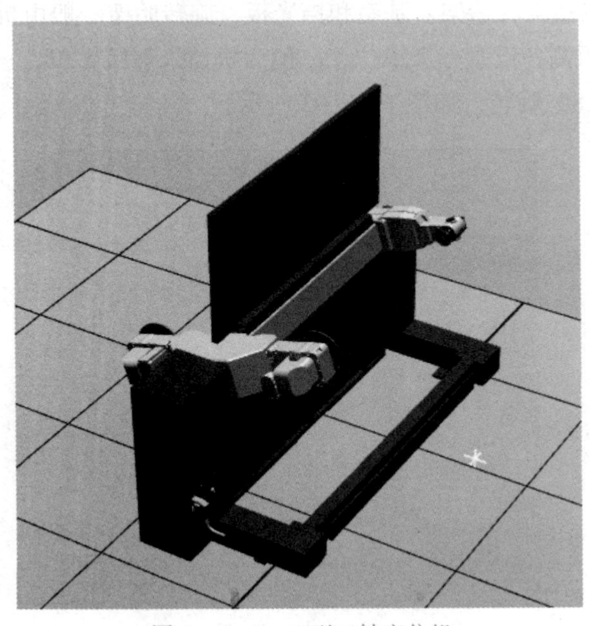

图 1－6－4　K 型三轴变位机

R 型三轴变位机包括水平主旋转轴和两个旋转头，一般由机器人外部轴驱动，可以实现与机器人协调运动。R 型三轴变位机主要用于旋转型工件的焊接，其特点是变位机主要占用水平空间，节约垂直空间，如图 1－6－5 所示。

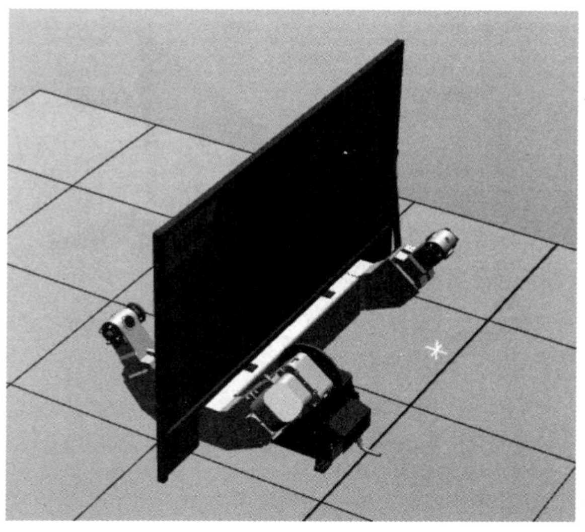

图 1-6-5　R 型三轴变位机

(4) 复合变位机

复合变位机由各类型变位机组合而成，主要有 B 型和 D 型两类。

B 型复合变位机是由 2 个 A 型双轴变位机和 1 个 C 型单轴变位机组合，A 型双轴变位机各为一个工位，C 型单轴变位机用于工位切换，如图 1-6-6 所示。

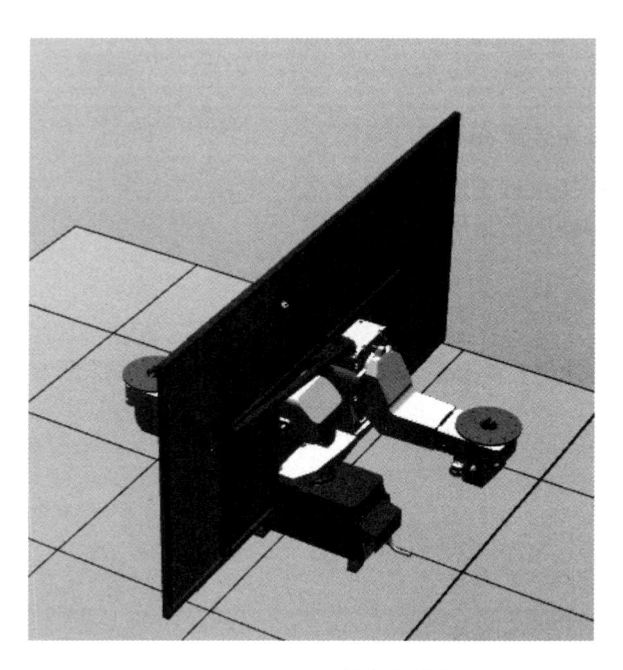

图 1-6-6　B 型复合变位机

D 型复合变位机由 2 个双轴变位机和 1 个 C 型单轴变位机组合而成，双轴变位机各为一个工位，C 型单轴变位机用于工位切换，如图 1-6-7 所示。

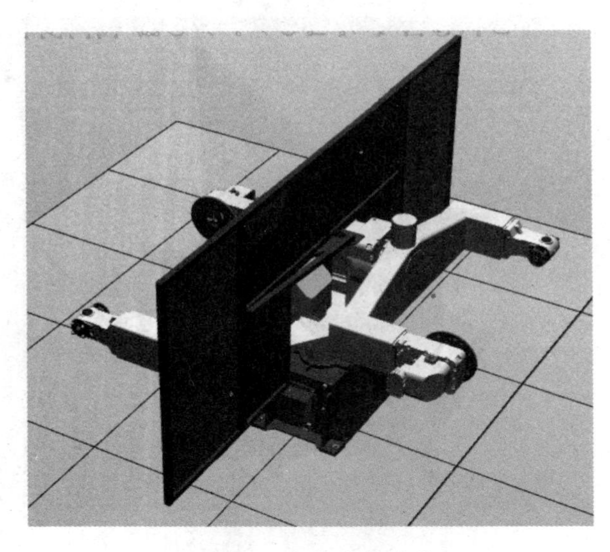

图 1-6-7　D 型复合变位机

【单元小结】

本单元介绍了焊接变位机的基本知识，包括其种类、作用等内容，为后期深入学习机器人变位机奠定了基础。

【单元习题】

1. 焊接变位机的种类有哪些？
2. 焊接变位机在焊接过程中的作用是什么？
3. 怎样正确选择焊接变位机？

【单元拓展】

焊接变位机的构造如何？焊接变位机如何驱动？需要哪些部件？

模块2 焊接机器人参数配置

导　入

随着汽车工业的飞速发展，焊接机器人得以大范围推广及应用。工业自机器人和焊接电源组成的自动化焊接系统，能够自由、灵活地实现各种复杂三维曲线加工轨迹，可有效提高焊接工艺水平、焊接工件的一致性，并且能够将工人从恶劣的环境中解放出来，从事更有价值的工作。

任务单元1　焊接机器人控制系统的属性参数配置

【任务描述】

焊接机器人控制系统是指从事焊接工作，由工业机器人、焊接电源、焊枪或焊钳、送丝机，以及变位机、气源、除尘器和安全护栏组成，可完成规定焊接动作、获得合格焊接构件的系统。要配置焊接机器人控制系统工作站首先需要了解焊接机器人控制系统参数。

【任务目标】

知识目标

1. 了解焊机各单元接口。
2. 了解焊机与机器人的通信方式。

技能目标

1. 会配置焊接机器人控制系统参数。
2. 会设置焊接机器人焊机参数。

素养目标

1. 拥有通过焊接对象的不同而设置不同焊机参数的能力。
2. 拥有通过焊接试验调整焊机参数的能力。
3. 拥有自己更换焊接耗材的能力。

【任务分析】

由 ABB 机器人和奥太焊机组成焊接机器人控制系统是一种比较常见的焊接机器人组成方式，如图 2－1－1 和图 2－1－2 所示。

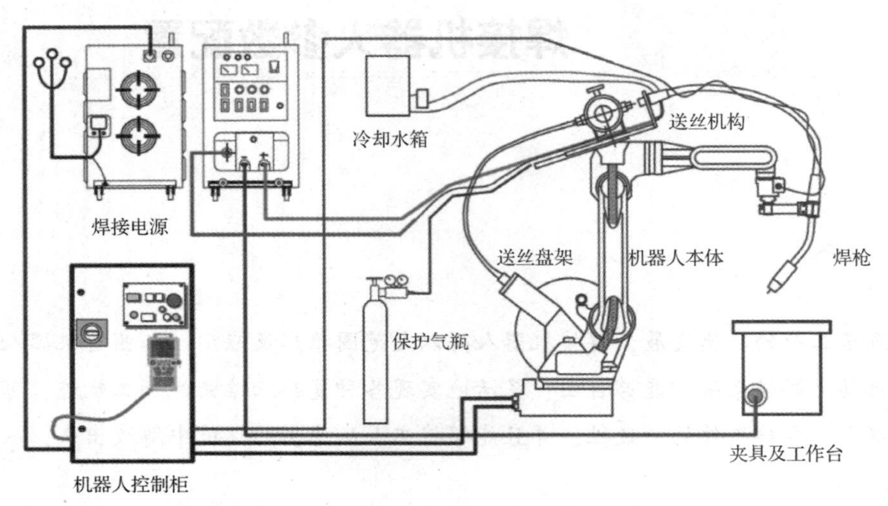

图 2－1－1　焊接机器人控制系统组成

【知识准备】

1. 奥太焊机控制面板

奥太焊机控制面板用于焊接的功能选择和部分参数设置，其中焊接参数可以通过近控（焊机前面板控制，隐含参数 P09 为 ON）和远控（机器人控制，隐含参数 P0 为 OFF）两种调节方式调节。

奥太焊机控制面板包括调节旋钮、按键、各种指示灯等，如图 2－1－3 所示。

（1）为调节旋钮，用于调节各参数值，该调节旋钮上方指示灯亮时，可以用此旋钮调节对应项目的参数。

图 2－1－2　ABB 焊接机器人控制系统

（2）为参数选择键 F2，可选择进行操作的参数项目有弧长修正、焊接电压、作业号。

（3）为参数选择键 F1，可选择进行操作的参数项目有送丝速度、焊接电流、电弧力/电弧挺度。

（4）为调用键，用于调用已存储的参数。

（5）为存储键，按下该键可进入设置菜单或存储参数。

（6）为焊丝直径选择键，用于选择所用焊丝直径。

（7）为焊丝材料选择键，用于选择焊接所要采用的焊丝材料及保护气体。

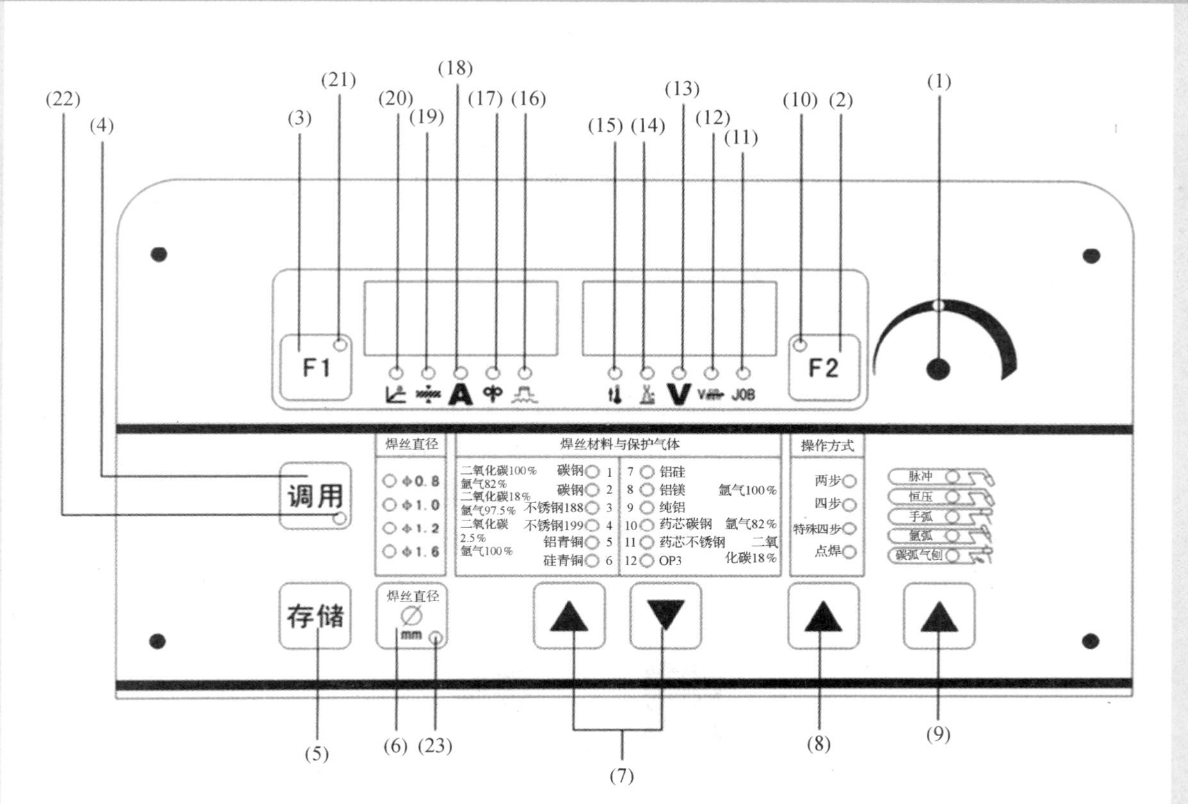

图 2－1－3 奥太焊机控制面板

（8）为焊枪操作方式键，用于选择焊枪操作方式，有两步操作方式、四步操作方式、特殊四步操作方式、点焊操作方式共 4 种方式供选择。

（9）为焊接模式选择键，用于选择焊接模式，可选择 P－MIG 脉冲焊接、恒压焊接、手弧焊、弧焊、碳弧气刨。

（10）为 F2 键选中指示灯，灯亮表示已选中 F2 键，可用调节旋钮进行操作。

（11）为作业号指示灯，按作业号调取预先存储的作业参数。

（12）为焊接速度指示灯。指示灯亮时，右显示屏显示预设焊接速度，单位为 cm/min。注意：焊接速度与焊脚成一定的反比例关系。

（13）为焊接电压指示灯。指示灯亮时，右显示屏显示预设或实际焊接电压。

（14）为弧长修正指示灯。指示灯亮时，右显示屏显示修正弧长值。其中，－表示弧长变短，0 表示标准弧长，＋表示弧长变长。

（15）为机内温度指示灯。焊机过热时，该指示灯亮。

（16）为电弧力/电弧挺度。

MIG/MAG 脉冲焊接时，调节电弧力：－表示电弧力减小，0 表示标准电弧力，＋表示电弧力增大。

MIG/MAG 一元化直流焊接时，改变短路过渡时的电弧挺度：－表示电弧硬而稳定，0 表示中等电弧，＋表示电弧柔和，飞溅小。

（17）为送丝速度指示灯。指示灯亮时，左显示屏显示送丝速度，单位为 m/min。

（18）为焊接电流指示灯。指示灯亮时，左显示屏显示预置或实际焊接电流。

（19）为母材厚度指示灯。指示灯亮时，左显示屏显示参考母材厚度。

（20）为焊脚指示灯。指示灯亮时，左显示屏显示焊脚尺寸。

（21）为 F1 键选中指示灯。

（22）为调用作业模式工作指示灯。

（23）为隐含参数菜单指示灯，进入隐含参数调节时指示灯亮。

2. 奥太焊机隐含参数

同时按下存储键和焊丝直径选择键，隐含参数菜单指示灯亮，表示已进入隐含参数菜单调节模式。再次按下存储键退出隐含参数菜单调节模式。用焊丝直径选择键选择要修改的项目；用调节旋钮调节要修改的参数值。其中，P05、P06 需用 F2 键切换显示电流百分数、弧长偏移量，并可用旋钮修改参数值。焊机参数设置流程如图 2－1－4 所示。焊机参数设置表如表 2－1－1 所示。

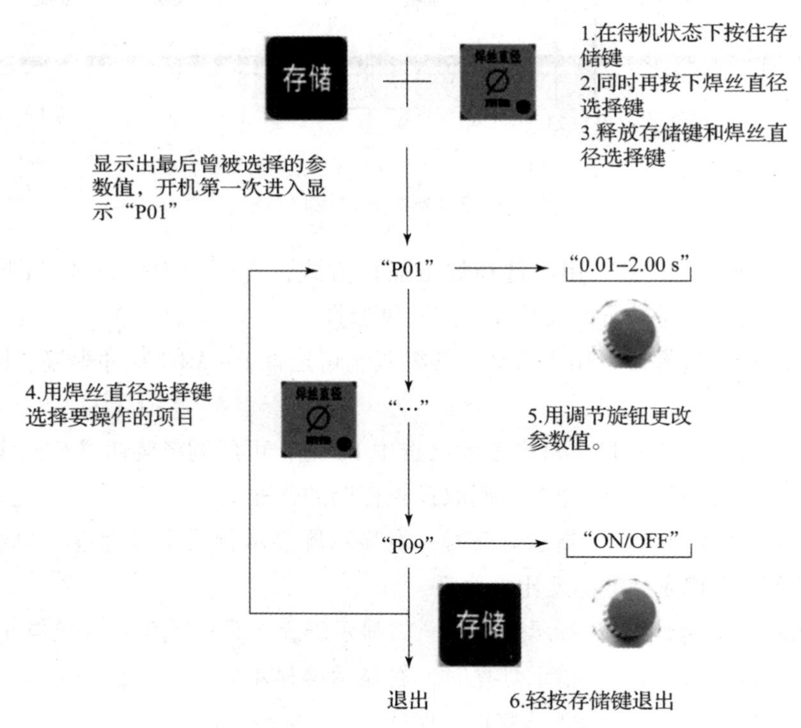

图 2－1－4　焊机参数设置流程

表 2－1－1　焊机参数设置表

项目	用途	设定范围	最小单位	出厂设置
P01	回烧时间	0. 01～2. 00 s	0. 01 s	0. 04 s
P02	慢送丝速度	1. 0～22. 0 m/min	0. 1 m/min	1. 5 m/min

续表

项目	用途	设定范围	最小单位	出厂设置
P03	提前送气时间	0～10.0 s	0.1 s	0.2 s
P04	滞后停气时间	0.1～10.0 s	0.1 s	5.0 s
P05	初期规范	1%～200%	1%	135%
P06	收弧规范	1%～200%	1%	50%
P07	过渡时间	0.1～10.0 s	0.1 s	0.2 s
P09	近控有无	OFF/ON	—	OFF
P10	水冷选择	OFF/ON	—	ON
P15	脉冲模式	OFF/UI/UU/II	—	OFF
P16	风机控制时间	5～15 min	1 min	15 min
P30	点动送丝速度	0.8～22.0 m/min	0.1 m/min	3.6 m/min

3. 奥太焊机作业模式

作业模式无论是在半自动焊接还是全自动焊接中都能提高焊接工艺质量。平常一些需要重复操作的作业（工序）往往需手写记录工艺参数。而在作业模式下，可以存储和调取多达 100 个不同的作业记录。

以下标志会出现在作业模式中，在左显示屏中显示。

“---”表示该位置无程序存储（仅在调用作业程序时出现，否则将显示 nPG）。

“nPG”表示该位置没有作业程序。

“PrG”表示该位置已存储作业程序。

“Pro”表示该位置正在创立作业程序。

（1）存储作业程序

焊机存储作业参数设置如图 2-1-5 所示。

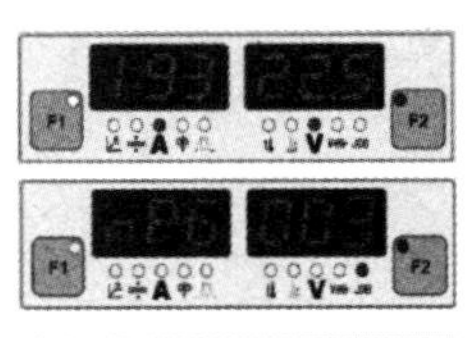

1.设定好要存储的作业程序各规范参数

2.按存储键，进入存储状态，显示号码为可以存储的作业号

3.用旋钮选择存储位置或不改变当前显示的存储位置

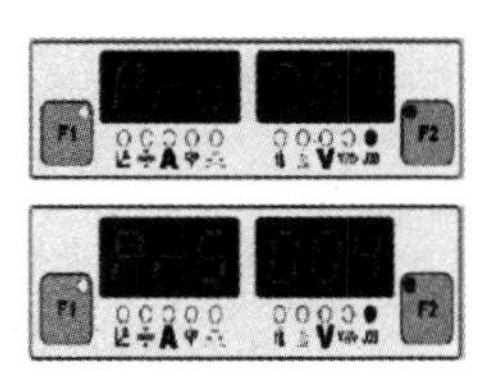

4.按住存储键，左显示屏出现“Pro”，作业参数正在存入所选的作业号位置

5.左显示屏出现“PrG”时，表示存储成功，此时可以释放存储键

6.按下存储键，退出存储状态

图 2-1-5 焊机存储作业参数设置

(2) 调用作业程序

焊机调用作业参数设置如图 2-1-6 所示。

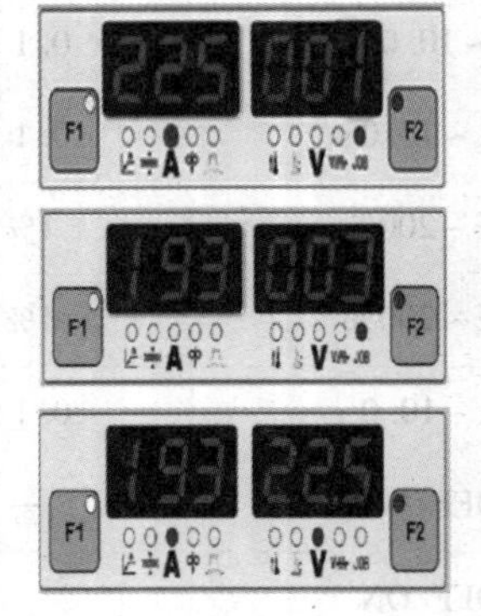

1.机器人调为调用模式，调用模式指示灯亮，显示调用的作业号

2.机器人给调用的通道号，选择作业号

3.机器人退出调用模式，调用模式指示灯灭

图 2-1-6 焊机调用作业参数设置

4. 奥太焊机故障识别

奥太焊机的故障如表 2-1-2 所示。

表 2-1-2 奥太焊机的故障

报警代码	异常现象	异常原因	消除方法
E19	过热保护	1. 焊接电源内部过热（超出额定负载持续率。使用，前后通风口被堵） 2. 温度继电器故障 3. 信号线故障 4. 主控板故障	1. 查风扇，等待焊接电源内部冷却 2. 检查温度继电器连线 3. 更换温度继电器 4. 更换主控板
E30	送丝过载	1. 焊丝用到末端 2. 焊丝电动机过流，送丝电动机卡死或损坏	1. 换焊丝盘 2. 尽量使焊枪线缆拉直检查送丝管是否扭曲或灰尘阻塞
E42	焊接电源内部显示板与送丝机板通信异常	1. 送丝机控制电缆未插好或断开 2. 通信线束松动或断线 3. 送丝机主控板故障 4. 焊接电源内对应的控制电路出现故障	1. 检查控制电缆 2. 检查通信线 3. 更换送丝机主控板 4. 更换焊接电源内相应的主控板
E84	总线故障	机器人与通信控制器连接异常	1. 确定机器人上电是否正常 2. 检查机器人与通信控制器连线

5. 奥太焊机起弧参数

（1）预送气时间

奥太焊机系统 V1.5.2 版本以上的预送气功能即飞行起弧，是在下发起弧命令之前，运动过程中开始送气，到达起弧点直接起弧，显著提高焊接节拍。预送气时间一般设置为 500 ms。

注意：1）实际焊接时的预送气时间是指示教器设置预送气时间加上焊机内部默认预送气时间。奥太的隐含参数为 P03。

2）示教器中设置的预送气时间全部为运动过程中预送气，如果需要在起弧点再吹气，则需打开焊机面板上的预送气时间；相反，如果不需要到达起弧点之后仍然送气，则进入焊机对应参数进行关闭。

（2）起弧电流

起弧电流一般按照实际焊接工况进行设置，一般设置为焊接电流的 120%。

（3）起弧电压

起弧电压一般按照实际工况进行设置。如果为一元化焊接，一般会将起弧电压稍微加大 1 V 左右。

（4）起弧时间

起弧时间是指在起弧点时焊接停留的时间。

【任务实施】

任务按两人一组进行实施，逐一完成以下步骤并记录。

根据焊机焊接时序图（见图 2-1-7），用焊机进行焊接。

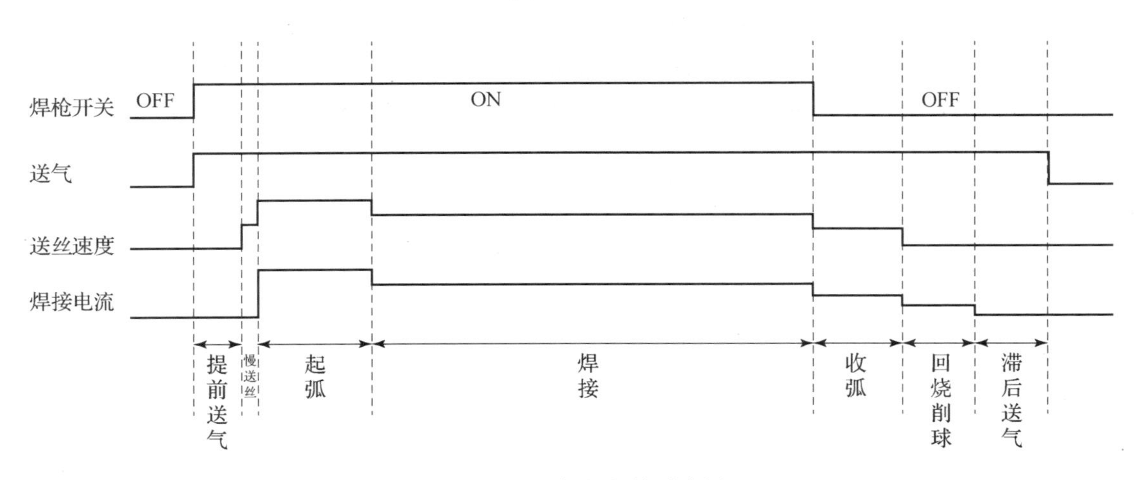

图 2-1-7 焊机焊接时序图

【任务评价】

焊接机器人控制系统属性参数配置评价表如表 2-1-3 所示。

表 2-1-3　焊接机器人控制系统属性参数配置评价表

	专业知识评价（80分）												过程评价（10分）			素养评价（10分）		
任务评价	焊机构成认识（20分）			焊机信号认识（20分）			焊机参数设置（20分）			焊接测试（20分）			穿戴工装、整洁（2分）；具有安全意识、责任意识、服从意识（2分）；与教师、其他成员之间有礼貌地交流、互动（3分）；能积极主动参与、实施检测任务（3分）			能做到安全生产、文明操作、保护环境、爱护公共设施设备（5分）；工作态度端正，无无故缺勤、迟到、早退现象（5分）		
学习评价	自我评价（5分）	学生互评（5分）	教师评价（10分）	自我评价（5分）	学生互评（5分）	教师评价（10分）	自我评价（5分）	学生互评（5分）	教师评价（10分）	自我评价（5分）	学生互评（5分）	教师评价（10分）	自我评价（3分）	学生互评（3分）	教师评价（4分）	自我评价（3分）	学生互评（3分）	教师评价（4分）
评价得分																		
得分汇总																		
学生小结																		
教师点评																		

【任务小结】

本任务介绍了焊接机器人焊机组成和焊接参数等，可以使学生更了解弧焊操作。

【任务拓展】

根据焊接机器人焊接时序图（见图2－1－8）及焊接渐变图（见图2－1－9），利用焊接机器人进行焊接。

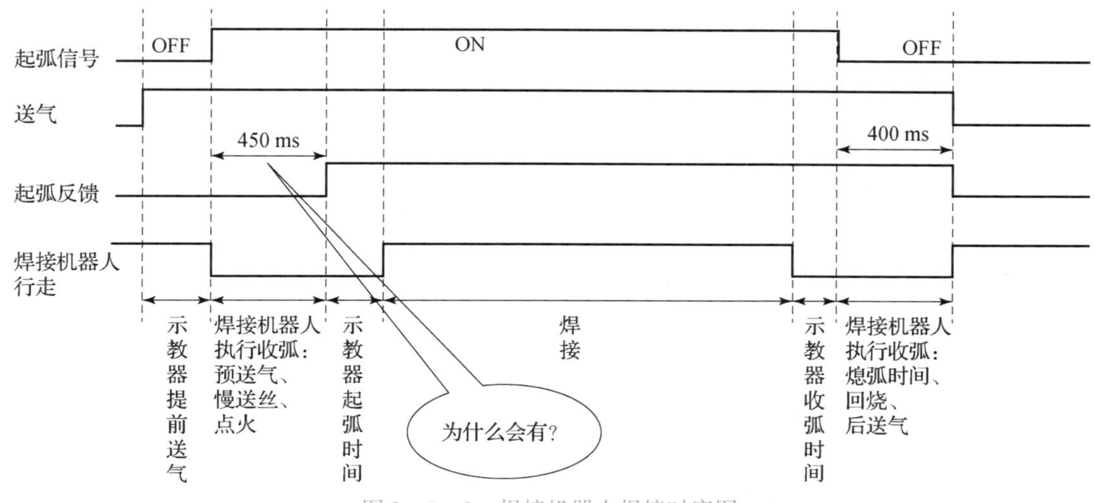

图2－1－8　焊接机器人焊接时序图

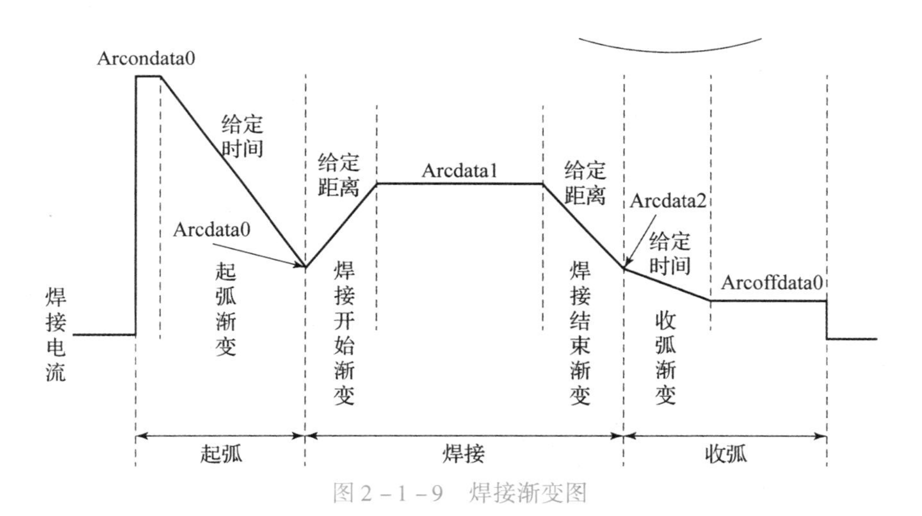

图2－1－9　焊接渐变图

任务单元2　焊接机器人I/O信号配置

【任务描述】

工业机器人的I/O通信接口可以实现与周边设备的通信，本任务要求能够定义机器人I/O板及机器人I/O信号，监控和操作机器人I/O信号，进行系统输入输出与I/O信号的关联。焊接设备要与机器人进行通信，就需要设置机器人和焊接设备之间的通信参数。其中，

RS232 通信、OPC server、Socket Message 是与 PC 通信时的通信协议，PC 通信接口需要选择选项 PC - INTERFACE 才可以使用；DeviceNet、Profibus、Profibus - DP、Profinet、EtherNet IP 则是不同厂商推出的现场总线协议，使用何种现场总线，要根据需要进行选配；如果使用 ABB 标准 I/O 板，就必须有 DeviceNet 的总线。

【任务目标】

知识目标

1. 知道 ABB 机器人 I/O 通信的种类。
2. 知道 ABB 机器人常用标准 I/O 板的知识。

技能目标

1. 会定义 I/O 板的总线连接。
2. 会进行数字输入、输出信号等 I/O 的设置。

素养目标

1. 拥有通过硬件插口计算地址的能力。
2. 学会控制强制输出信号从而测试执行机构的技术。
3. 能够自主完成全部 I/O 信号配置。

【任务分析】

弧焊系统通信方式主要采用 ABB 标准 I/O 板，本任务中采用 DSQC651 板卡，如图 2 - 2 - 1 所示，挂靠在 Devicenet 总线上。

图 2 - 2 - 1　DSQC651 板卡

在使用过程中，要设置该模块在网络中的地址，具体地址在 X5 端子上的 6 ~ 12 引脚来定义，如表 2 - 2 - 1 所示。DSQC651 板卡通信接口如图 2 - 2 - 2 所示。本任务选择的是将第 8 和第 10 脚剪掉，得到该模块的地址是 10。

表 2-2-1 DSQC651 板卡 X5 端子定义

X5 端子编号	使用定义
1	0 V BLACK
2	CAN 信号线 low BLUE
3	屏蔽线
4	CAN 信号线 high BLUE
5	24 V RED
6	GND 地址选择公共端
7	模块 ID bit0（LSB）
8	模块 ID bit1（LSB）
9	模块 ID bit2（LSB）
10	模块 ID bit3（LSB）
11	模块 ID bit4（LSB）
12	模块 ID bit5（LSB）

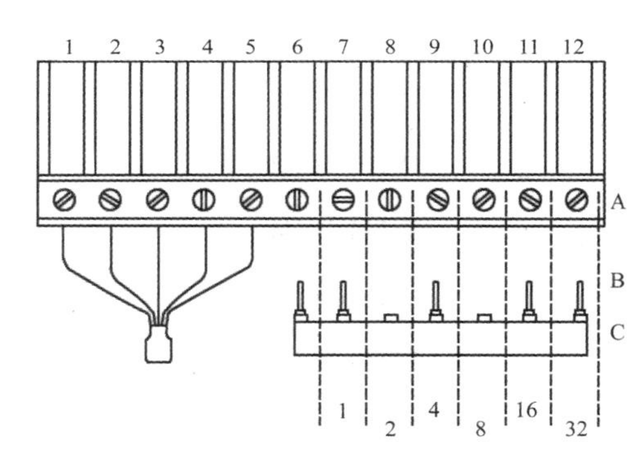

图 2-2-2 DSQC651 板卡通信接口

【知识准备】

DSQC651 板卡有 2 路模拟量输出信号（0~10 V），8 路数字量输出信号，8 路数字量输入信号。

1. X1 端子

X1 端子接口包括 8 路数字量输出信号，其定义及地址分配如表 2-2-2 所示。

表 2-2-2 DSQC651 板卡 X1 端子定义及地址分配

X1 端子编号	使用定义	地址分配
1	OUTPUTCH1	0
2	OUTPUTCH2	1

续表

X1 端子编号	使用定义	地址分配
3	OUTPUTCH3	2
4	OUTPUTCH4	3
5	OUTPUTCH5	4
6	OUTPUTCH6	5
7	OUTPUTCH7	6
8	OUTPUTCH8	7
9	0 V	—
10	24 V	—

2. X3 端子

X3 端子接口包括 8 路数字量输入信号，其定义及地址分配如表 2-2-3 所示。

表 2-2-3　DSQC651 板卡 X3 端子定义及地址分配

X3 端子编号	使用定义	地址分配
1	INTPUTCH1	0
2	INTPUTCH2	1
3	INTPUTCH3	2
4	INTPUTCH4	3
5	INTPUTCH5	4
6	INTPUTCH6	5
7	INTPUTCH7	6
8	INTPUTCH8	7
9	0 V	—
10	未使用	—

3. X6 端子

X6 端子接口包括 2 路模拟量输出信号，其定义及地址分配如表 2-2-4 所示。

表 2-2-4　DSQC651 板卡 X6 端子定义及地址分配

X6 端子编号	使用定义	地址分配
1	未使用	—
2	未使用	—

续表

X6 端子编号	使用定义	地址分配
3	未使用	—
4	0 V	—
5	模拟输出 ao1	0~15
6	模拟输出 ao2	16~31

机器人需要与焊接设备通信（信号名称和信号地址自定义，信号地址与实物接线一致）时，焊接信号定义如表 2-2-5 所示。

表 2-2-5　焊接信号定义

信号名称	信号类型	信号地址	参数注释
AoweldingCurrent	AO	0~15	控制焊接电流或送丝速度
AoweldingVoltage	AO	16~31	控制焊接电压
Do32_WeldOn	DO	32	起弧控制
Do33_GasOn	DO	33	送气控制
Do34_FeedOn	DO	34	送丝控制
Di00_ArcEst	DI	0	起弧信号（用于通知机器人）

设置完信号后，需要将这些信号和焊接参数进行关联，见表 2-2-6 所示。

表 2-2-6　将焊接信号和焊接参数进行关联

信号名称	参数类型	参数名称
AoweldingCurrent	Arc Equipment Analogue Output	CurrentReference
AoweldingVoltage	Arc Equipment Analogue Output	VoltReference
Do32_WeldOn	Arc Equipment Digital Output	WeldOn
Do33_GasOn	Arc Equipment Digital Output	GasOn
Do34_FeedOn	Arc Equipment Digital Output	FeedOn
Di00_ArcEst	Arc Equipment Digital Input	ArcEst

【任务实施】

1. 定义 DSQC651 板卡的总线连接

定义 I/O 总线

ABB 标准 I/O 板都是下挂在 DeviceNet 现场总线下的设备，并通过 X5 端口与 DeviceNet 现场总线进行通信，其参数设置如表 2-2-7 所示。

表 2-2-7　DSQC651 板卡参数设置

参数名称	设定值	说明
Name	Board10	设定 I/O 板在系统中的名称
Type of Unit	D652	设定 I/O 板的类型
Connected to Bus	DeviceNet1	设定 I/O 板连接的总线
DeviceNet Address	10	设定 I/O 板在总线中的地址

步骤一：进入 ABB 主菜单，在示教器操作界面中选择“控制面板”，如图 2-2-3 所示。

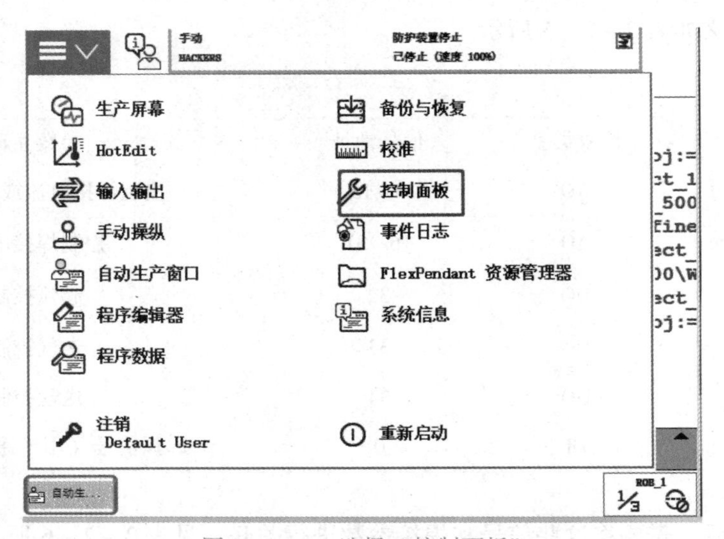

图 2-2-3　选择“控制面板”

步骤二：单击“配置”，如图 2-2-4 所示。

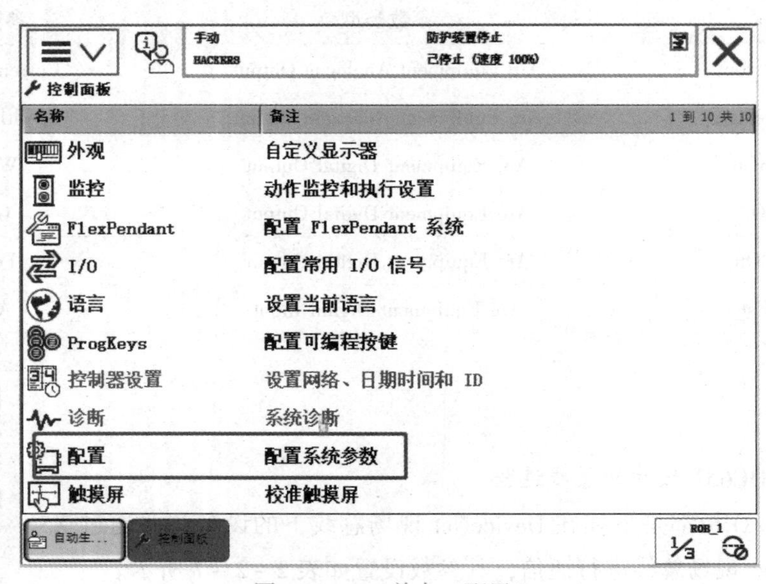

图 2-2-4　单击“配置”

步骤三：进入配置系统参数界面，双击“DeviceNet Device”，进行 DSQC651 模块的选择及其地址设置，如图 2-2-5 所示。

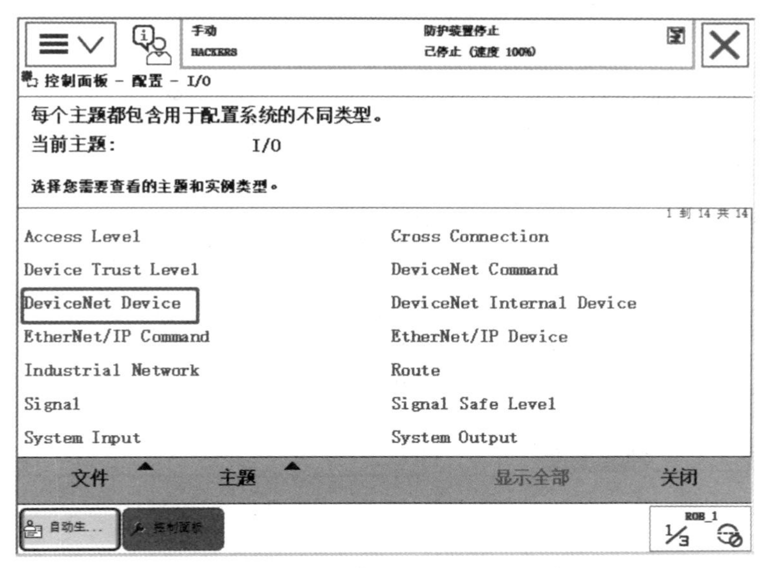

图 2-2-5　双击“DeviceNet Device”

步骤四：单击“添加”，新增 DeviceNet Device，如图 2-2-6 所示。

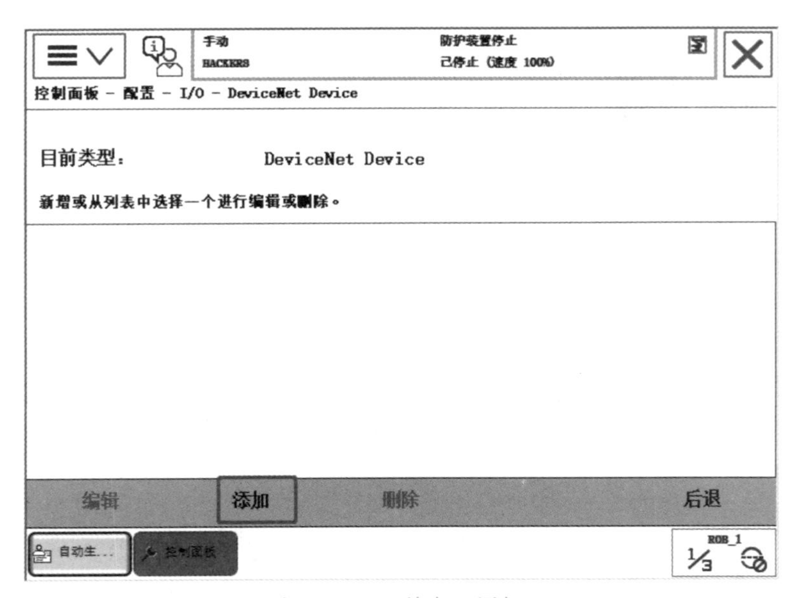

图 2-2-6　单击“添加”

步骤五：进入添加界面后，可以选择模板中的值。单击“使用来自模板的值：”下拉按钮，在弹出的下拉菜单中选择使用的 I/O 板类型，如图 2-2-7 所示。

这里选择“DSQC 651 Combi I/O Device”，其参数值会自动生成默认值，如图 2-2-8 所示。

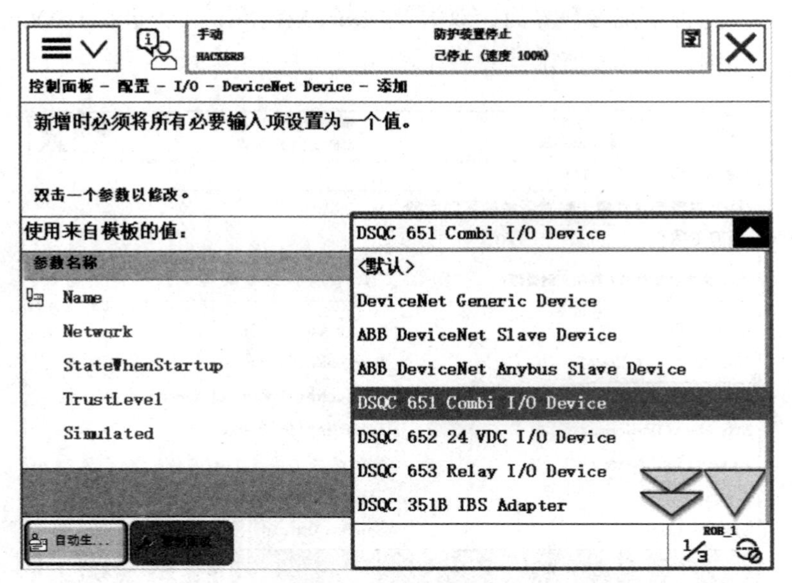

图 2-2-7　选择模板

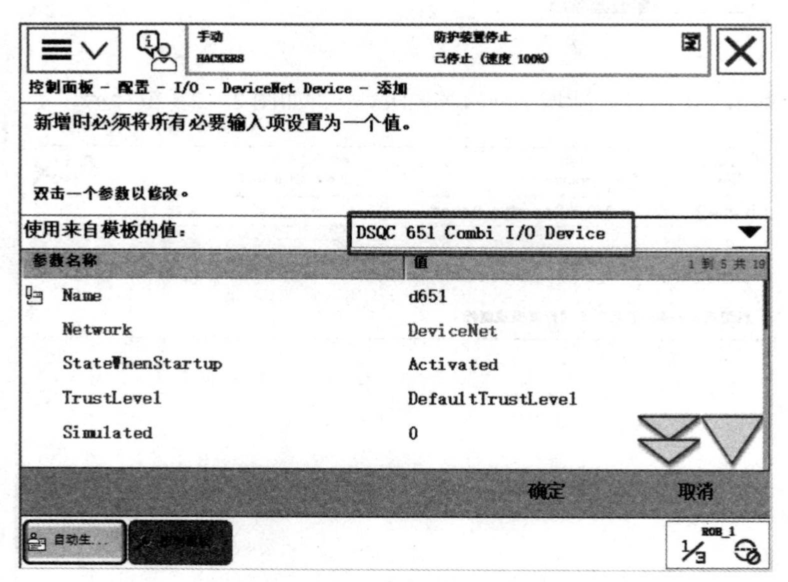

图 2-2-8　选择 DSQC651 板卡模板

步骤六：单击图 2-2-8 中的下拉箭头，下翻界面，找到“Address”，ABB 机器人出厂默认为 63，如图 2-2-9 所示。

步骤七：双击“Address”，将其值修改为 10（10 代表此模块在总线中的地址），单击“确定”，返回参数设置界面，如图 2-2-10 所示。

步骤八：参数设置完毕，单击“确定”，如图 2-2-11 所示。

步骤九：弹出“重新启动”对话框，单击“是”，重新启动控制系统，确定更改，如图 2-2-12 所示。至此，定义 DSQC651 板总线连接的操作完成。

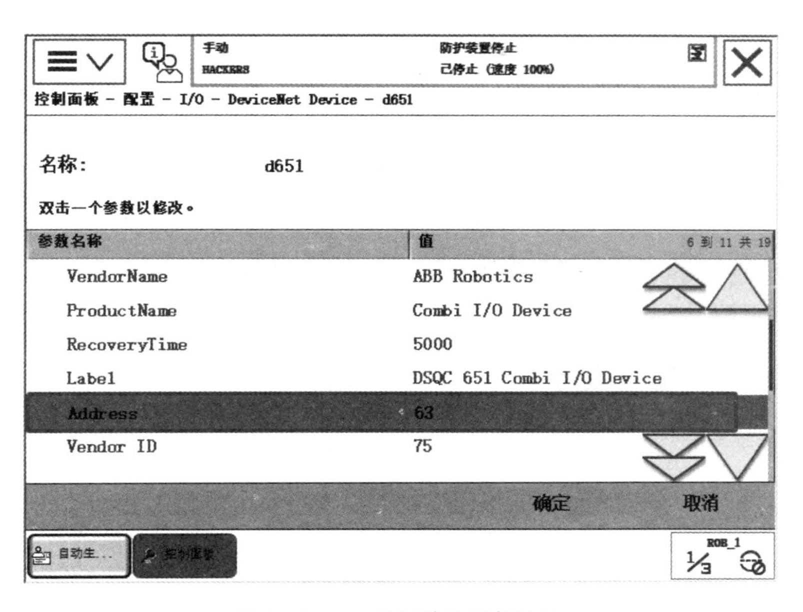

图 2-2-9 出厂默认通信地址

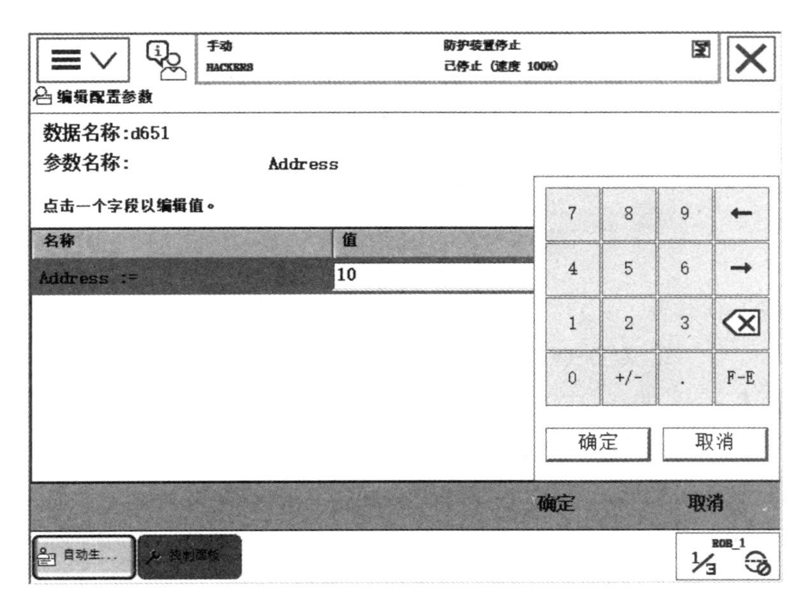

图 2-2-10 修改通信地址

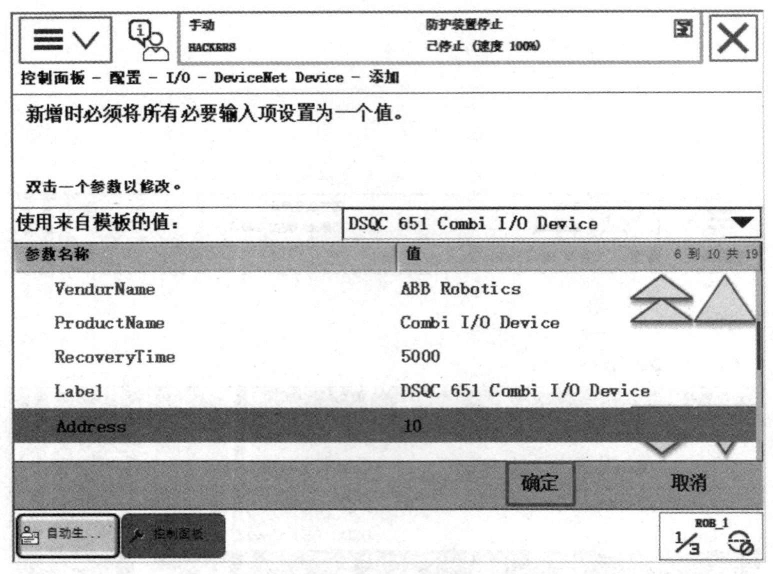

图 2-2-11　参数设置完毕

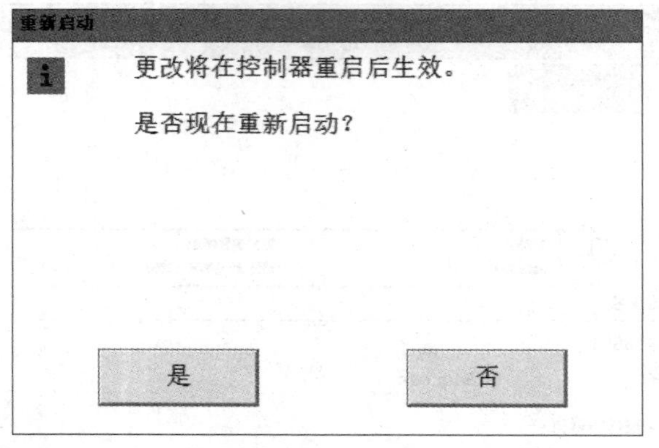

图 2-2-12　"重新启动"对话框

定义 I/O 信号

2. 定义数字 I/O 信号

步骤一、二：与"定义 DSQC651 板卡的总线连接"的步骤一、二相同，这里不予赘述。

步骤三：单击"Singal"，如图 2-2-13 所示。

步骤四：进入 Signal 界面，单击"添加"，如图 2-2-14 所示。

步骤五：定义焊接所需数字 I/O 信号，如图 2-2-15 ~ 图 2-2-18 所示。

步骤六：设置完成后，单击"确定"，弹出"重新启动"对话框，单击"是"，系统重新启动，让配置生效。也可以在 ABB 主菜单选择"重新启动"，让系统重新启动，使配置生效，如图 2-2-19 所示。

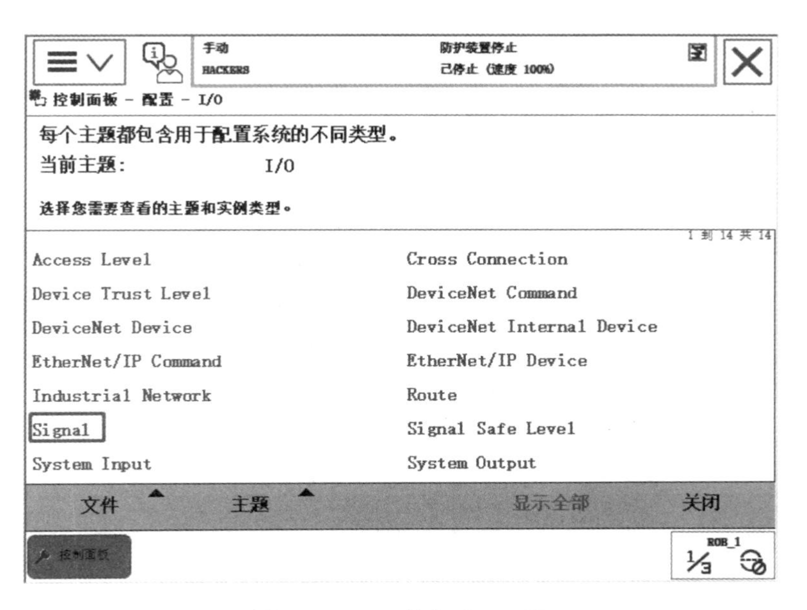

图 2-2-13 单击“Signal”

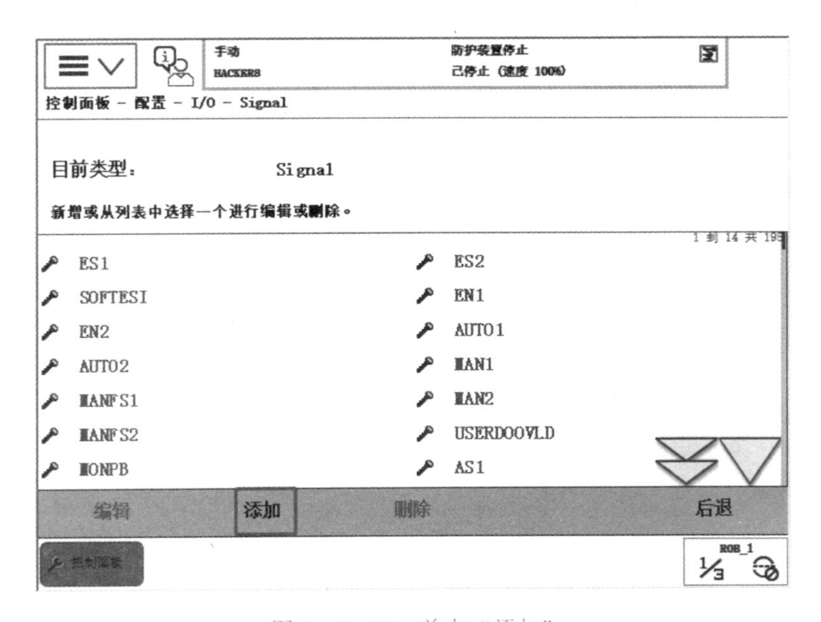

图 2-2-14 单击“添加”

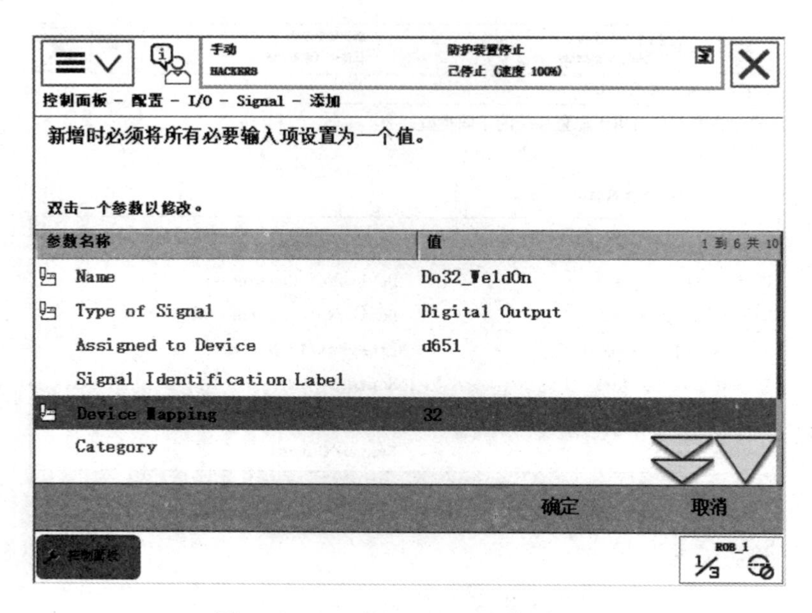

图 2-2-15　Do32_WeldOn 信号设置

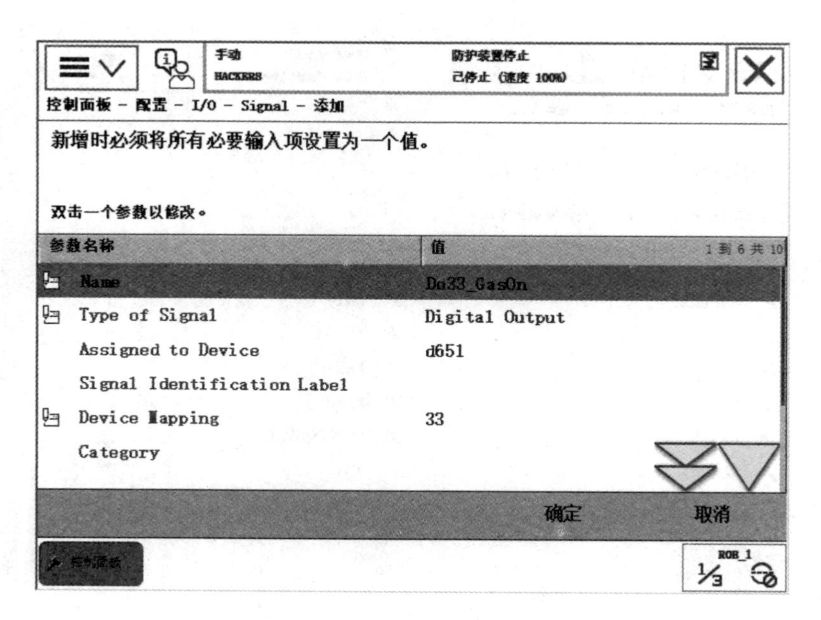

图 2-2-16　Do33_GasOn 信号设置

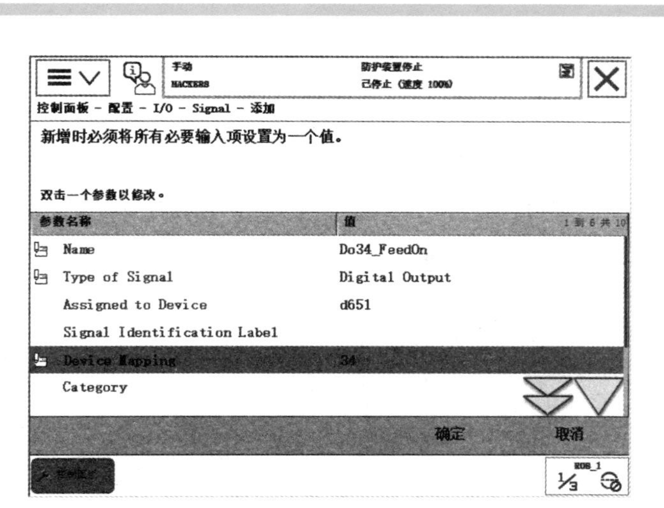

图 2-2-17 Do34_FeedOn 信号设置

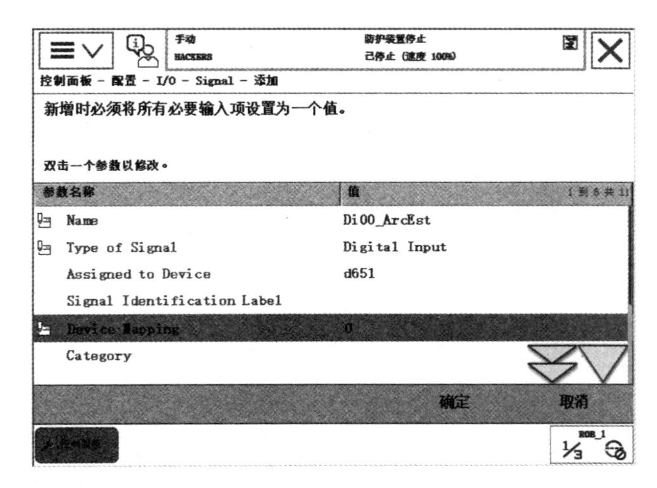

图 2-2-18 Di 00_ArcEst 信号设置

模拟输出信号

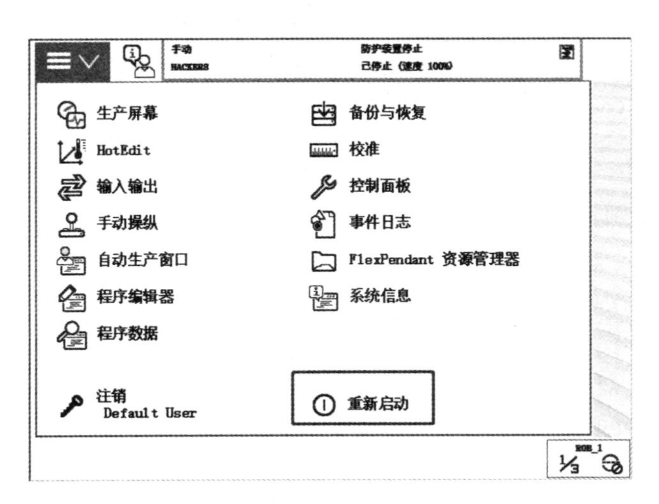

图 2-2-19 选择“重新启动”

3. 定义模拟量输出信号

弧焊信号板 DSQC651 模拟量输出范围为 0 ~ 10 V。焊接电压 – 电流图如图 2 – 2 – 20 所示。

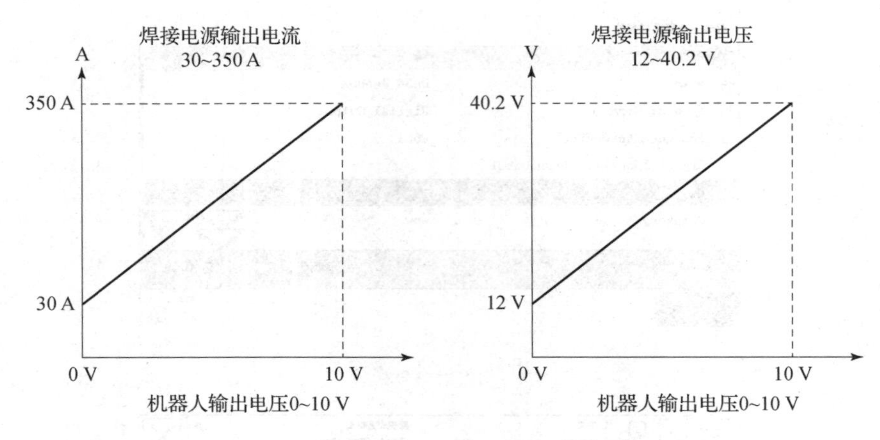

图 2 – 2 – 20　焊接电压 – 电流图

步骤一 ~ 四：与“定义数字 I/O 信号”的前四步相同，这里不予赘述。

步骤五：定义模拟量输出 AoweldingCurrent 信号，信号类型选择“Analog Output”（模拟量输出），信号板卡选择“d651”，信号地址设置为 0 – 15，如图 2 – 2 – 21 所示。

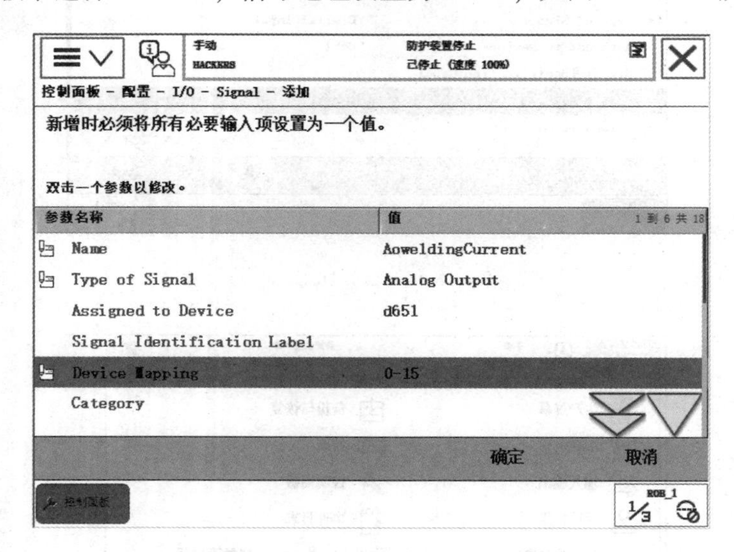

图 2 – 2 – 21　AoweldingCurrent 信号设置

步骤六：单击右下方下拉箭头图标翻页，将 Default Value 设置为 30，此值必须大于等于“Minimum Logical Value”，如图 2 – 2 – 22 所示。

步骤七：将 Maximum Logical Value 设置为 350，即焊接最大电流输出为 350 A；将 Maximum Physical Value 设置为 10，即最大输出电流时 I/O 板输出电压为 10 V，如图 2 – 2 – 23 所示。

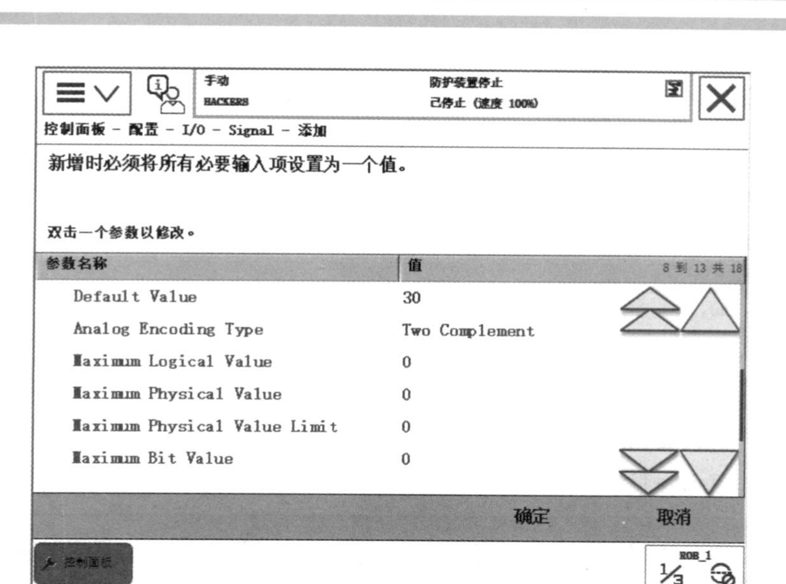

图 2-2-22 定义模拟量参数 1

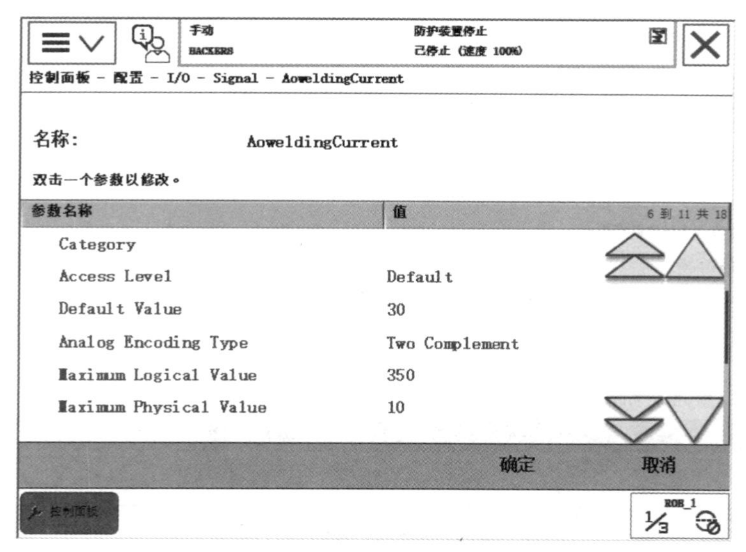

图 2-2-23 定义模拟量参数 2

步骤八：将 Maximum Physical Value Limit 设置为 10，即 I/O 板最大输出电压为 10 V；将 Maximum Bit Value 设置为 65535，即最大逻辑位值为 16 位，将 Minimum Logical Value 设置为 30，即焊机最小输出电流为 30 A；将 Minimum Physical Value 设置为 0，即最小输出电流时 I/O 板输出电压为 0 V；将 Minimum Physical Value Limit 设置为 0，即 I/O 板最小输出电压为 0 V；将 Minimum Bit Value 设置为 0，即最小逻辑位值为 0，如图 2-2-24 所示。

步骤九：定义模拟量输出信号 AoweldingVoltage，信号类型选择“Analog Output”（模拟量输出），信号板卡选择“d651”，信号地址设置为 16-31，如图 2-2-25 所示。

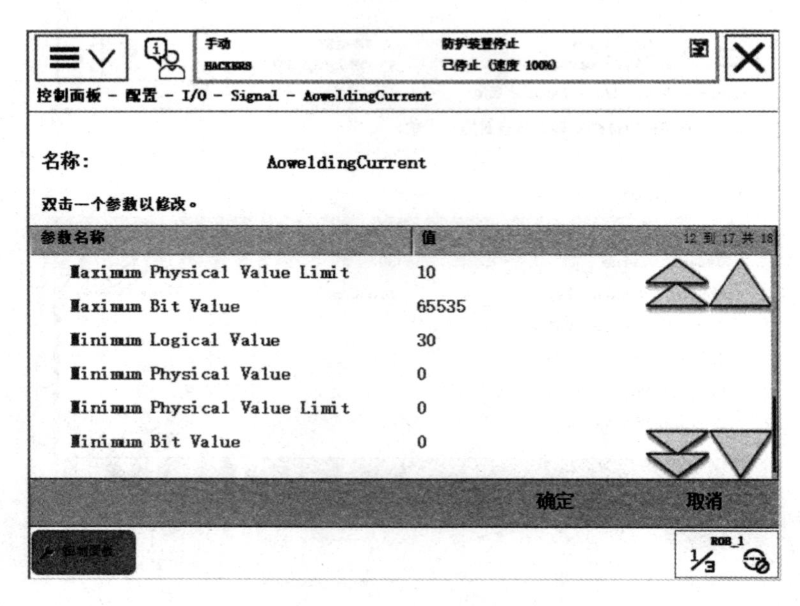

图 2-2-24　定义模拟量参数 3

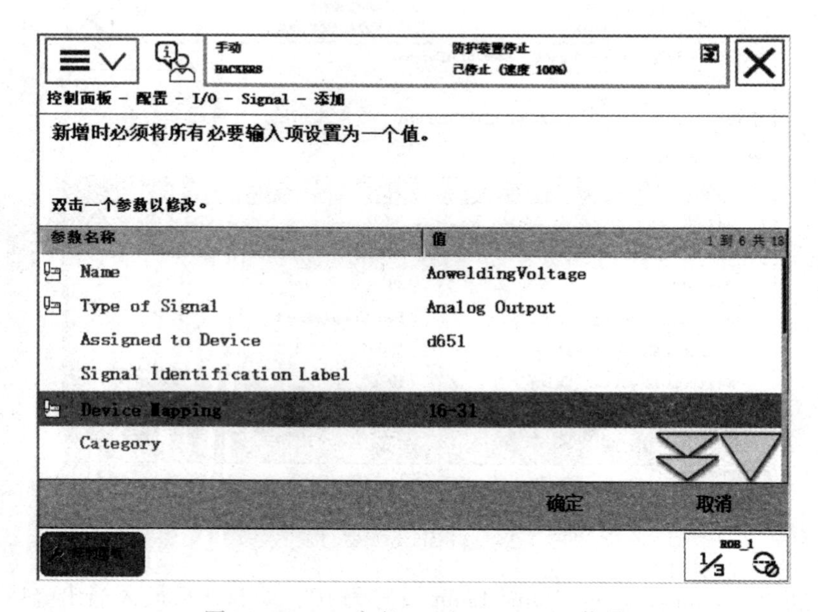

图 2-2-25　定义 AoweldingVoltage 信号

步骤十：单击右下方下拉箭头图标翻页，将 Default Value 设置为 12，此值必须大于等于“Minimum Logical Value”，如图 2-2-26 所示。

步骤十一：将 Maximum Logical Value 设置为 40.2，即焊接最大输出电压为 40.2 V；将 Maximum Physical Value 设置为 10，即最大输出电流时 I/O 板输出电压为 10 V，如图 2-2-27 所示。

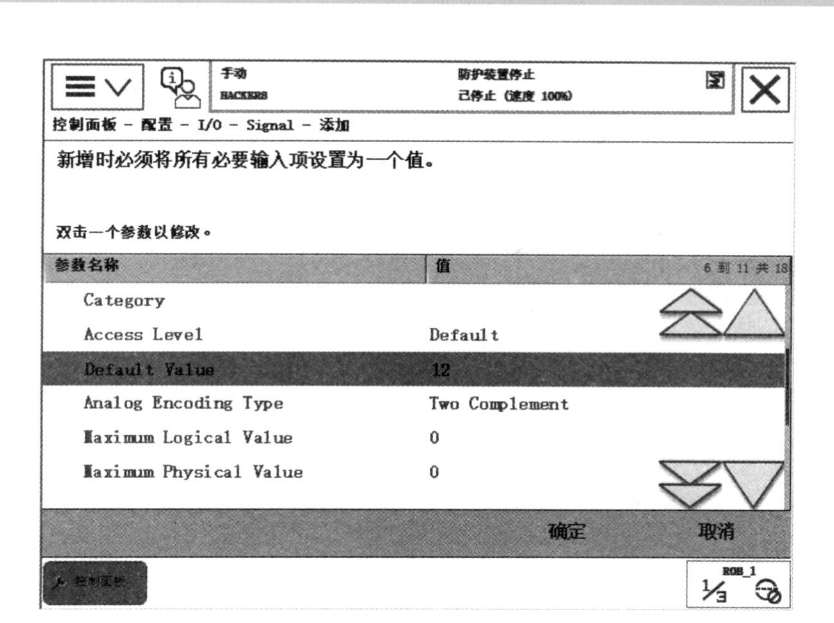

图 2-2-26　定义模拟量参数 4

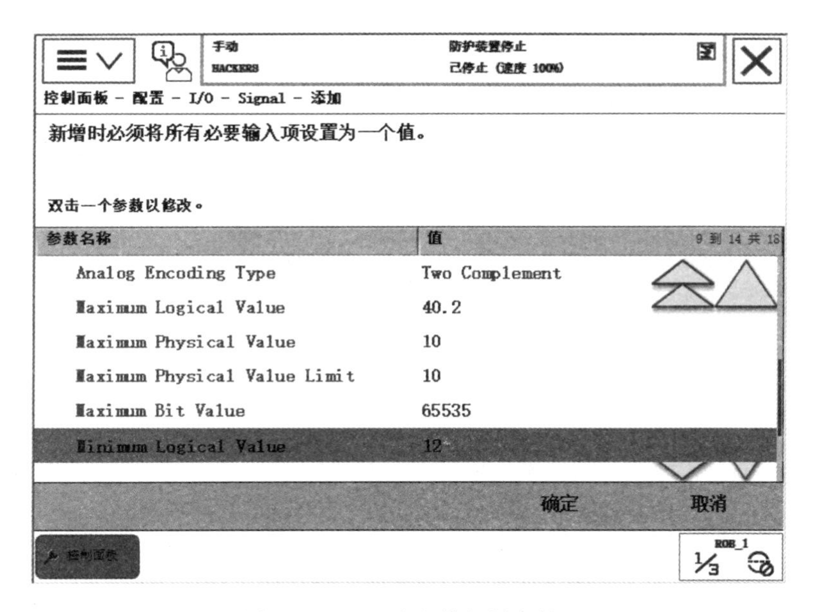

图 2-2-27　定义模拟量参数 5

步骤十二：将 Maximum Physical Value Limit 设置为 10，即 I/O 板最大输出电压为10 V；将 Maximum Bit Value 设置为 65535，即最大逻辑位值为 16 位；将 Minimum Logical Value 设置为 12，即焊机最小输出电压为 12 V；将 Minimum Physical Value 设置为 0，即最小输出电压时 I/O 板输出电压为 0 V；将 Minimum Physical Value Limit 设置为 0，即 I/O 板最小输出电压为 0 V；将 Minimum Bit Value 设置为 0，即最小逻辑位值为 0 位，如图 2-2-28 所示。

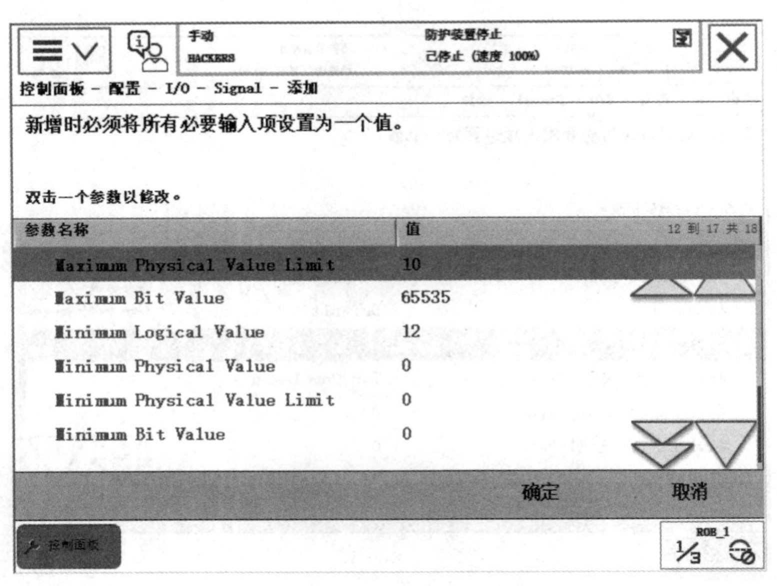

图 2-2-28　定义模拟量参数 6

4. 查看 I/O 信号

步骤：进入 ABB 主菜单，选择“输入输出”，查看已经完成配置的信号，如图 2-2-29 所示。

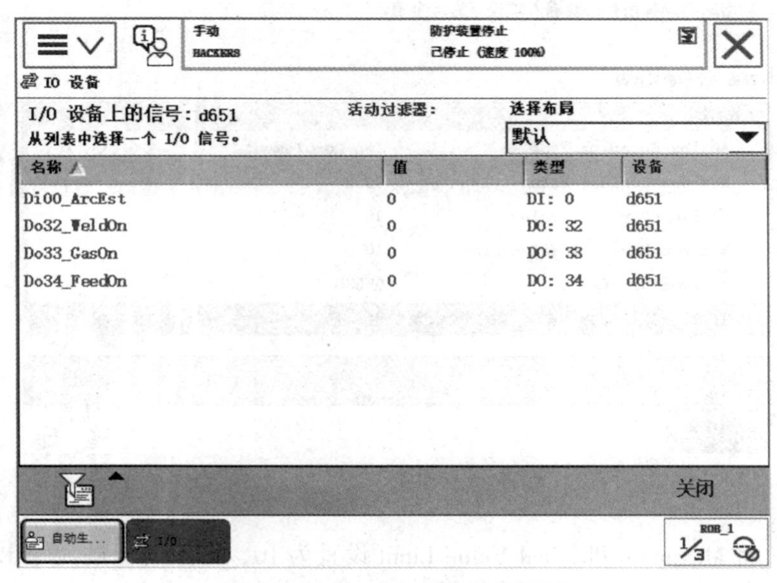

图 2-2-29　信号输入输出界面

5. 配置焊接设备

步骤一：打开配置系统参数界面，单击“主题”，选择“Process”，进入焊接参数界面，如图 2-2-30 和图 2-2-31 所示。

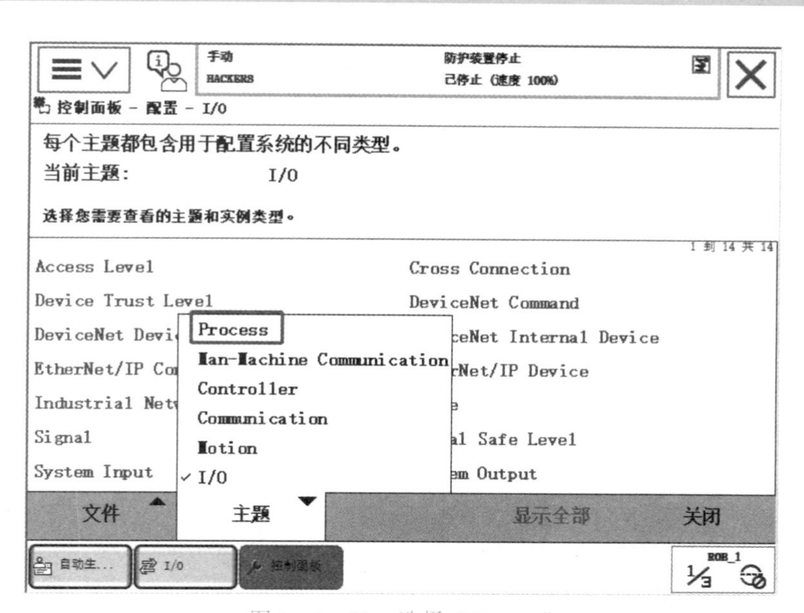

图 2-2-30 选择"Process"

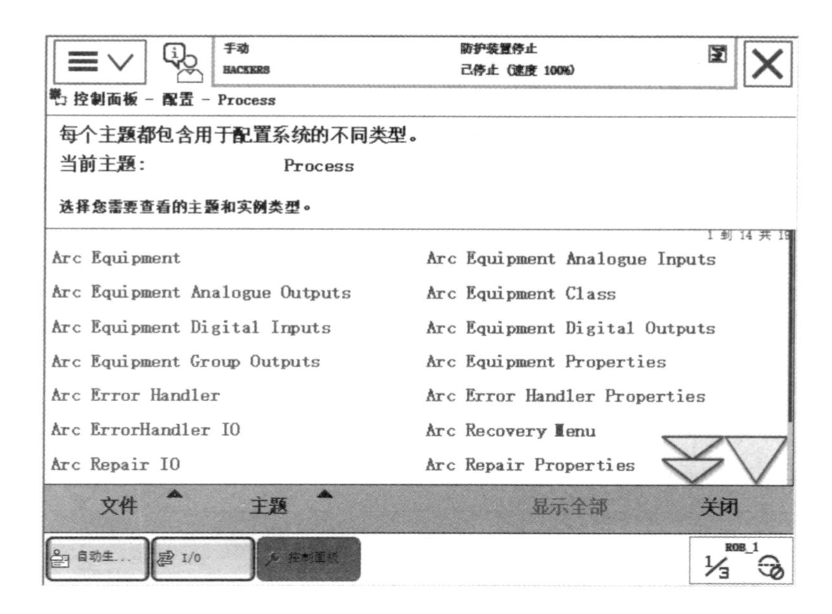

图 2-2-31 焊接参数界面

步骤二：配置 Arc Equipment Digital Inputs，将 ArcEst 关联 Di00_ArcEst 信号，焊接起弧时 Di00_ArcEst 必须设置，焊机起弧成功后会通过此信号通知机器人，机器人在起弧成功后才能开始运动，如图 2-2-32 所示。

步骤三：配置 Arc Equipment Digital Outputs，将 GasOn 关联 Do33_GasOn 信号，将 WeldOn 关联 Do32_WeldOn 信号，将 FeedOn 关联 Do34_FeedOn 信号，如图 2-2-33 所示。

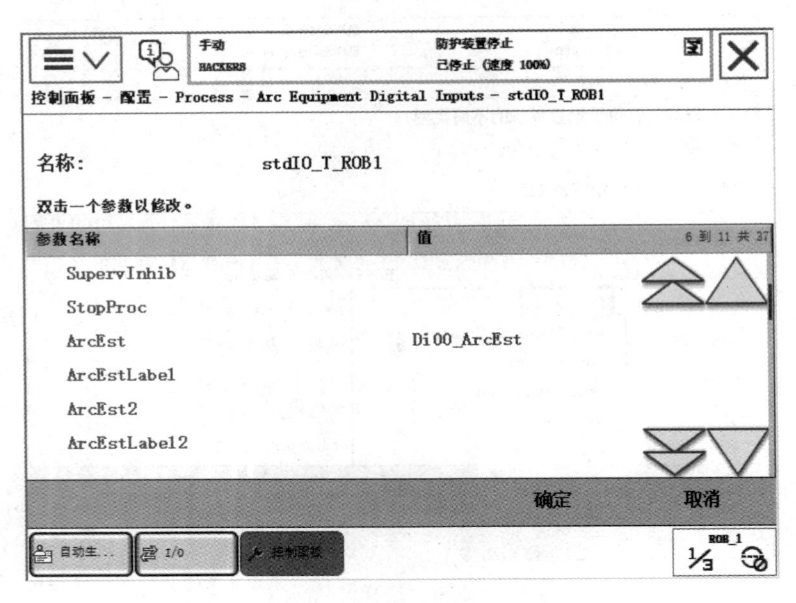

图 2-2-32　关联 ArcEst 信号

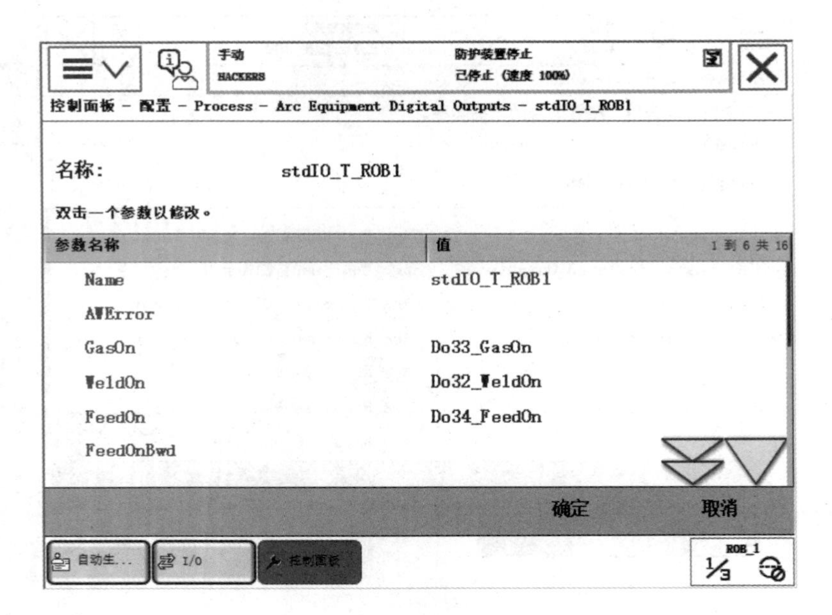

图 2-2-33　关联焊接输出信号

步骤四：配置 Arc Equipment Analogue Outputs，将 VoltReference 关联 AoweldingVoltage 信号，将 FeedReference 和 CurrentReference 关联 AoweldingCurrent 信号，将 CurrentReference 关联 AoweldingCurrent 信号如图 2-2-34 所示。

【任务评价】

焊接机器人 I/O 信号配置评价表如表 2-2-8 所示。

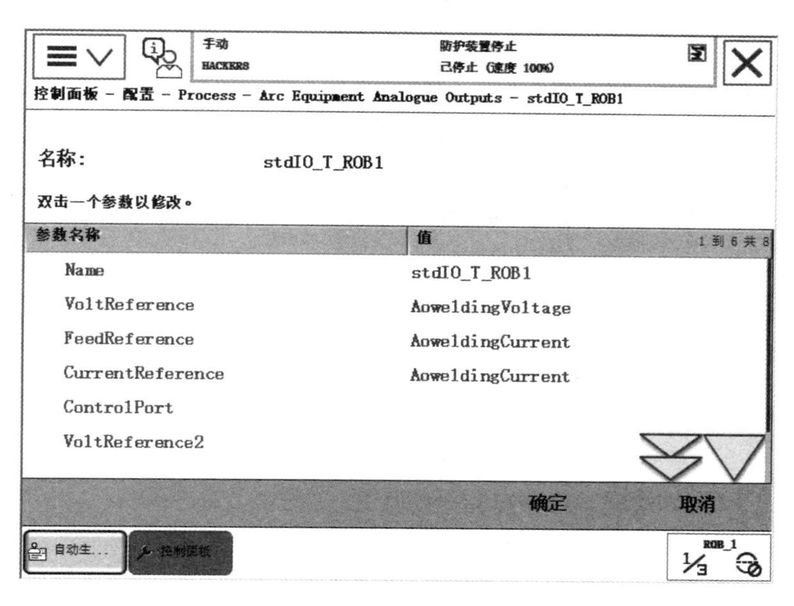

图 2-2-34 关联焊接模拟量信号

表 2-2-8 焊接机器人 I/O 信号配置评价表

	专业知识评价（80 分）				过程评价（10 分）	素养评价（10 分）
任务评价	示教器界面功能认识（20 分）	机器人I/O板卡认识（20 分）	机器人通信板卡添加（20 分）	焊接机器人焊接通信信号添加（20 分）	穿戴工装、整洁（2 分）；具有安全意识、责任意识、服从意识（2 分）；与教师、其他成员之间有礼貌地交流、互动（3 分）；能积极主动参与、实施检测任务（3 分）	能做到安全生产、文明操作、保护环境、爱护公共设施设备（5 分）；工作态度端正，无无故缺勤、迟到、早退现象（5 分）

续表

学习评价	自我评价（5分）	学生互评（5分）	教师评价（10分）	自我评价（5分）	学生互评（5分）	教师评价（10分）	自我评价（5分）	学生互评（5分）	教师评价（10分）	自我评价（5分）	学生互评（5分）	教师评价（10分）	自我评价（3分）	学生互评（3分）	教师评价（4分）	自我评价（3分）	学生互评（3分）	教师评价（4分）
评价得分																		
得分汇总																		
学生小结																		
教师点评																		

【任务小结】

本任务介绍了机器人I/O通信的种类和作用等知识，可以使学生更了解ABB机器人操作的相关知识。学会了ABB机器人I/O通信的设置方法后，可以为学生学习机器人的其他操作奠定基础。

【任务拓展】

1. ABB机器人的I/O通信有哪些？
2. 怎么设置机器人的I/O通信？

模块3 典型焊接机器人编程与操作

导 入

焊接机器人的基本工作原理是示教再现。示教又称导引，即由用户导引机器人，一步步按实际任务操作，机器人在导引过程中自动记忆示教的每个动作的位置、姿态、运动参数、工艺参数等，并自动生成一个连续执行全部操作的程序。完成示教后，只需给机器人一个启动命令，机器人将精确地按示教动作，一步步完成操作。

目前，机器人编程语言还不是通用型语言，各个机器人生产商有自己的机器人语言，如ABB 编程用 RAPID 语言，Motoman 编程用 INFORM Ⅲ语言等，这给用户使用带来了极大的不便，但各个机器人所具有的功能基本相同，因此只要熟练掌握一种机器人断电编程方法，其他机器人就很容易上手。本任务将以 ABB 弧焊机器人为例，通过示教编程方式实现焊接作业，旨在加深学生对机器人示教再现原理的理解，让学生掌握焊接机器人示教编程的内容和流程。

任务单元1　直线的示教编程操作

【任务描述】

手动操纵机器人按示教完成在作业台面上画一条直线，如图 3－1－1 所示。

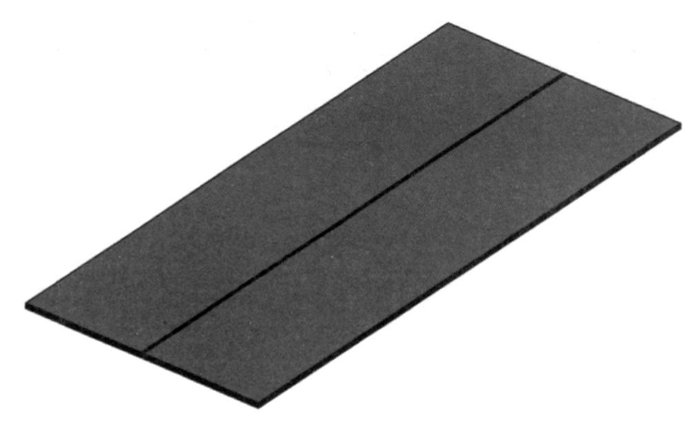

图 3－1－1　在作业台面上画一条直线

【任务目标】

知识目标

1. 掌握机器人示教的基本流程。
2. 掌握机器人直线轨迹示教的基本要领。
3. 掌握机器人运动轨迹的测试。

技能目标

1. 能够熟练进行直线轨迹的示教、跟踪与再现。
2. 能够熟练设定机器人的直线作业条件。
3. 能够使用示教器熟练编辑机器人直线轨迹作业程序。

素养目标

1. 具备通过控制手动操纵摇杆的幅度控制机器人手动运动速度的能力。
2. 培养学生不断学习进步的信心。
3. 培养学生的团队协作能力。
4. 培养学生独立完成示教机器人的能力。

焊接机器人示教编程的基本步骤

【任务分析】

机器人直线轨迹相对容易，轨迹路径因作业空间而异。轨迹点位图如图 3－1－2 所示，示教点位参数表如表 3－1－1 所示。

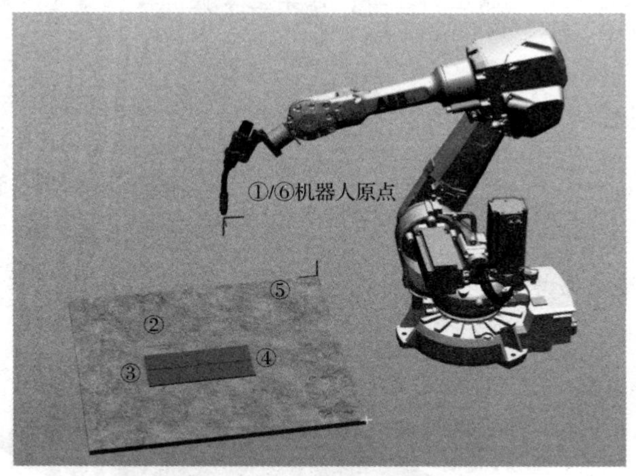

图 3－1－2　轨迹点位图

表 3－2－1　示教点位参数表

示教点	用途
①	机器人 Home 点
②	直线临近点

续表

示教点	用途
③	直线开始点
④	直线结束点
⑤	结束规避点
⑥	机器人 Home 点

【知识准备】

线性运动即机器人的 TCP 从起点到终点之间的路径始终保持为直线。一般如焊接、涂胶等对路径要求高的应用使用此指令，如图 3－1－3 所示。指令格式：

```
MoveL p10,v1000,fine,tool1 \Wobj: = Wobj1;
```

直线指令参数表如表 3－1－2 所示。

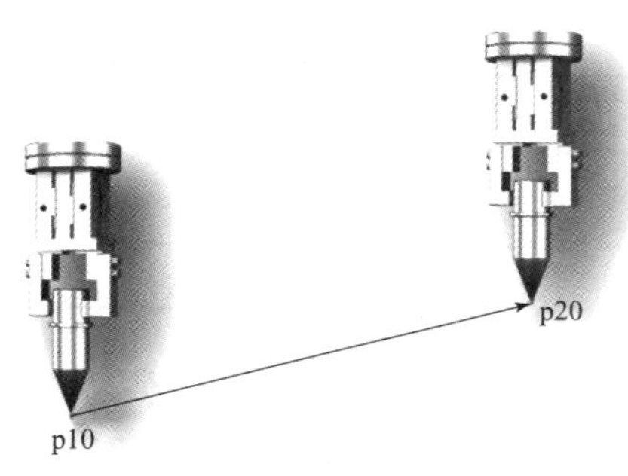

图 3－1－3　直线指令示意图

表 3－1－2　直线指令参数表

参数	含义
p10	目标点位置数据
fine	TCP 达到目标点，在目标点速度降为零
v1000	运动速度数据：1 000 mm/s
tool1	工具坐标数据，定义为当前指令使用的工具
Wobj1	工件坐标数据，定义为当前指令使用的坐标系

【任务实施】

直线焊缝示教编程操作（一）

直线焊缝示教编程操作（二）

1. 新建模块

步骤：新建一个模块命名为 Modulel，如图 3－1－4 所示。

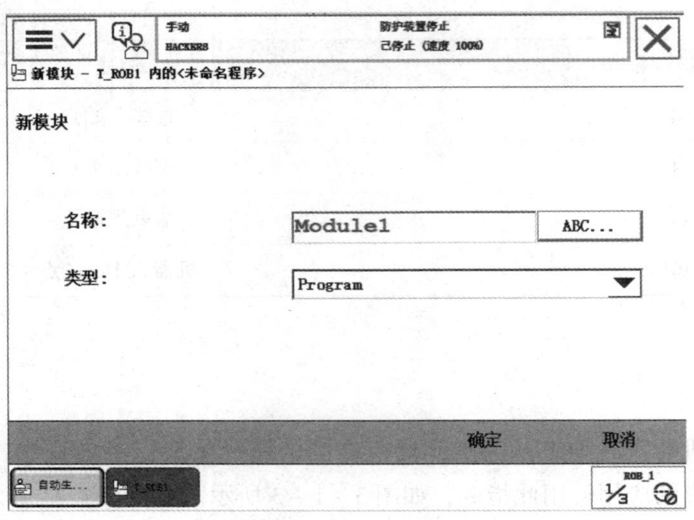

图 3-1-4 新建模块

2. 新建例行程序

步骤：在该模块新建例行程序 main，如图 3-1-5 所示。

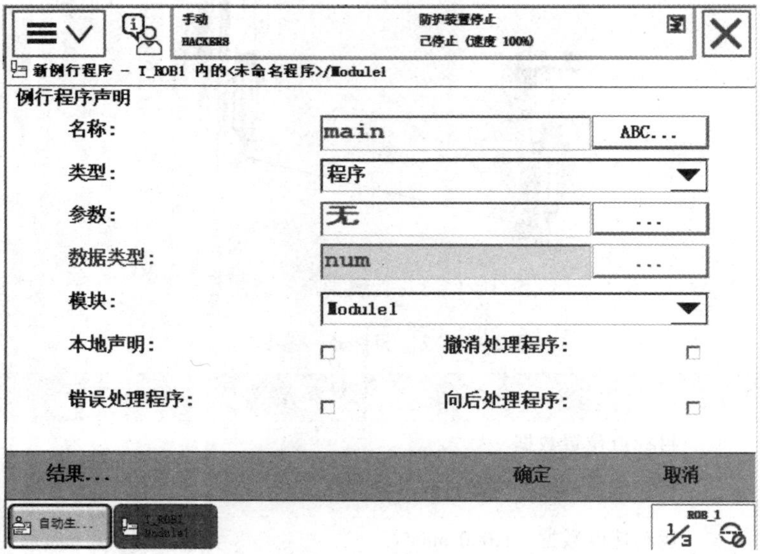

图 3-1-5 新建例行程序

3. 设置机器人的 Home 位置点

步骤一：将工业机器人设置一个安全的 Home 位置点，在“添加指令”中选择 MoveAbsJ，添加绝对位置指令，如图 3-1-6 所示。

提示：Home 点作为机器人开始和结束作业的初始点。

步骤二：选中绝对位置指令的位置数据，进入点位界面，如图 3-1-7 所示。

步骤三：新建一个点位置数据，命名为 Home，并选择初始值界面进入，如图 3-1-8 所示。

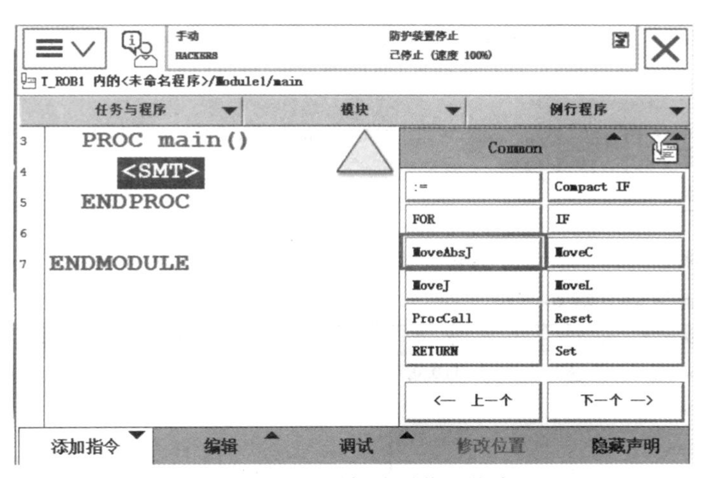

图 3-1-6 添加绝对位置指令

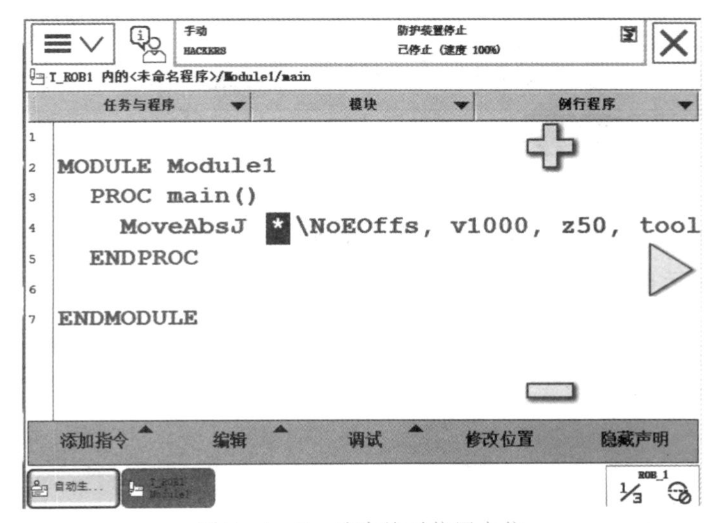

图 3-1-7 选中绝对位置点位

手动
HACKERS
防护装置停止
已停止 (速度 100%)
新数据声明
数据类型: jointtarget
当前任务: T_ROB1
名称: Home
范围: 全局
存储类型: 常量
任务: T_ROB1
模块: Module1
例行程序: <无>
维数 <无>
初始值
确定
取消
ROB_1
1/3

图 3-1-8 创建 Home 点位

步骤四：将 Home 点位数据的 rax. 1 ~ rax. 4 设置为 0，表示 1 ~ 4 轴为 0°，如图 3 – 1 – 9 所示。

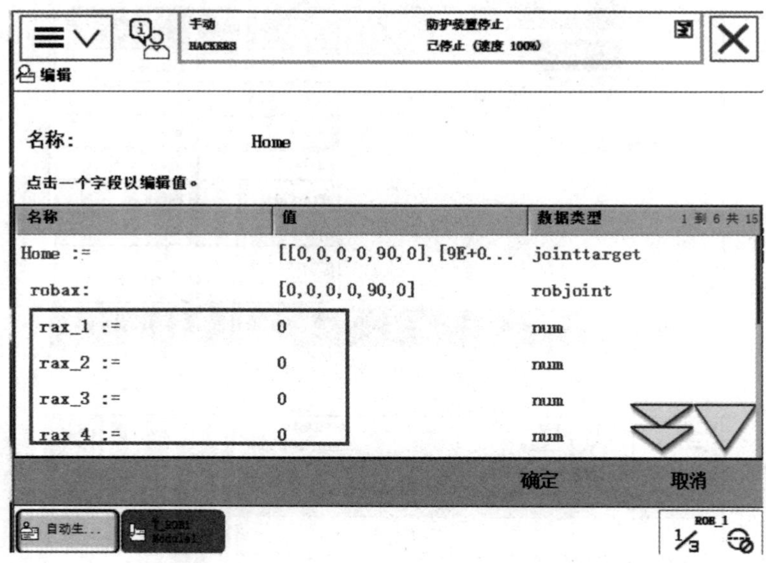

图 3 – 1 – 9　Home 点位各轴角度 1

步骤五：将 Home 点位数据的 rax. 5 设置为 90，表示 5 轴为 90°。将 Home 点位数据的 rax. 6 设置为 0，表示 6 轴为 0°。单击“确定”，如图 3 – 1 – 10 所示。

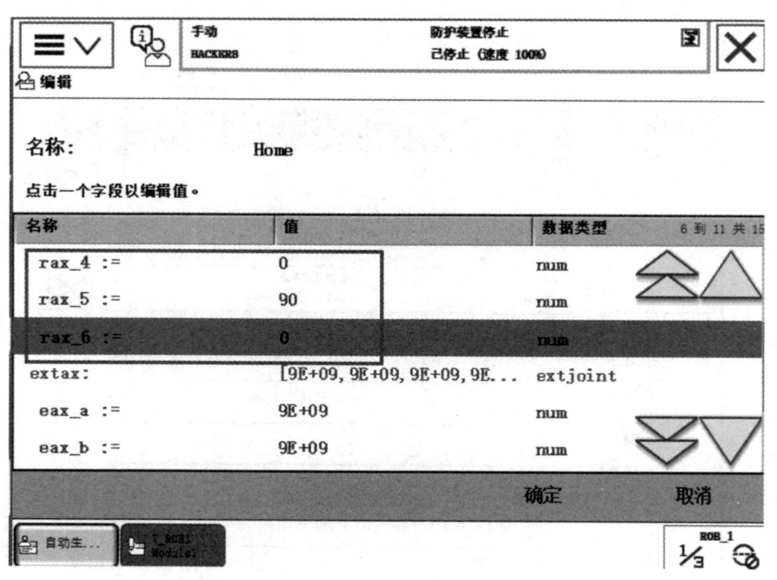

图 3 – 1 – 10　Home 点位各轴角度 2

4. 示教直线临近的位置点

步骤一：用关节运动方式将机器人调整为合适姿态，移动至直线开始点上方，添加关节运动指令 MoveJ，如图 3 – 1 – 11 所示。

手动
HACKERS
防护装置停止
已停止 (速度 100%)
T_ROB1 内的<未命名程序>/Module1/main
任务与程序
模块
例行程序
PROC main()
MoveAbsJ Home\NoEO
ENDPROC
Common
:=
Compact IF
FOR
IF
MoveAbsJ
MoveC
MoveJ
MoveL
ProcCall
Reset
RETURN
Set
<— 上一个
下一个 —>
添加指令
编辑
调试
修改位置
显示声明
ROB_1
1/3

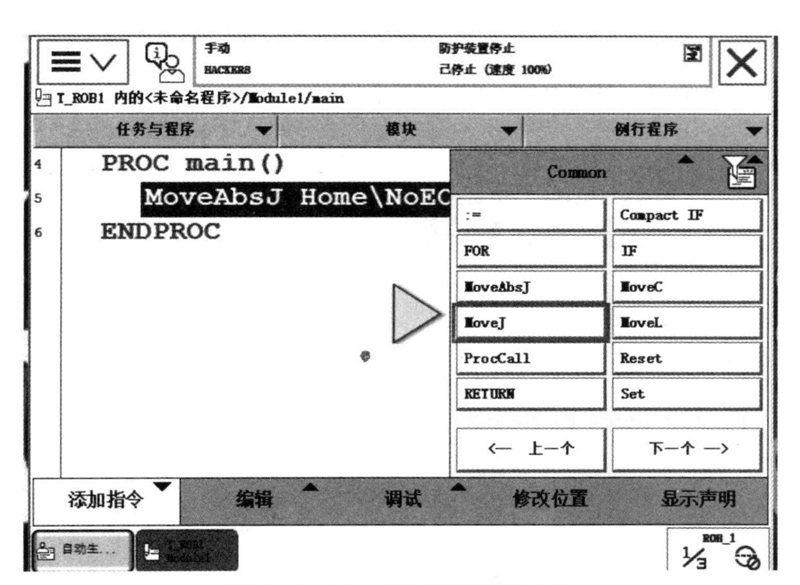

图 3-1-11　添加关节运动指令

步骤二：为关节运动指令添加点位数据 p10，单击“确定”，如图 3-1-12 所示。

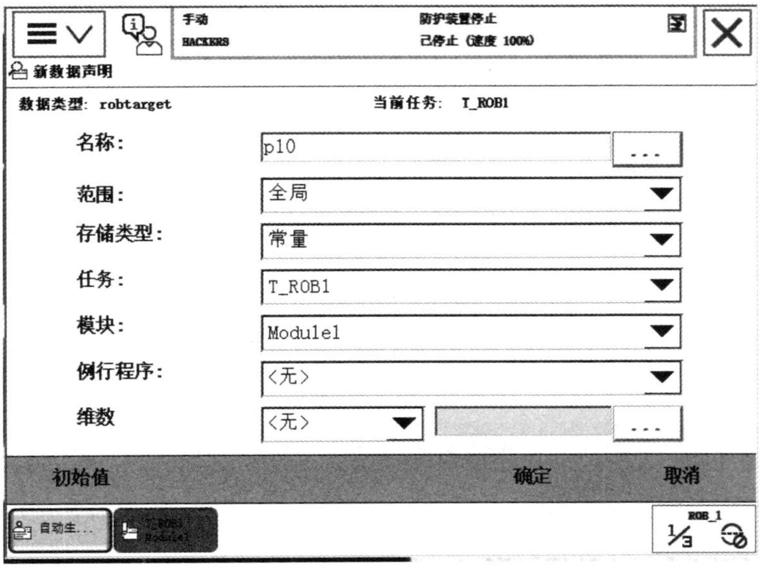

手动
HACKERS
防护装置停止
已停止 (速度 100%)
新数据声明
数据类型: robtarget
当前任务: T_ROB1
名称:
p10
范围:
全局
存储类型:
常量
任务:
T_ROB1
模块:
Module1
例行程序:
<无>
维数
<无>
初始值
确定
取消
ROB_1
1/3

图 3-1-12　添加点位数据 p10

5. 示教直线开始的位置点

步骤一：用直线运动方式将机器人移动至直线开始点，添加指令 MoveL，如图 3-1-13 所示。

步骤二：将点位名称命名为 p20，将 p20 作为直线开始点，将主 z50 改为 fine（精准到达），如图 3-1-14 所示。

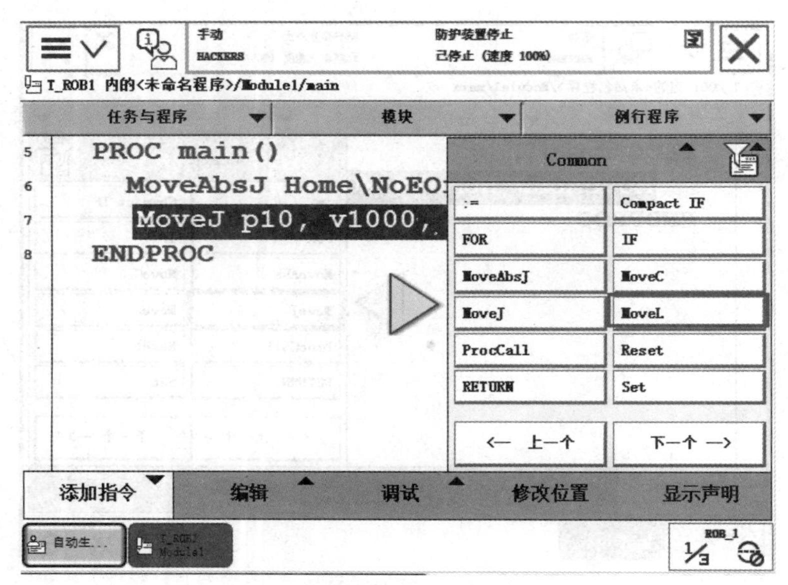

图 3 - 1 - 13　添加直线指令

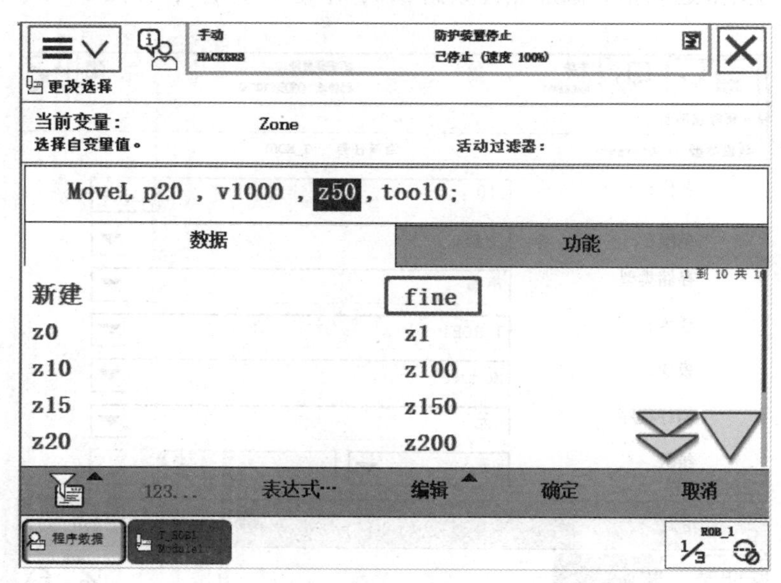

图 3 - 1 - 14　直线开始点

6. 示教直线结束的位置点

用直线运动方式将机器人移动至直线结束点，添加指令 MoveL，将点位名称命名为 p30，将 p30 作为直线结束点，将主 z50 改为 fine（精准到达），如图 3 - 1 - 15 所示。

7. 示教直线结束的规避点

用关节运动方式将机器人调整为合适姿态，移动至直线结束点上方规避点，添加指令 MoveJ，将点位名称命名为 p40，将 p40 作为直线结束规避点，如图 3 - 1 - 16 所示。

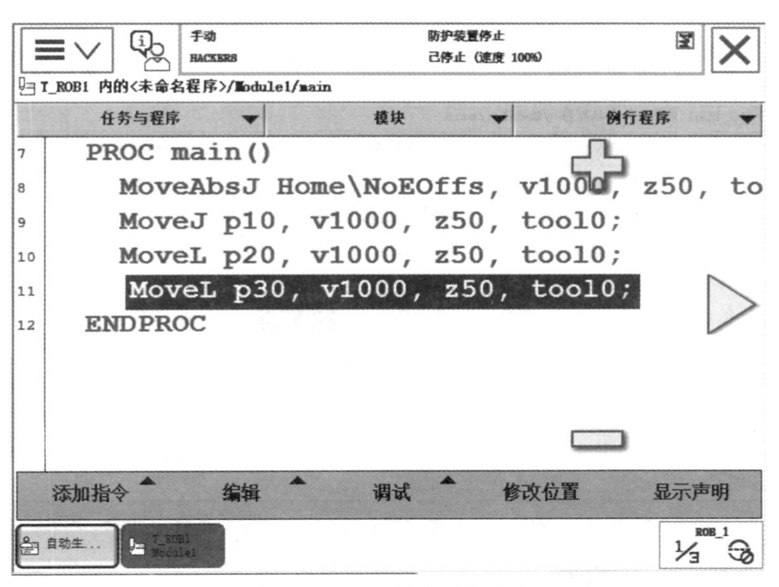

图 3－1－15　直线结束指令

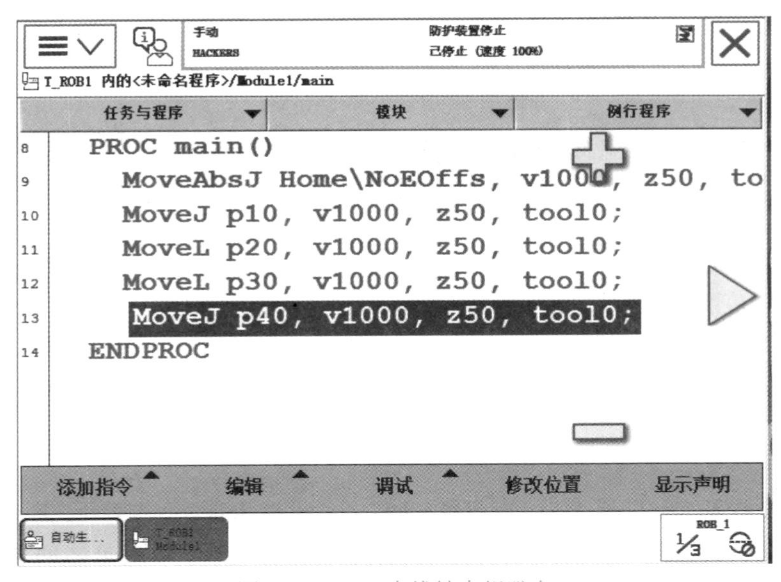

图 3－1－16　直线结束规避点

8. 画直线结束返回机器人 Home 点

在添加指令中选择 MoveAbsJ，选择 Home 点，让结束后返回初始点，如图 3－1－17 所示。

【任务评价】

直线的示教编程操作评价表如表 3－1－3 所示。

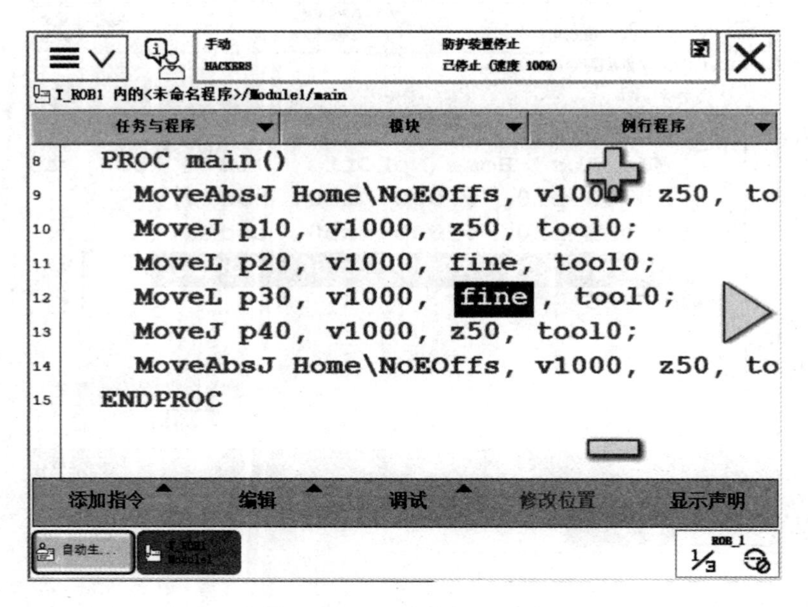

图 3-1-17　返回 Home 点

表 3-1-3　直线的示教编程操作评价表

任务评价	专业知识评价（80 分）				过程评价（10 分）	素养评价（10 分）
	示教器界面功能认识（20 分）	机器人创建直线指令（20 分）	机器人创建 Home 位置（20 分）	机器人能成功绘制直线（20 分）	穿戴工装、整洁（2 分）； 具有安全意识、责任意识、服从意识（2 分）； 与教师、其他成员之间有礼貌地交流、互动（3 分）； 能积极主动参与、实施检测任务（3 分）	能做到安全生产、文明操作、保护环境、爱护公共设施设备（5 分）； 工作态度端正，无无故缺勤、迟到、早退现象（5 分）

续表

学习评价	自我评价(5分)	学生互评(5分)	教师评价(10分)	自我评价(5分)	学生互评(5分)	教师评价(10分)	自我评价(5分)	学生互评(5分)	教师评价(10分)	自我评价(5分)	学生互评(5分)	教师评价(10分)	自我评价(3分)	学生互评(3分)	教师评价(4分)	自我评价(3分)	学生互评(3分)	教师评价(4分)
评价得分																		
得分汇总																		
学生小结																		
教师点评																		

【任务小结】

本任务介绍了机器人程序指令 MoveL 指令的格式和参数等知识，可以使学生更了解机器人直线编程的操作。

学会了建立 ABB 机器人直线轨迹程序，可以为接下来学生机器人圆弧的编程与操作奠定基础。

【任务拓展】

机器人的程序指令 MoveL 中转弯区数值 z50 和 fine 的区别是什么？

任务单元 2　圆弧的示教编程操作

【任务描述】

手动操纵机器人按示教完成在作业台面上画一个整圆，如图 3－2－1 所示。

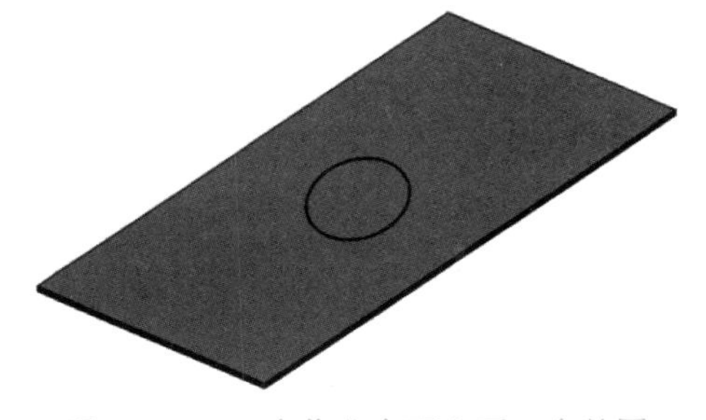

图 3－2－1　在作业台面上画一个整圆

【任务目标】

知识目标

1. 强化机器人示教的主要内容与基本流程。

2. 掌握单一圆弧轨迹示教的基本要领。

3. 掌握整圆轨迹示教的基本要领。

技能目标

1. 能够熟练进行圆弧轨迹的示教、跟踪与再现。

2. 能够熟练设置机器人的圆弧作业条件。

3. 能够使用示教器熟练编辑机器人圆弧轨迹作业程序。

素养目标

1. 培养学生自学的习惯、爱好和能力。

2. 培养学生较强的安全生产、环境保护、节约资源和创新的意识。

3. 培养学生自主完成圆弧轨迹编程操作的能力。

【任务分析】

机器人完成圆周轨迹，通常需示教 3 个以上特征点。轨迹点位图如图 3－2－2 所示，示教点位参数表如表 3－2－1 所示。

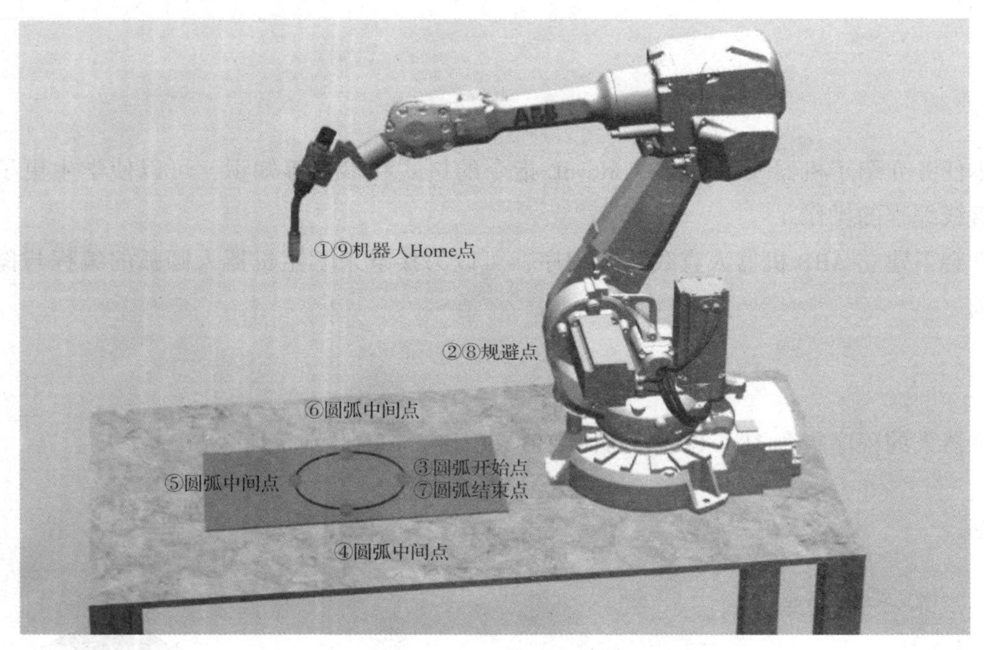

图 3－2－2 轨迹点位图

表 3－2－1 示教点位参数表

示教点	用途
①	机器人 Home 点
②	开始规避点
③	圆弧开始点

续表

示教点	用途
④	圆弧中间点
⑤	圆弧中间点
⑥	圆弧中间点
⑦	圆弧结束点
⑧	结束规避点
⑨	机器人 Home 点

【知识准备】

一、MoveC 指令

圆弧指令需要在机器人可达到的空间范围内定义 3 个位置点，第一个点是圆弧的起点，第二个点是圆弧的曲率，第三个点是圆弧的终点，如图 3－2－3 所示。指令格式：

```
MoveC p20 p30, v100, z10, tool2 \Wobj: =Wobj2;
```

圆弧指令参数表如表 3－2－2 所示。

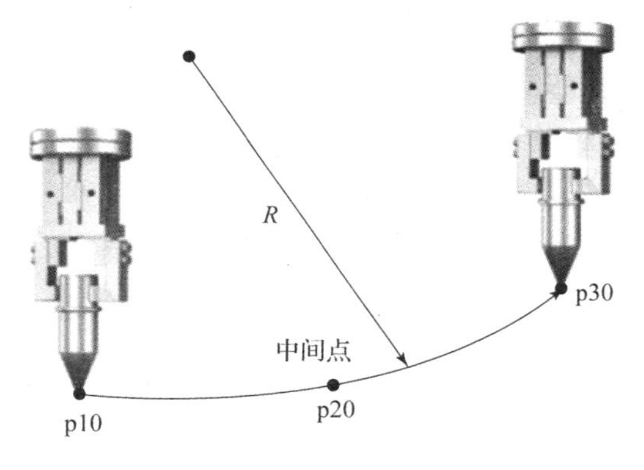

图 3－2－3 圆弧指令示意图

表 3－2－2 圆弧指令参数表

参数	含义
p20	圆弧轨迹中间点
p30	圆弧轨迹终点
其余参数	含义与 MoveAbsJ、MoveJ、MoveL 一样

二、编制圆弧轨迹规则

编制圆弧时应避免以下错误。

1）终点太靠近起点。

2）中间点离起点过近。

3）中间点离终点过近。

4）不确定的重点位。

5）圆弧大于240°。

圆弧指令编程示例如图3－2－4所示。

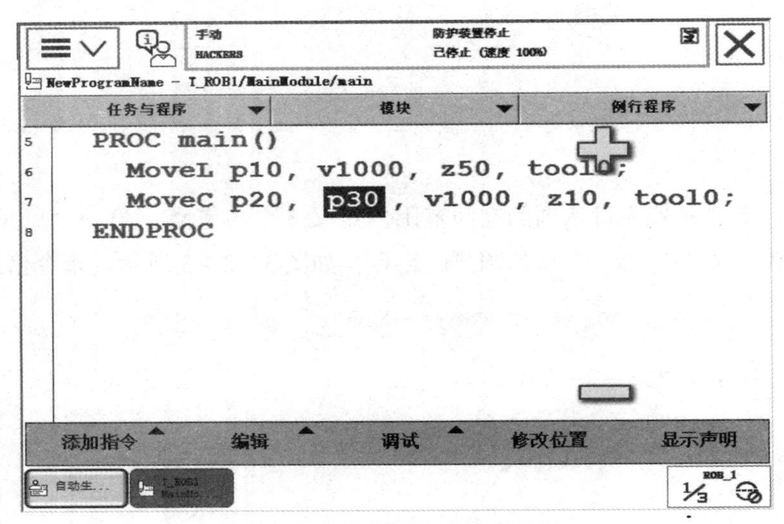

图3－2－4　圆弧指令编程示例

三、整圆轨迹

圆弧焊缝编程示教（一）

整圆的轨迹由两个不大于240°的半圆组成，采用MoveC指令编程。

圆弧焊缝编程示教（二）

【任务实施】

在手动操纵模式下，确定好工具参数、工件坐标参数、有效载荷参数。

1. 新建模块

步骤：新建一个模块命名为Modulel，如图3－2－5所示。

2. 新建例行程序

步骤：在该模块新建例行程序main，如图3－2－6所示。

3. 设置机器人的Home位置点

步骤一：将工业机器人设置一个安全的初始Home位置点，在添加指令中选择MoveAbsJ，添加绝对位置指令，如图3－2－7所示。

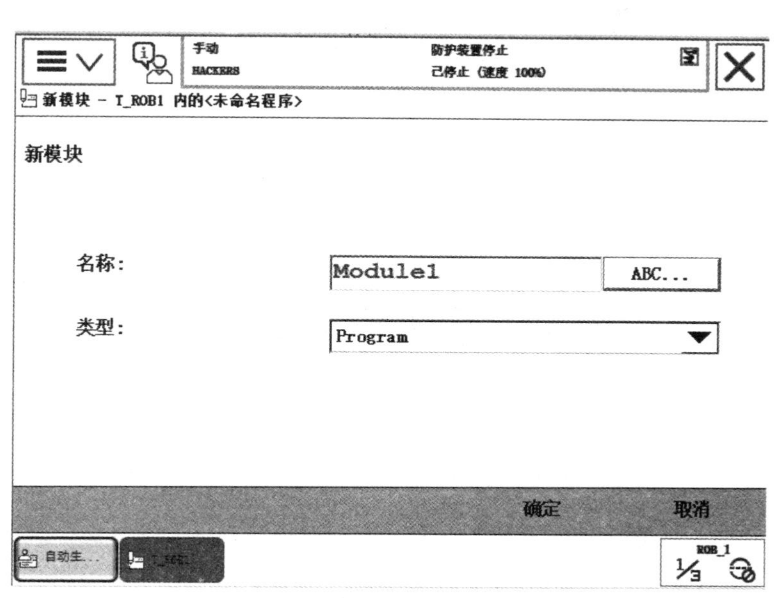

图 3-2-5 新建模块

手动
HACKERS
防护装置停止
已停止 (速度 100%)
新例行程序 - T_ROB1 内的<未命名程序>/Module1
例行程序声明
名称： main ABC...
类型： 程序
参数： 无 ...
数据类型： num ...
模块： Module1
本地声明： 撤消处理程序：
错误处理程序： 向后处理程序：
结果... 确定 取消
自动生... T_ROB1 Module1
ROB_1
1/3

图 3-2-6 新建例行程序

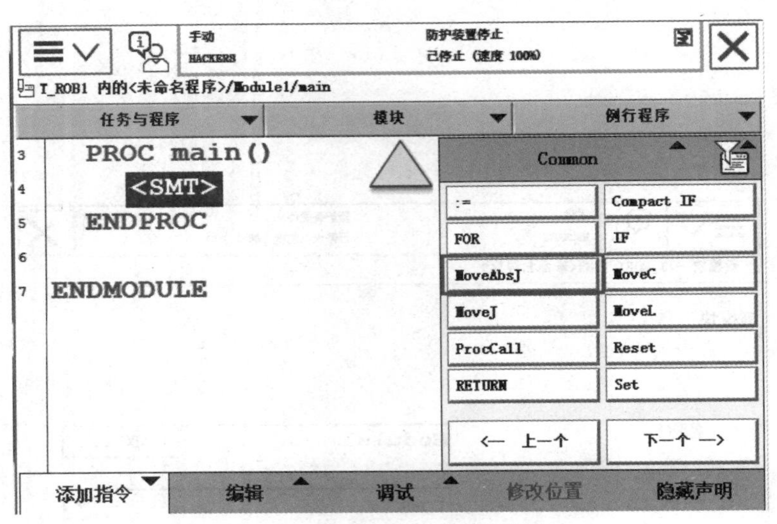

图 3－2－7　添加绝对位置指令

提示：Home 点作为机器人开始和结束作业的初始点。

步骤二：选中绝对位置指令的位置数据，进入点位界面，如图 3－2－8 所示。

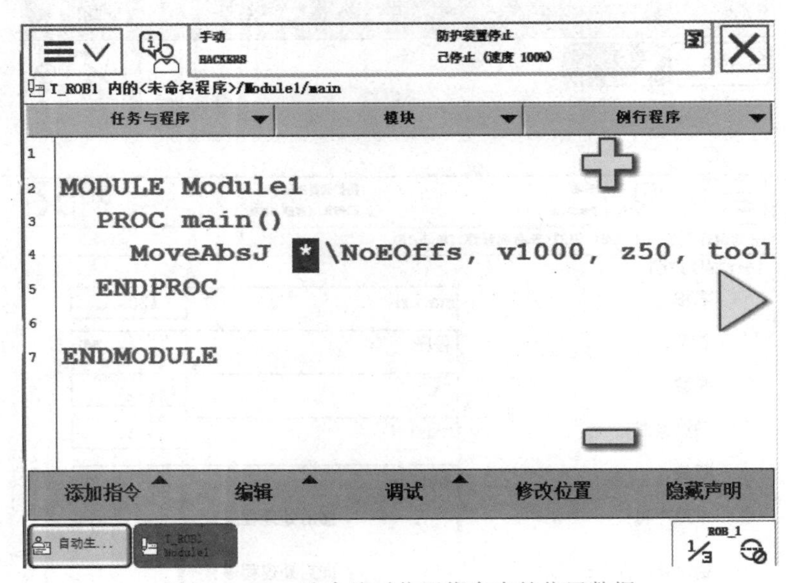

图 3－2－8　选中绝对位置指令中的位置数据

步骤三：新建一个点位数据，命名为 Home，并选择初始值界面进入，如图 3－2－9 所示。

步骤四：将 Home 点位数据的 rax. 1 ~ rax. 4 设置为“0”，表示 1 ~ 4 轴为 0°，如图 3－2－10 所示。

步骤五：将 Home 点位数据的 rax. 5 设置为 90，表示 5 轴为 90°。将 Home 点位数据的 rax. 6 设置为 0，表示 6 轴为 0°，单击“确定”，如图 3－2－11 所示。

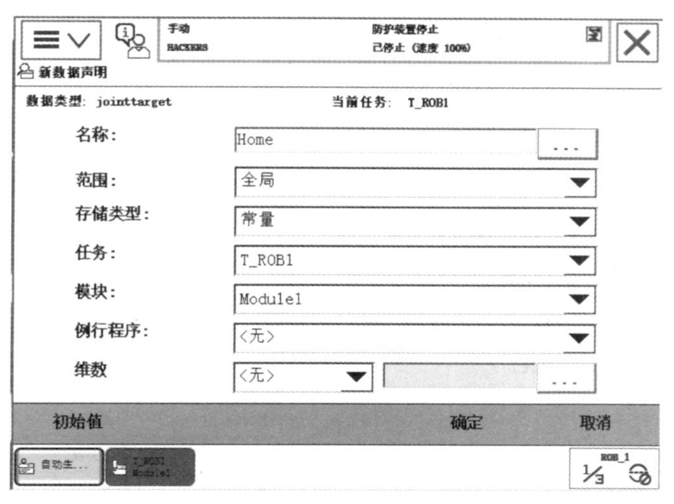

图 3-2-9　创建 Home 点位

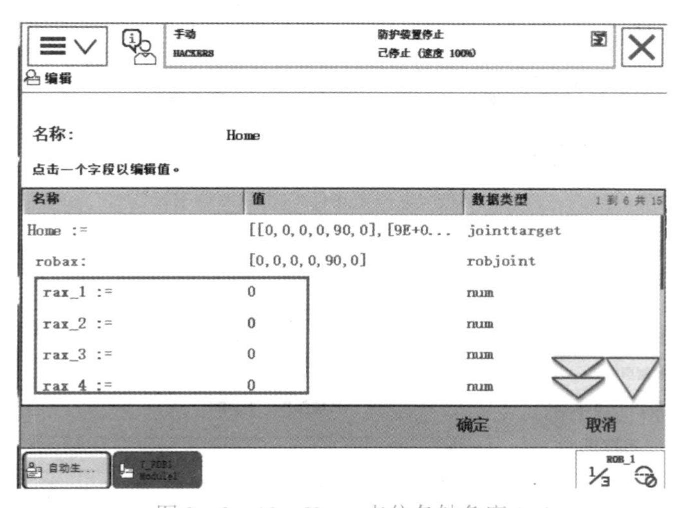

图 3-2-10　Home 点位各轴角度 1

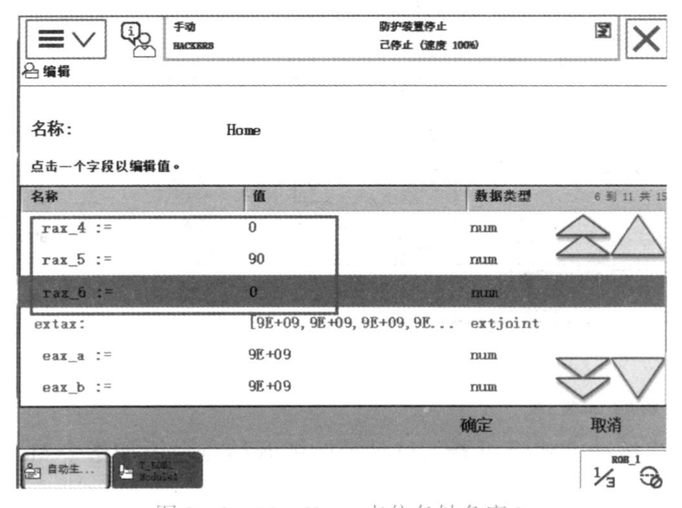

图 3-2-11　Home 点位各轴角度 2

4. 示教圆弧开始临近的位置点

步骤一：用关节运动方式将机器人调整为合适姿态，移动至圆弧开始点上方规避位置，添加关节运动指令 MoveJ，如图 3－2－12 所示。

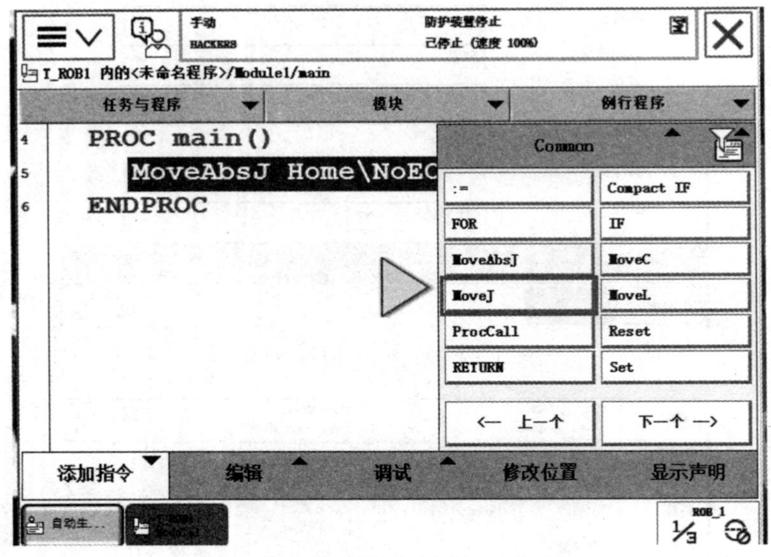

图 3－2－12　添加关节运动指令

步骤二：为关节运动指令添加点位数据 p10，单击“确定”，如图 3－2－13 所示。

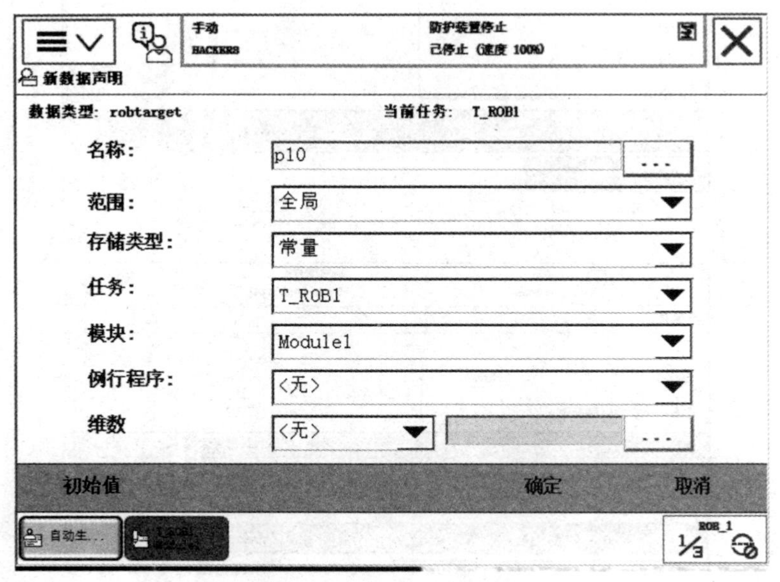

图 3－2－13　添加点位数据 p10

5. 示教圆弧开始的位置点

步骤一：用直线运动方式将机器人移动至圆弧开始点，添加指令 MoveL，如图 3－2－14 所示。

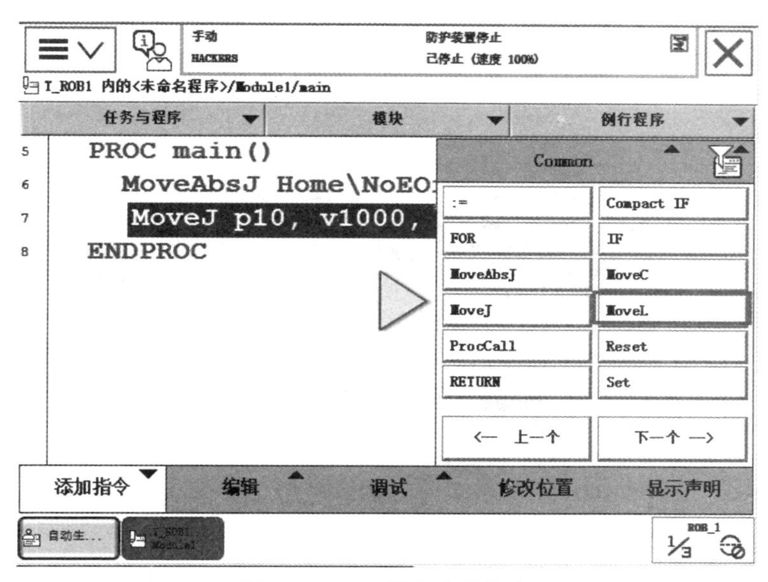

图 3-2-14 添加直线指令

步骤二：将点位名称命名为 p20，将 p20 作为圆弧开始点，将主 z50 改为 fine（精准到达），如图 3-2-15 所示。

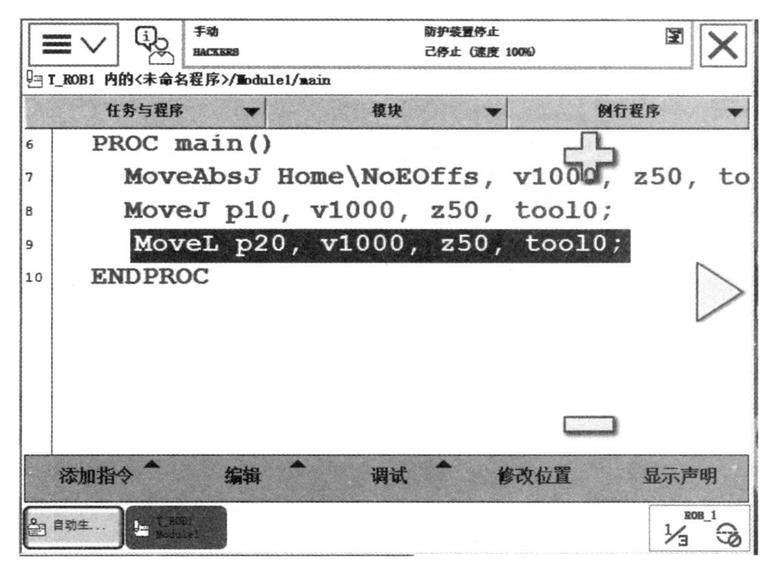

图 3-2-15 圆弧开始点

6. 示教整圆轨迹

步骤一：示教前半圆轨迹的中间点 p30，在示教器中，添加 MoveC 指令，如图 3-2-16 所示。

步骤二：示教半圆轨迹的终点 p40，然后单击“修改位置”，如图 3-2-17 所示。

步骤三：示教后半圆轨迹的中间点 p50，在示教器中，添加 MoveC 指令，如图 3-2-18 所示。

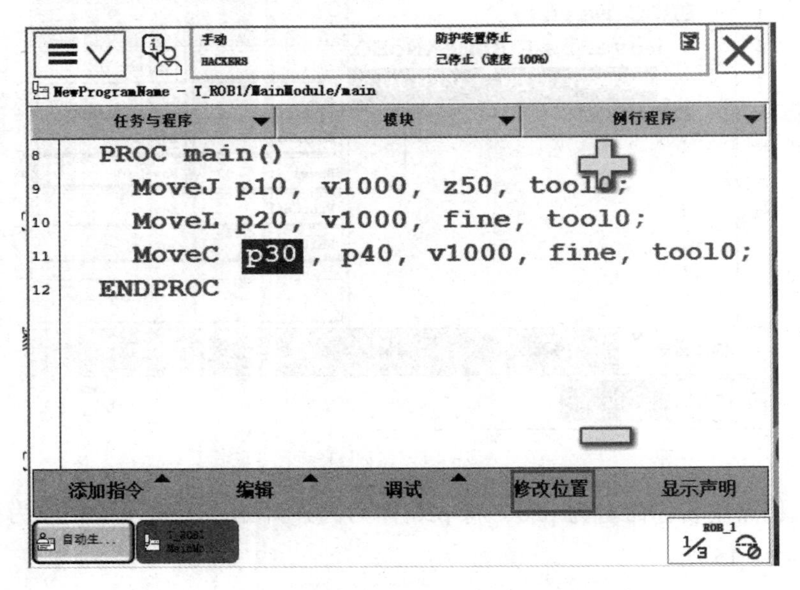

图 3-2-16　示教前半圆轨迹的中间点 p30

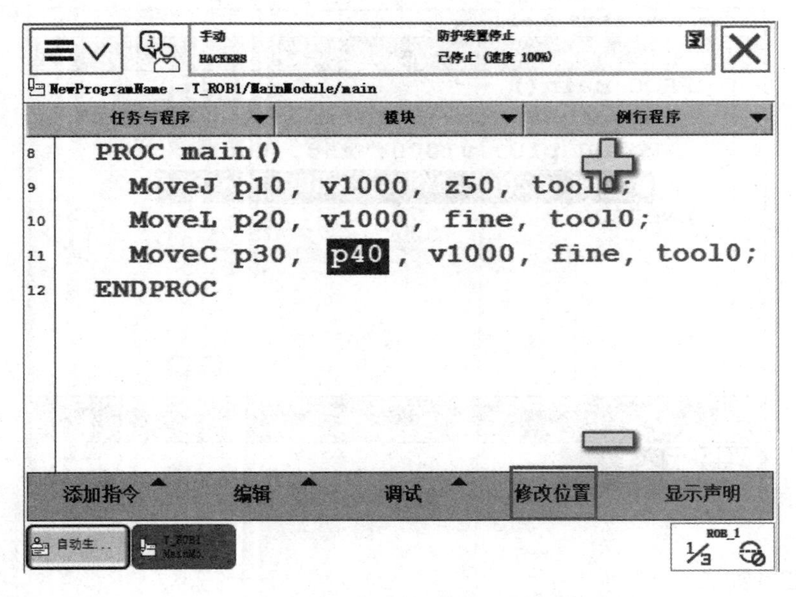

图 3-2-17　示教半圆轨迹的终点 p40

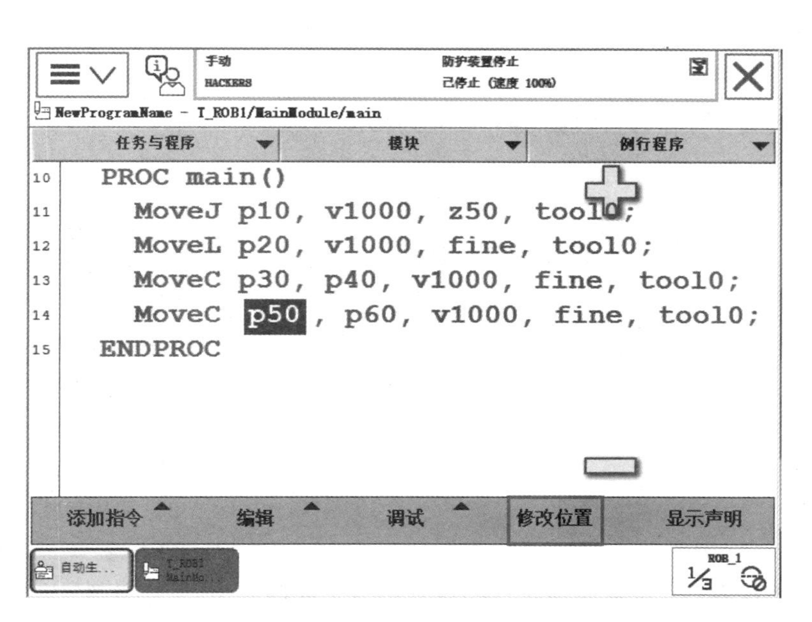

图 3-2-18　示教后半圆轨迹的中间点 p50

7. 测试整圆程序

测试整圆程序如图 3-2-19 所示。

图 3-2-19　测试整圆程序

【任务评价】

圆弧的示教编程操作评价表如表 3－2－3 所示。

表 3－2－3　圆弧的示教编程操作评价表

任务评价	专业知识评价（80 分）												过程评价（10 分）			素养评价（10 分）		
	示教器界面功能认识（20 分）			机器人创建圆弧指令（20 分）			机器人创建 Home 点（20 分）			机器人能成功绘制整圆（20 分）			穿戴工装、整洁（2 分）； 具有安全意识、责任意识、服从意识（2 分）； 与教师、其他成员之间有礼貌地交流、互动（3 分）； 能积极主动参与、实施检测任务（3 分）			能做到安全生产、文明操作、保护环境、爱护公共设施设备（5 分）； 工作态度端正，无无故缺勤、迟到、早退现象（5 分）		
学习评价	自我评价（5 分）	学生互评（5 分）	教师评价（10 分）	自我评价（5 分）	学生互评（5 分）	教师评价（10 分）	自我评价（5 分）	学生互评（5 分）	教师评价（10 分）	自我评价（5 分）	学生互评（5 分）	教师评价（10 分）	自我评价（3 分）	学生互评（3 分）	教师评价（4 分）	自我评价（3 分）	学生互评（3 分）	教师评价（4 分）
评价得分																		
得分汇总																		
学生小结																		
教师点评																		

【任务小结】

本任务介绍了圆弧指令的编程方法示教方法等知识，可以使学生更好地使用 MoveC 指令作机器人圆弧运动。

学会建立 ABB 机器人圆弧轨迹的编程与示教操作的程序之后，可以为接下来复合轨迹的编程与操作奠定基础。

【任务拓展】

1. MoveC 指令用在哪些场合较好？
2. 使用 MoveC 指令时，要注意哪些事项？

任务单元3　摆动的示教编程操作

【任务描述】

手动操纵机器人按示教完成两块钢板单面焊摆动双面成形作业，如图 3－3－1 所示。

【任务目标】

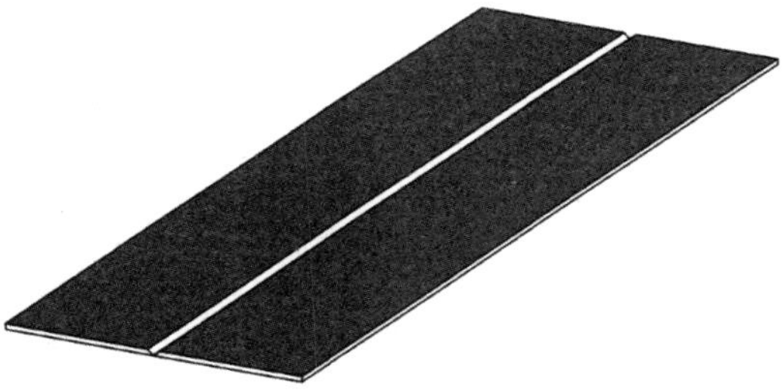

知识目标

1. 强化机器人示教的主要内容与基本流程。
2. 掌握直线摆动示教的基本要领。
3. 掌握摆动程序的机器人跟踪动作。

图 3－3－1　单面焊摆动双面成形

技能目标

1. 能熟练进行直线摆动焊缝的示教、跟踪与再现。
2. 能够熟练设置机器人的摆动作业条件。
3. 能够使用示教器熟练编辑机器人直线摆动作业程序。

素养目标

1. 培养学生自学的习惯、爱好和能力。
2. 培养学生良好的心理素质和强健的体魄。
3. 培养学生良好的团队合作精神和人际交流能力。
4. 培养学生自主完成摆动焊接编程操作的能力。

【任务分析】

单面焊双面成形工艺一般用于无法进行双面施焊但又要焊透的焊接接头情况，此种技术适用于V形或U形坡口多层焊的焊件上，如图3－3－2和图3－3－3所示。示教参数表如表3－3－1所示。

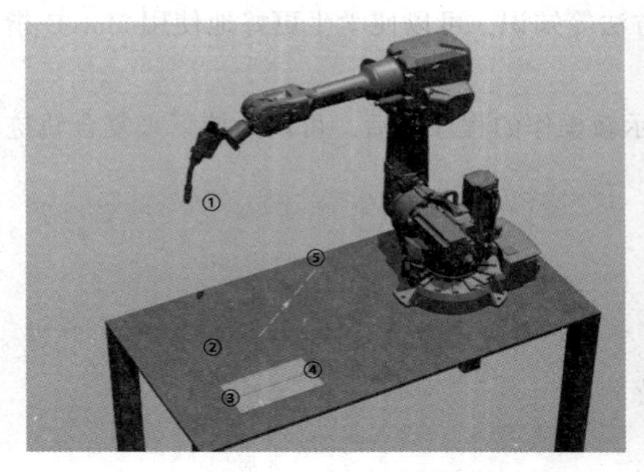

图3－3－2　打底层

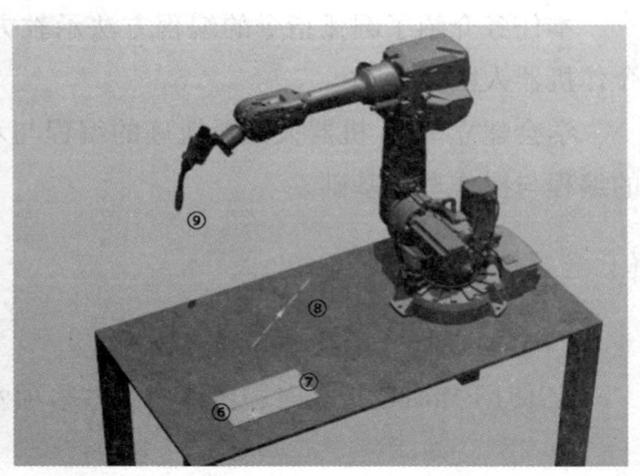

图3－3－3　盖面层

表3－3－1　示教参数表

示教点	用途
①	机器人 Home 点
②	直线临近点
③	打底层直线开始点
④	打底层直线结束点
⑤	打底层结束规避点
⑥	盖面层直线开始点
⑦	盖面层直线结束点
⑧	盖面层结束规避点
⑨	机器人 Home 点

【知识准备】

弧焊基本指令 ArcL

一、弧焊基本指令 ArcL

ArcL为焊接直线指令，如图3－3－4所示。

弧焊基本指令 ArcC

二、弧焊基本指令 ArcC

ArcC为焊接圆弧指令，如图3－3－5所示。

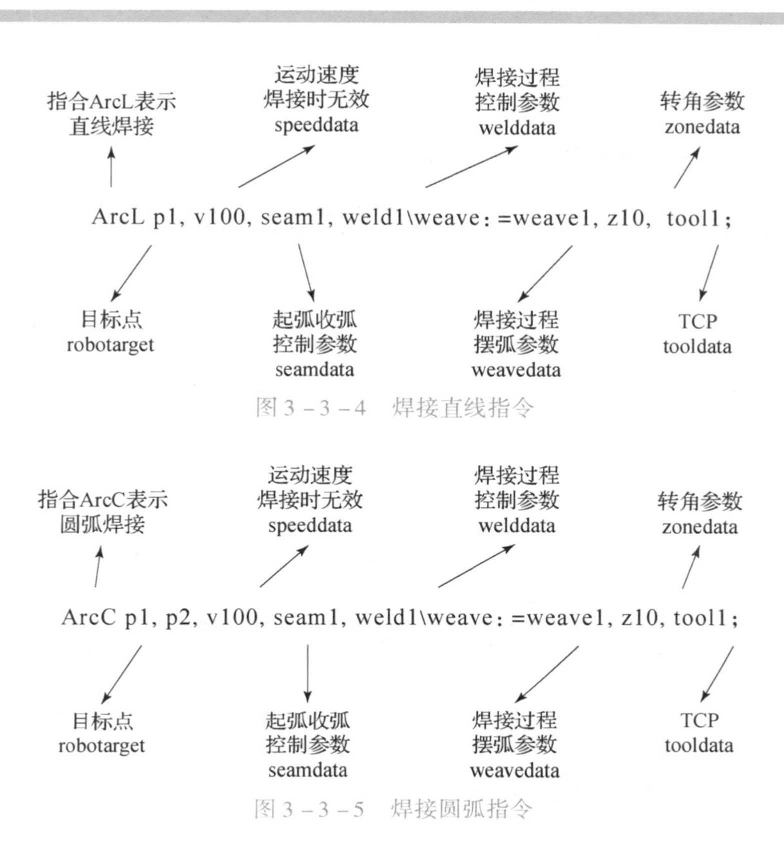

图 3－3－4 焊接直线指令

图 3－3－5 焊接圆弧指令

三、弧焊基本指令使用举例

焊接基本指令使用举例如图 3－3－6 所示。指令格式：

```
MoveJ……焊接过程中不同语句可以使用不同的焊接参数 seamdata/welddata
ArcL Start p1,v100,seam1,weld1,fine,tool1;
ArcL End p2,v100,seam1,weld1,fine,tool1;
MoveJ……
```

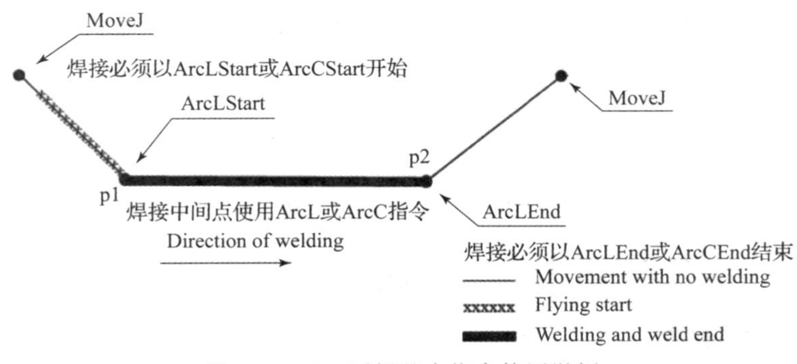

图 3－3－6 弧焊基本指令使用举例

四、弧焊数据 seamdata

弧焊数据 seamdata 示例如图 3－3－7 所示。

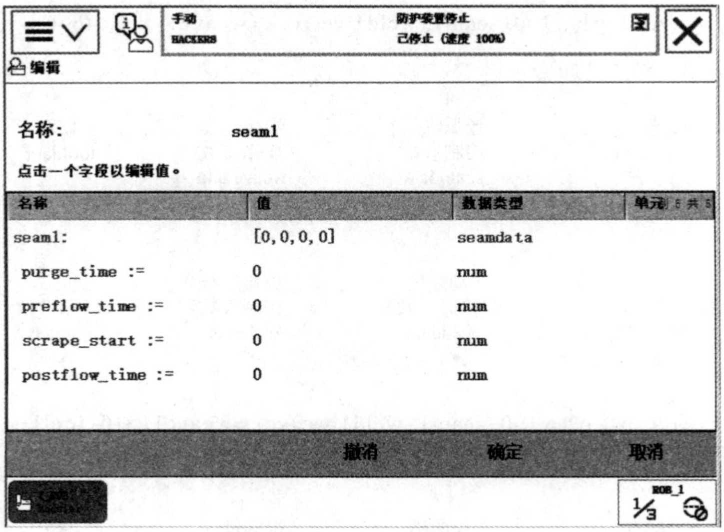

手动 HACKERS 防护装置停止 已停止（速度 100%）

编辑

名称： seam1

点击一个字段以编辑值。

名称	值	数据类型	单元 1 到 5 共 5
seam1:	[0,0,0,0]	seamdata	
purge_time :=	0	num	
preflow_time :=	0	num	
scrape_start :=	0	num	
postflow_time :=	0	num	

撤消 确定 取消

ROB_1 1/3

图 3－3－7　seamdata 示例

purge_time：s，焊接开始前清理枪管中空气的时间。
preflow_time：s，预送气时间，焊枪到达焊接位置对工件进行保护。
postflow_time：s，尾送气时间，焊接结束后对焊缝继续进行保护。

五、弧焊数据 welddata

弧焊数据 welddata 示例如图 3－3－8 所示。

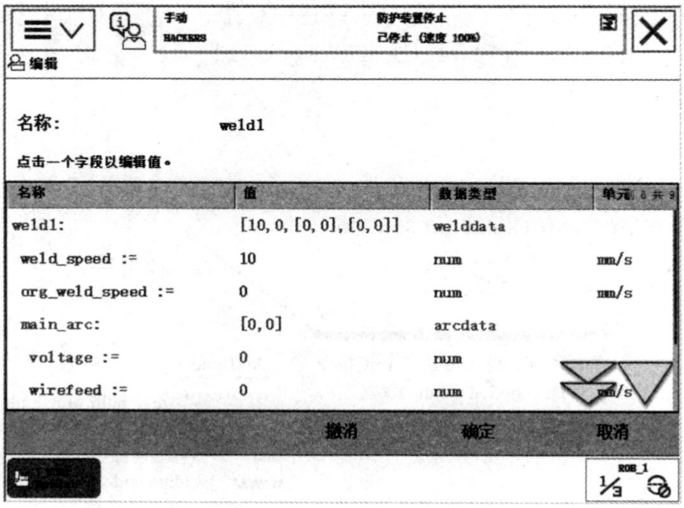

手动 HACKERS 防护装置停止 已停止（速度 100%）

编辑

名称： weld1

点击一个字段以编辑值。

名称	值	数据类型	单元 1 到 6 共 9
weld1:	[10,0,[0,0],[0,0]]	welddata	
weld_speed :=	10	num	mm/s
org_weld_speed :=	0	num	mm/s
main_arc:	[0,0]	arcdata	
voltage :=	0	num	
wirefeed :=	0	num	m/s

撤消 确定 取消

ROB_1 1/3

图 3－3－8　welddata 示例

weld_speed：mm/s，焊接速度，指令中速度参数在焊接时无效。

org_weld_speed：初始焊接速度。

voltage：主焊接电压。

wirefeed：送丝速度。

六、弧焊数据 weavedata

弧焊数据 weavedata 示例如图 3－3－9 所示。

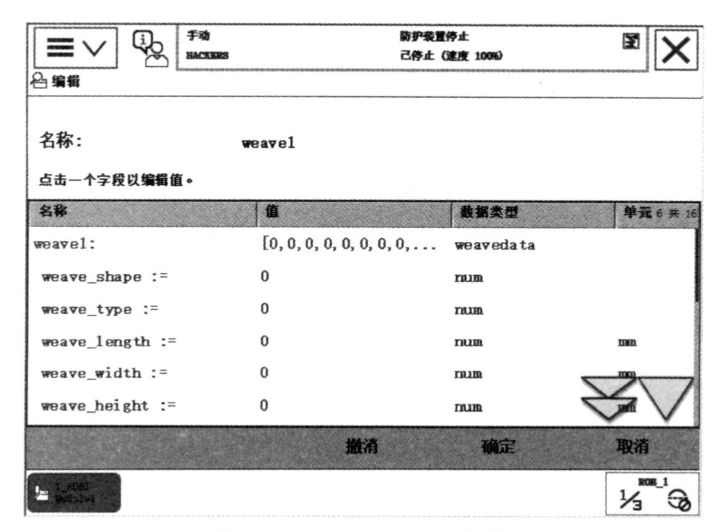

图 3－3－9　weavedata 示例

weave_shape：摆动的形状，具体内容如下。

1）0：no weaving，表示没有摆动。

2）1：zigzag weaving，表示 Z 字形摆动。

3）2：V－shaped weaving，表示 V 字形摆动。

4）3：Triangular weaving，表示三角形摆动。

weave_type：摆动模式，具体内容如下。

1）0：表示机器人的 6 根轴都参与摆动。

2）1：表示 5 轴和 6 轴参与摆动。

3）2：表示 1、2、3 轴参与摆动。

4）3：表示 4、5、6 轴参与摆动。

weave_length：摆动工具一个周期的距离，即一个摆动周期机器人的工具坐标向前移动的距离。

weave_width：摆动宽度。

weave_height：摆动的高度，只有在三角形摆动和 V 字形摆动时此参数才有效。

注意：一般情况设置以上参数即可，其他参数主要用于微调，焊接要求不高的情况下基本可以忽略。

另外，关于摆动的其他参数设置，根据实际需求进行微调整即可，如图 3－3－10 和图 3－3－11 所示。

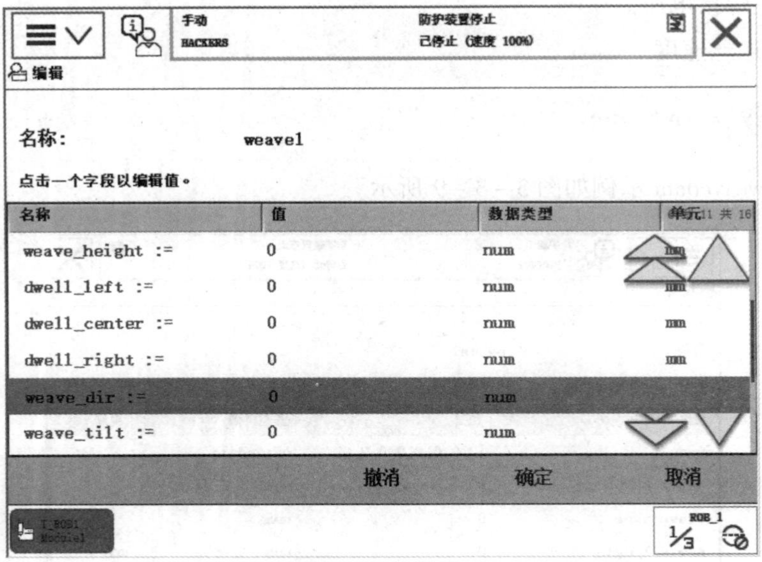

手动 HACKERS 防护装置停止 已停止（速度 100%）

编辑

名称： weave1

点击一个字段以编辑值。

名称	值	数据类型	单元 11 共 16
weave_height :=	0	num	mm
dwell_left :=	0	num	mm
dwell_center :=	0	num	mm
dwell_right :=	0	num	mm
weave_dir :=	0	num	
weave_tilt :=	0	num	

撤消 确定 取消

T_ROB1 Module1 ROB_1 1/3

图 3－3－10 weavedata 参数

手动 HACKERS 防护装置停止 已停止（速度 100%）

编辑

名称： weave1

点击一个字段以编辑值。

名称	值	数据类型	单元 16 共 16
weave_tilt :=	0	num	
weave_ori :=	0	num	
weave_bias :=	0	num	mm
org_weave_width :=	0	num	mm
org_weave_height :=	0	num	mm
org_weave_bias :=	0	num	mm

撤消 确定 取消

T_ROB1 Module1 ROB_1 1/3

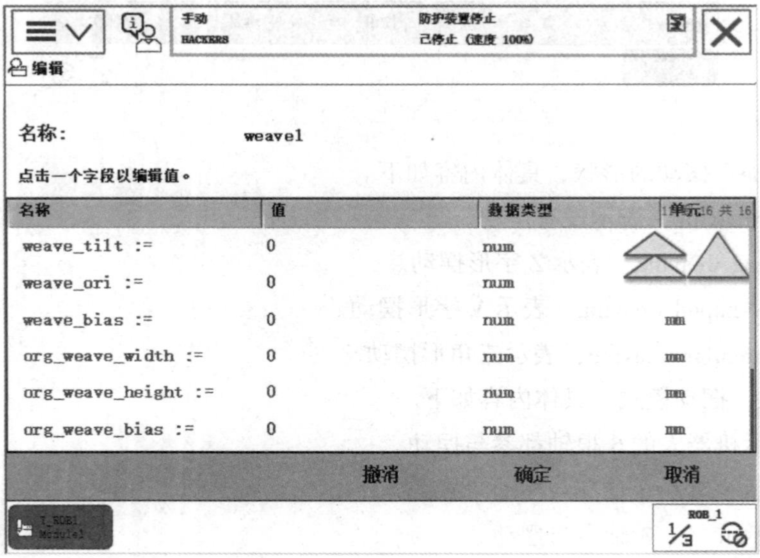

图 3－3－11 weavedata 参数 2

图 3－3－10 中，各参数含义如下。

dwell_left：摆动过程中在摆动左边时运动的距离。

dwell_right：摆动过程中在摆动右边时运动的距离。

dwell_center：摆动过程中在摆动中间时运动的距离。

weave_dir：摆动倾斜的角度，焊缝的 X 方向。

weave_tilt：摆动倾斜的角度，焊缝的 Y 方向。

weave_ori：摆动倾斜的角度，焊缝的 Z 方向。

weave_bias：摆动中心偏移。

七、焊接功能屏蔽

1）单击如图 3-3-12 所示主界面的左上角按钮，进入菜单界面。

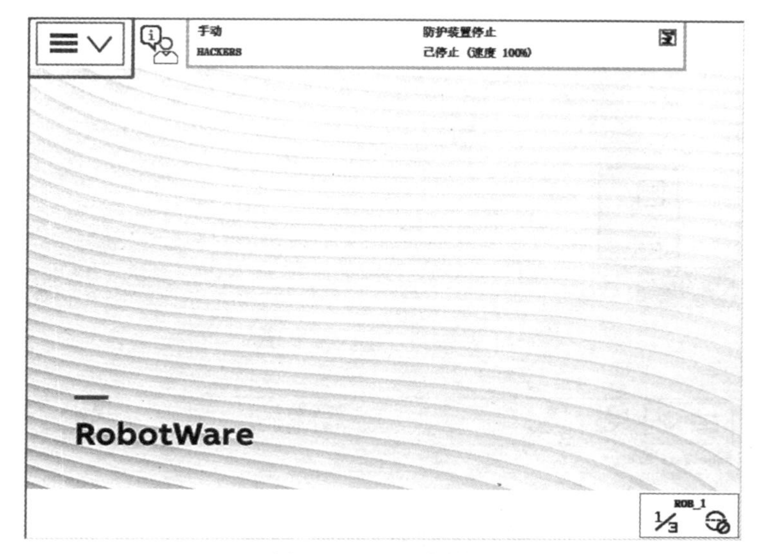

图 3-3-12　主界面

2）在菜单界面单击“生产屏幕”，如图 3-3-13 所示，进入生产屏幕界面。

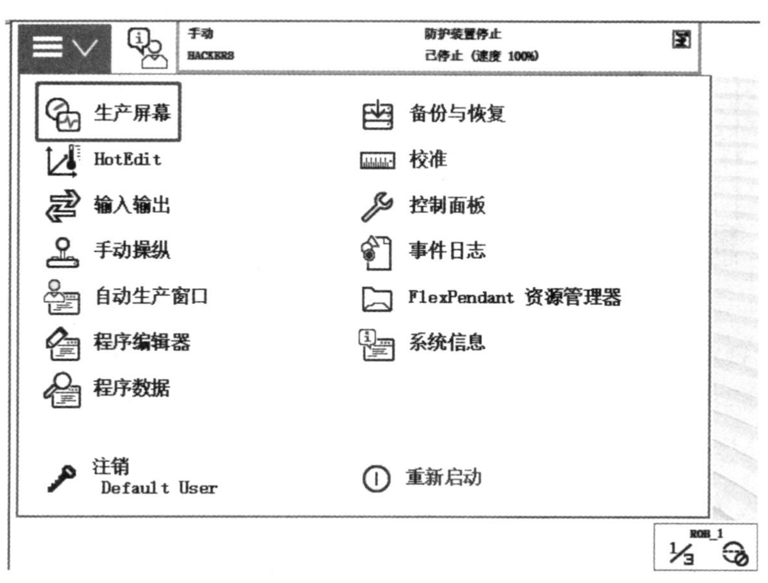

图 3-3-13　菜单界面

3）在生产屏幕界面，选择“Arc”，如图 3-3-14 所示，进入 RobotWareArc 界面，如图 3-3-15 所示。

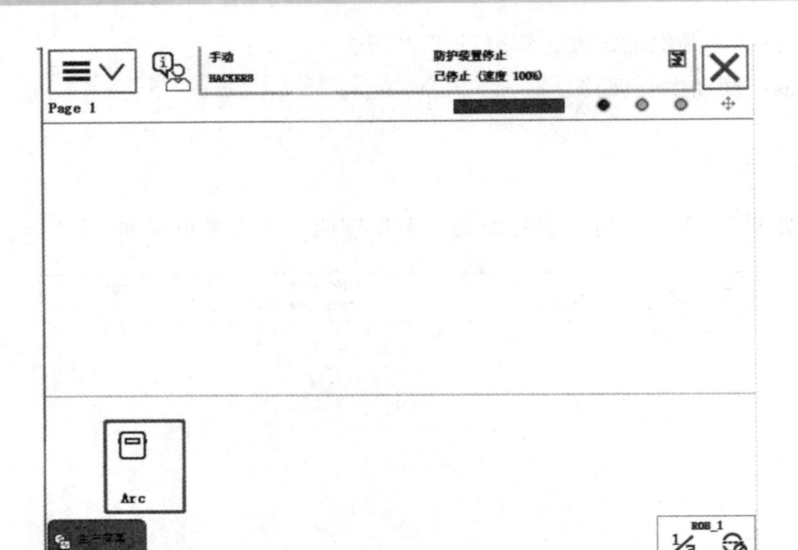

图 3-3-14　生产屏幕界面

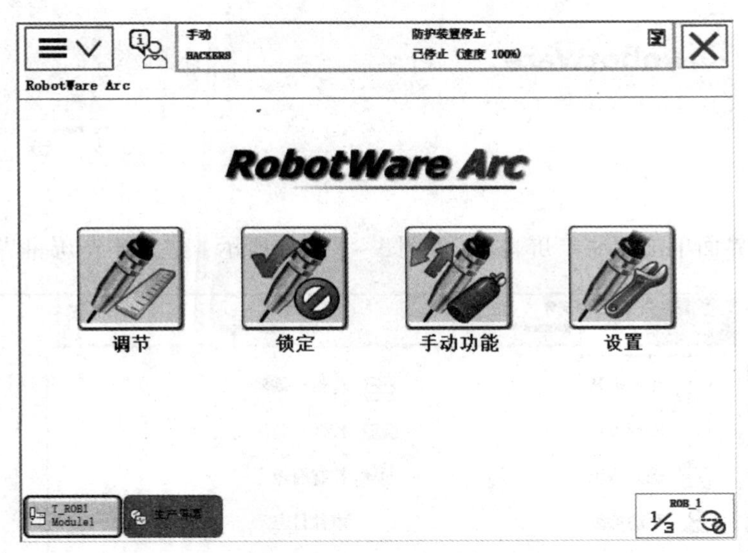

图 3-3-15　RobotWareArc 界面

4）选择“锁定”，进入锁定界面，如图 3-3-16 和图 3-3-17 所示。

5）选择“焊接启动”，将绿色√去除，完成焊接功能屏蔽，如图 3-3-18 所示，单击“确定”即可。

【任务实施】

直线摆动-圆弧轨迹示教实训

1. 新建模块

步骤：新建一个模块命名为 Modulel，单击“确定”，如图 3-3-19 所示。

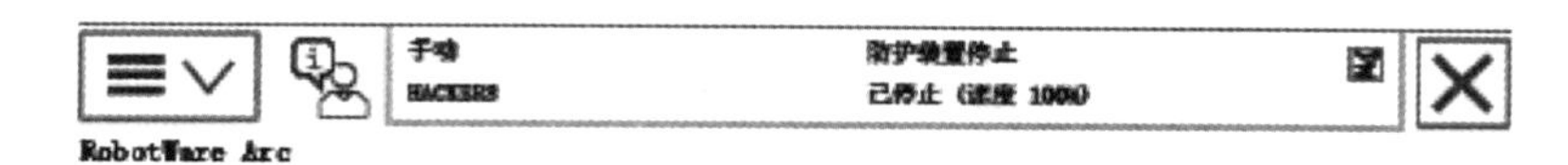

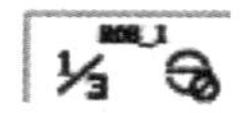

图 3-3-16　选择“锁定”

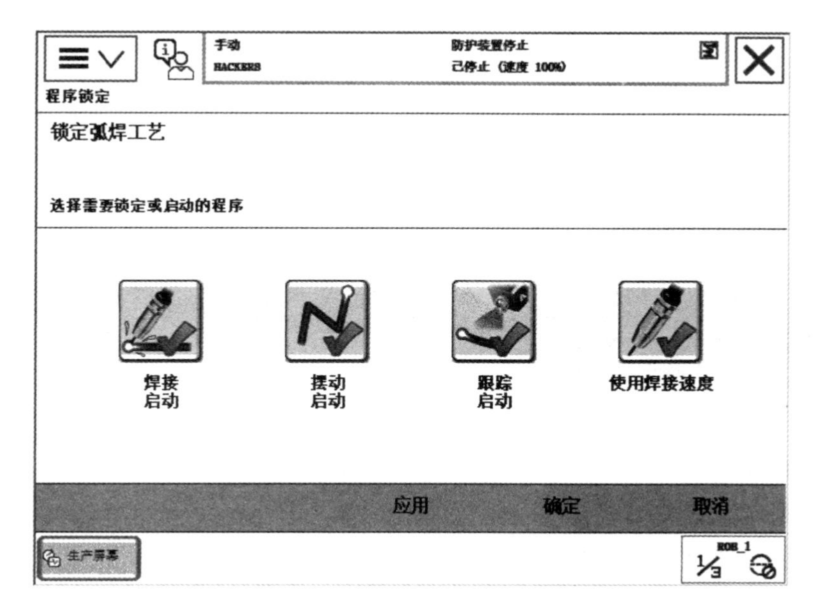

图 3-3-17　锁定界面

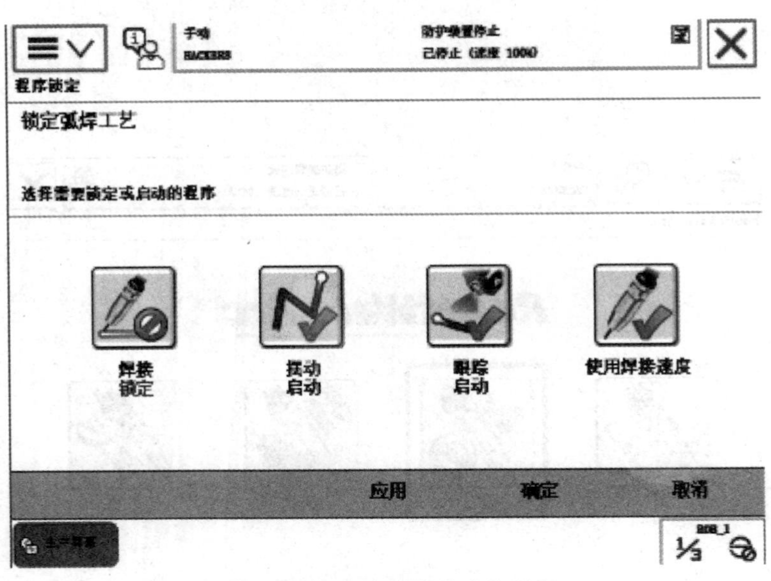

图 3-3-18　完成焊接功能屏蔽

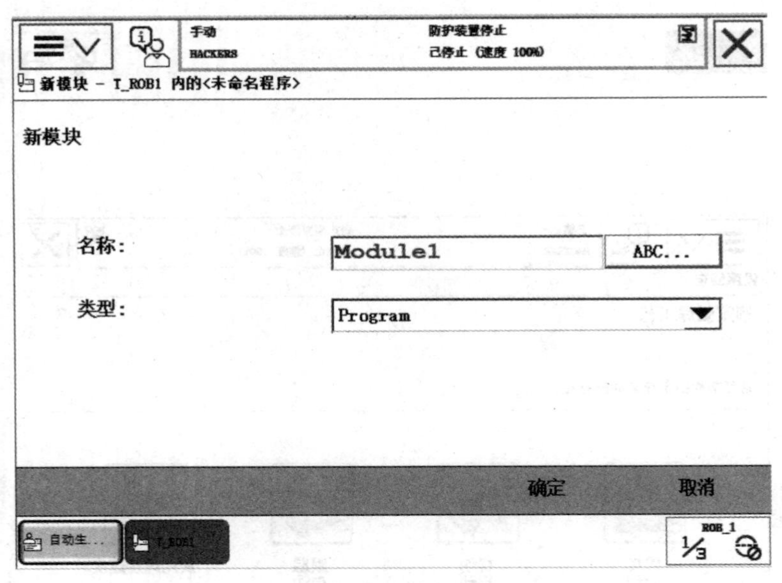

图 3-3-19　新建模块

2. 新建例行程序

步骤：在该模块新建例行程序 main，如图 3-3-20 所示。

3. 设置机器人的 Home 位置点

步骤一：将工业机器人设置一个安全的初始 Home 位置，在添加指令中选择 MoveAbsJ，添加绝对位置指令，如图 3-3-21 所示。

提示：Home 点作为机器人开始和结束作业的初始点。

步骤二：选中绝对位置指令的位置数据，进入点位界面，如图 3-3-22 所示。

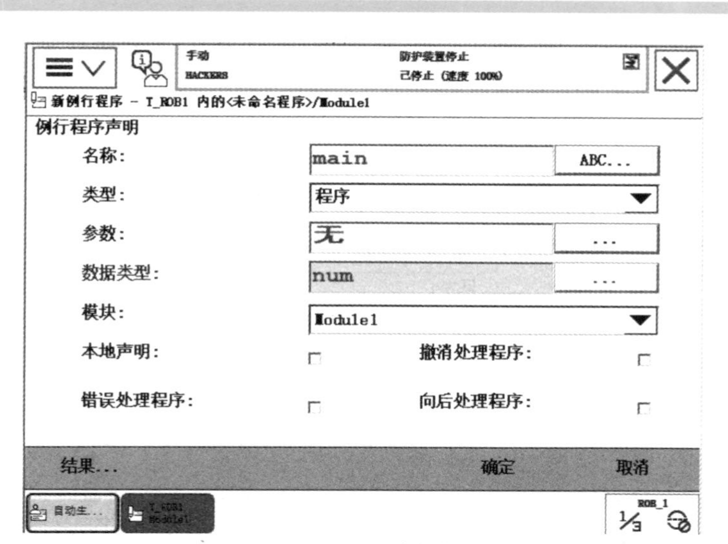

图 3-3-20 新建例行程序

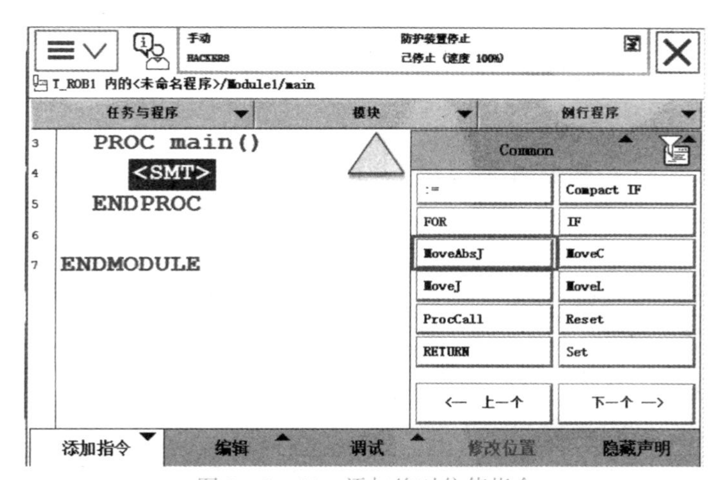

图 3-3-21 添加绝对位值指令

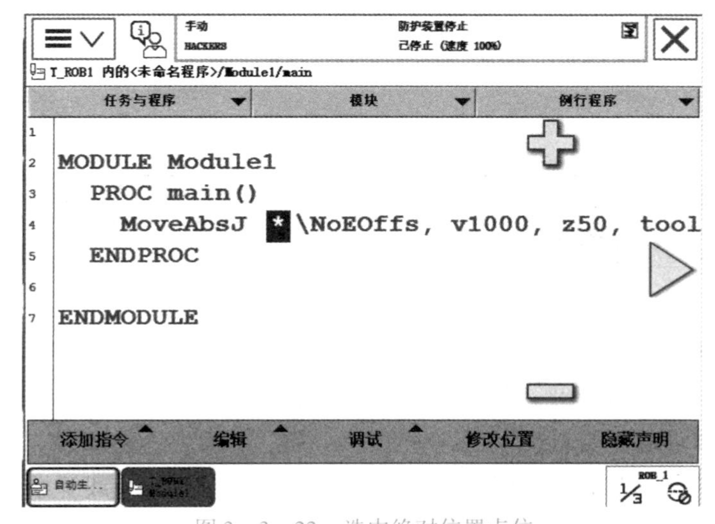

图 3-3-22 选中绝对位置点位

步骤三：新建一个点位置数据，命名为 Home，并选择初始值界面进入，如图 3－3－23 所示。

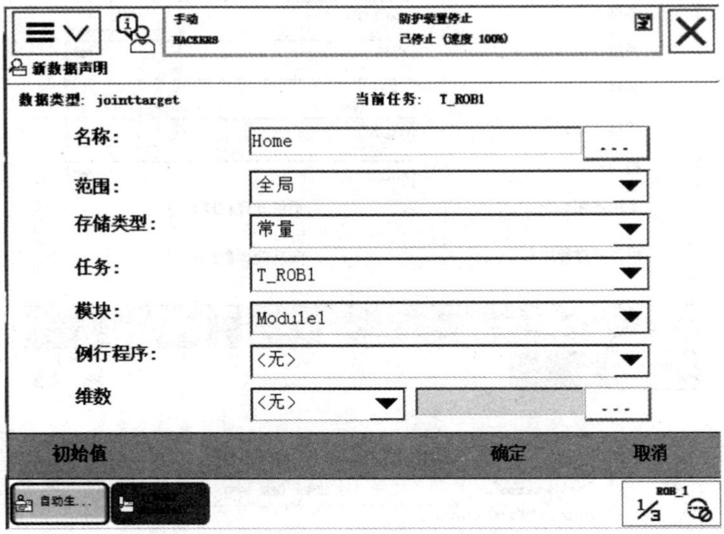

手动 HACKERS
防护装置停止
已停止（速度 100%）
新数据声明
数据类型：jointtarget
当前任务：T_ROB1
名称：Home ...
范围：全局
存储类型：常量
任务：T_ROB1
模块：Module1
例行程序：<无>
维数 <无> ...
初始值 确定 取消
自动生... ROB_1 1/3

图 3－3－23　创建 Home 点位

步骤四：将 Home 点位数据的 rax. 1 ~ rax. 4 设置为 0，表示 1 ~ 4 轴为 0°，如图 3－3－24 所示。

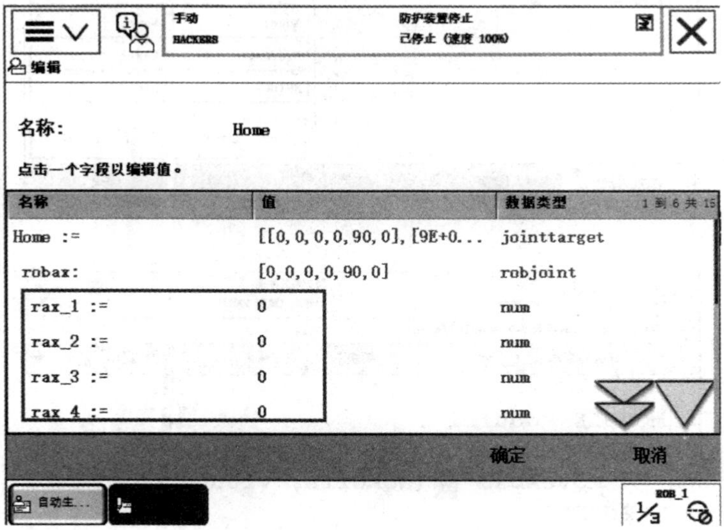

手动 HACKERS
防护装置停止
已停止（速度 100%）
编辑
名称：Home
点击一个字段以编辑值。

名称	值	数据类型 1 到 6 共 15
Home :=	[[0,0,0,0,90,0],[9E+0...	jointtarget
robax:	[0,0,0,0,90,0]	robjoint
rax_1 :=	0	num
rax_2 :=	0	num
rax_3 :=	0	num
rax_4 :=	0	num

确定 取消
自动生... ROB_1 1/3

图 3－3－24　Home 点位各轴角度 1

步骤五：将 Home 点位数据的 rax. 5 设置为 90，表示 5 轴为 90°。将 Home 点位数据的 rax. 6 设置为 0，表示 6 轴为 0°，单击“确定”，如图 3－3－25 所示。

4. 示教焊接临近的位置点

步骤一：用关节运动方式将机器人调整为合适姿态，移动至直线开始点上方，添加关节运动指令 MoveJ，如图 3－3－26 所示。

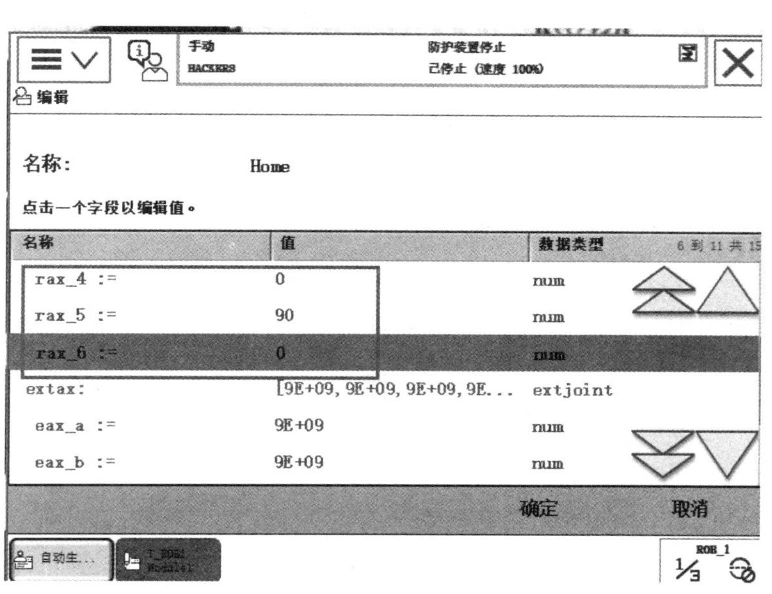

图 3－3－25　Home 点位各轴角度 2

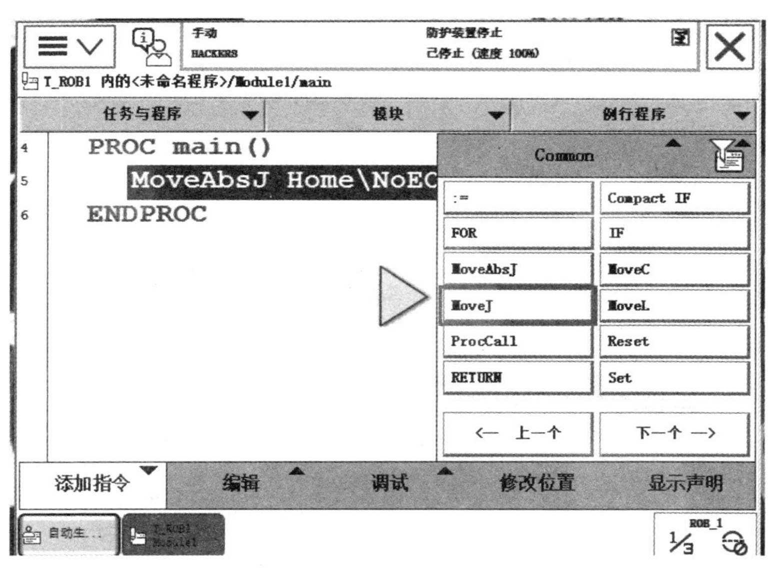

图 3－3－26　添加关节运动指令

步骤二：为关节运动指令添加点位数据 p10，单击“确定”，如图 3－3－27 所示。

5. 示教打底层焊接开始的位置点

步骤一：用直线运动方式将机器人移动至焊接开始点，添加指令 ArcLStart，如图 3－3－28 所示。

步骤二：将点位名称命名为 p20，将 p20 作为打底层焊接开始点，fine 精准到达，新建 seam1 参数数据，如图 3－3－29 所示。

步骤三：新建 weld1 参数数据，单击“确定”，如图 3－3－30 所示。

步骤四：选择 seam1 参数，单击“查看值”，如图 3－3－31 所示。

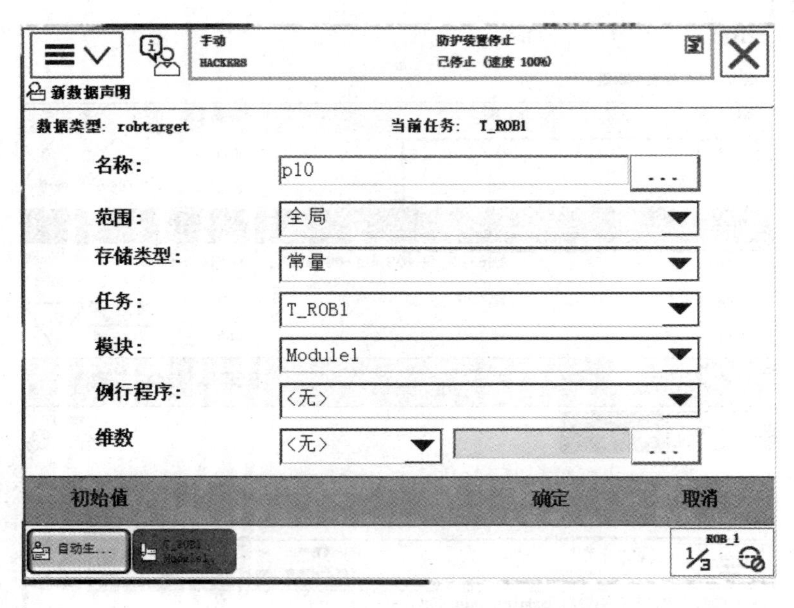

图 3－3－27　添加点位数据 p10

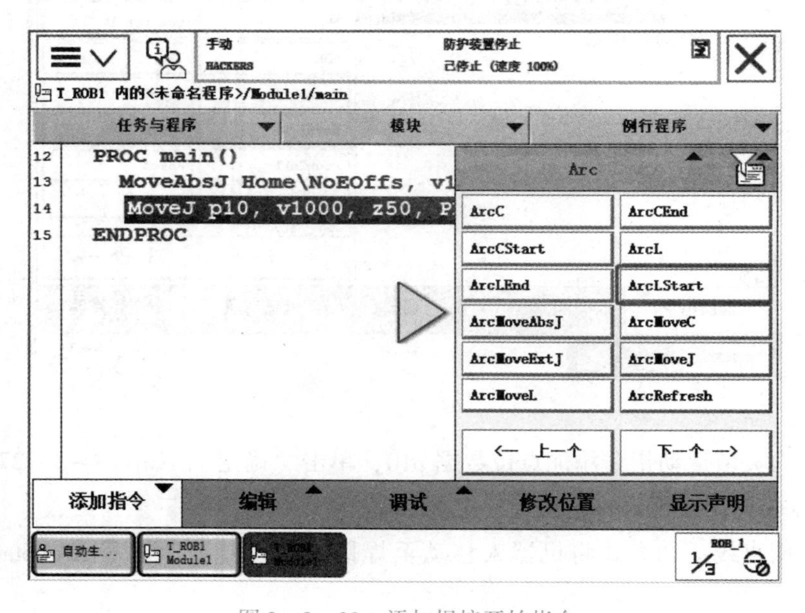

图 3－3－28　添加焊接开始指令

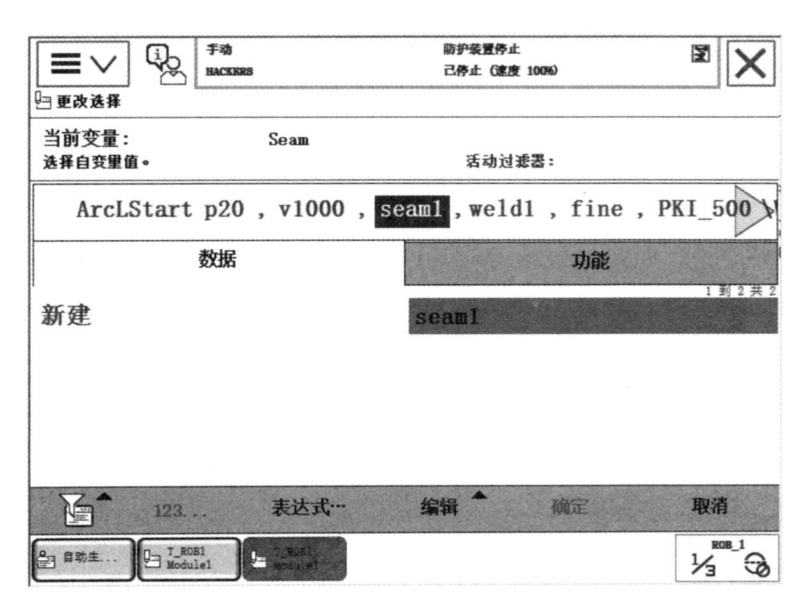

图 3-3-29 新建 seam1 参数数据

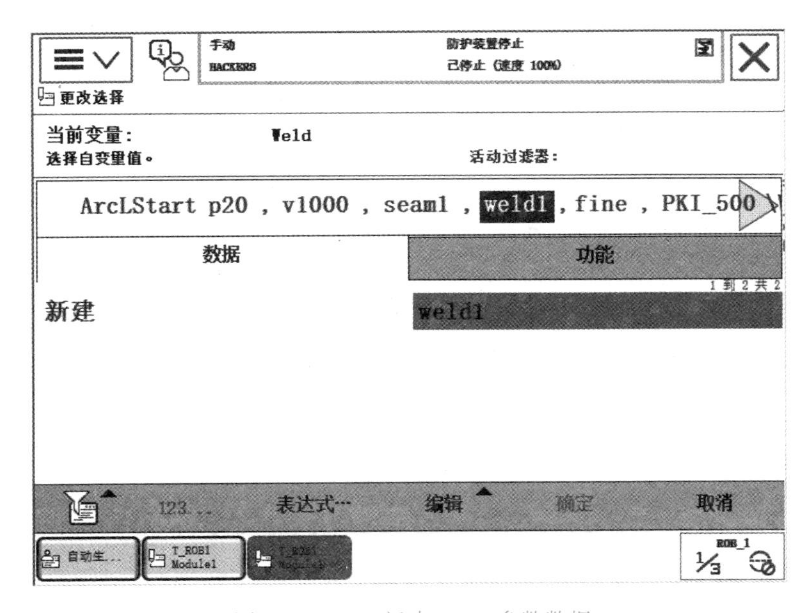

图 3-3-30 新建 weld1 参数数据

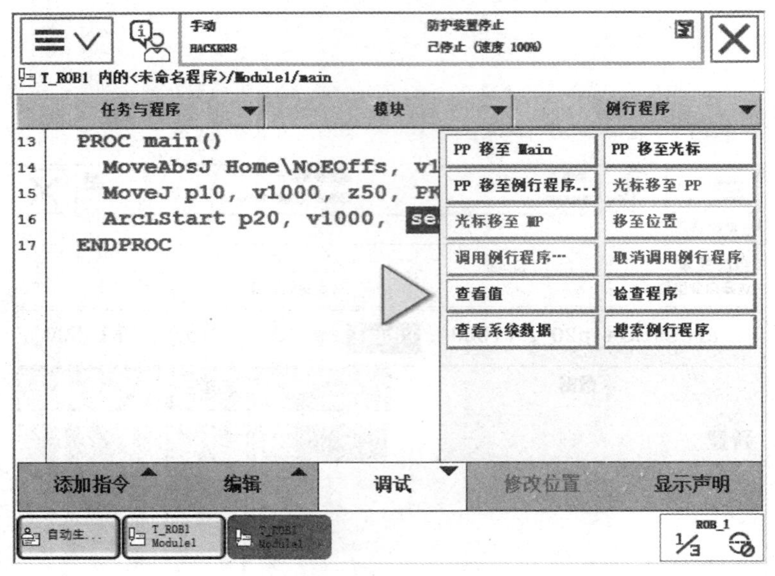

图 3-3-31　选择 seam1 参数

步骤五：设置合适的 seam1 参数，如图 3-3-32 所示。

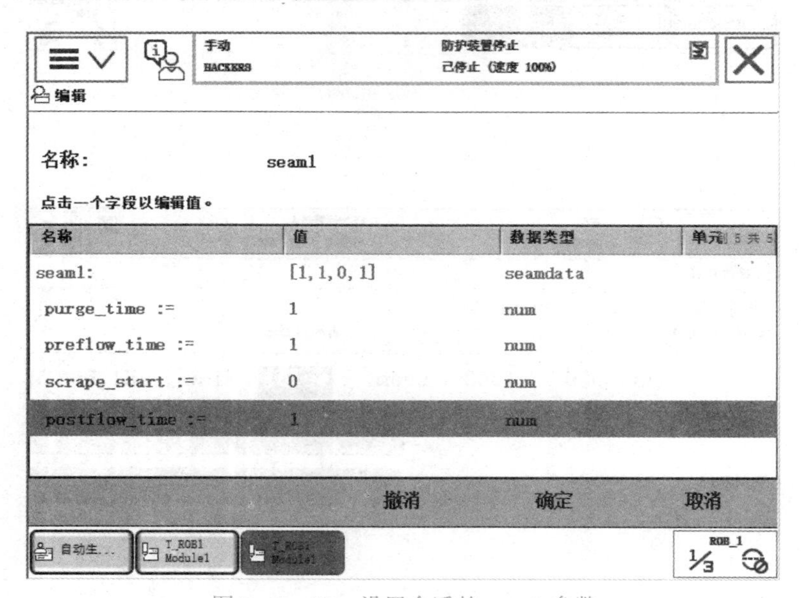

图 3-3-32　设置合适的 seam1 参数

步骤六：用与步骤四相同方法设置合适的 weld1 参数，如图 3-3-33 所示。

步骤七：用直线运动方式将机器人移动至打底层焊接结束点，添加指令 ArcL，将点位名称命名为 p30，将 p30 作为打底层焊接结束点，fine 精准到达。同样可以设置 seam1 和 weld1 参数，根据实际钢板和焊机参数设置，如图 3-3-34 所示。

步骤八：用直线运动方式将机器人移动至盖面层焊接开始点，添加指令 MoveL，将点位名称命名为 p40，将 p40 作为盖面层焊接开始点，fine 精准到达，如图 3-3-35 所示。

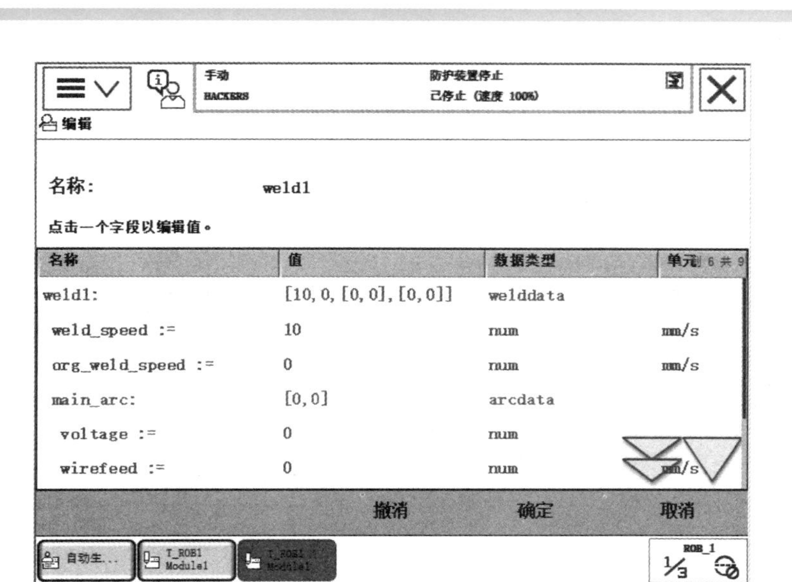

图3-3-33 设置合适的weld1参数

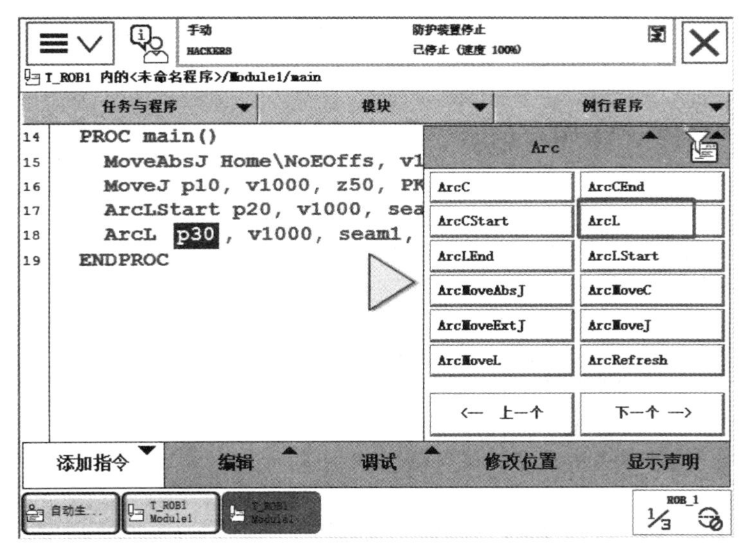

图3-3-34 设置打底层焊接结束点

步骤九：用直线运动方式将机器人移动至盖面层焊接结束点，添加指令ArcLEnd，将点位名称命名为p50，将p50作为打底层焊接开始点，fine精准到达。同样可以设置seam1和weld1参数，根据实际钢板和焊机参数设置，如图3-3-36所示。

步骤十：用关节运动方式将机器人调整为合适姿态，移动至焊接结束点上方，添加关节运动指令MoveJ，将点位名称命名为p60，将p60作为焊接结束回退点，如图3-3-37所示。

6. 焊接结束返回Home点

步骤：在添加指令中选择MoveAbsJ，选择Home点，让结束点回到初始点，如图3-3-38所示。

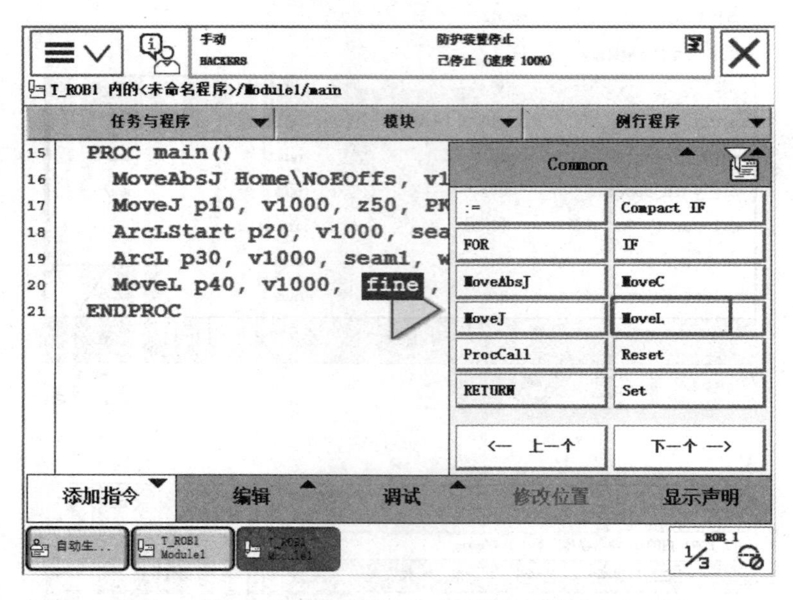

图 3-3-35 设置盖面层焊接开始点

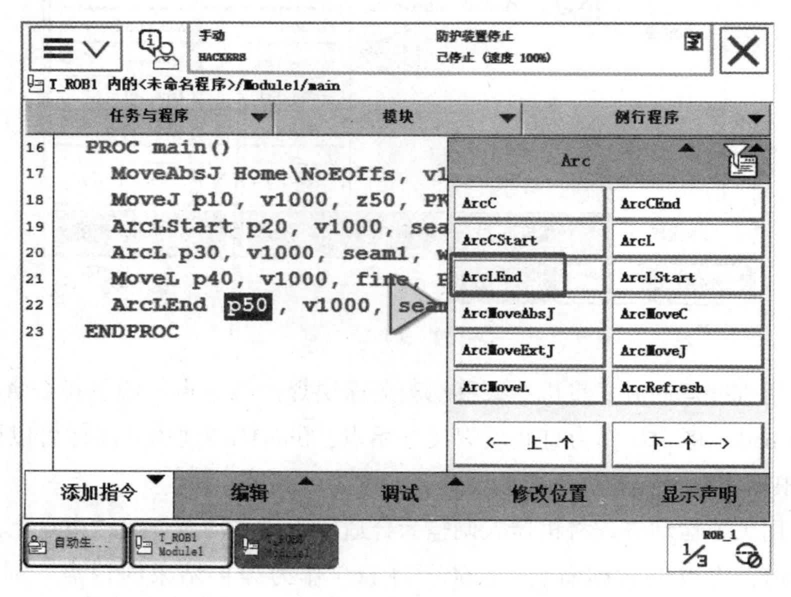

图 3-3-36 设置盖面层焊接结束点

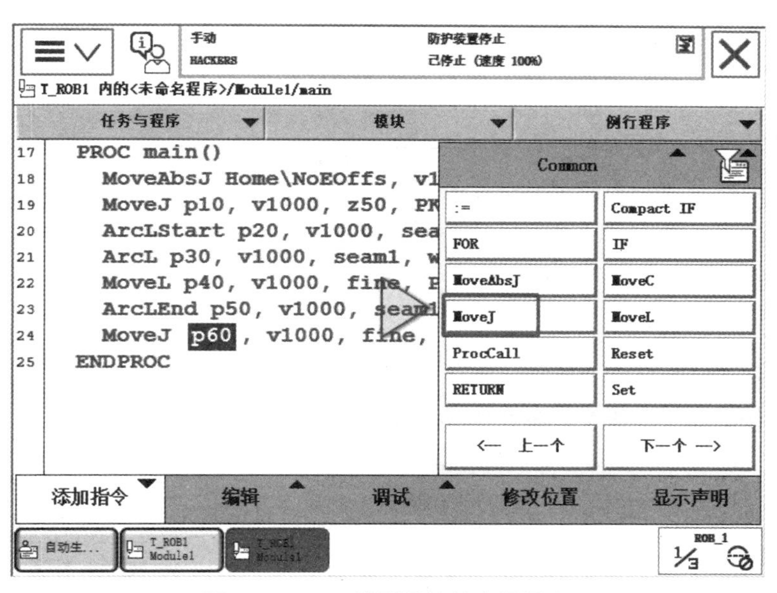

图 3-3-37　设置焊接结束回退点

图 3-3-38　返回 Home 点

7. 为 Arc 相关焊接指令设置摆动参数

步骤一：选择需要添加摆动参数的焊接指令进入设置界面，单击“可选变量”，进入可选变量界面，如图 3-3-39 所示。

步骤二：将可选变量 Weave 调整为“已使用”，单击“确定”，如图 3-3-40 所示。

步骤三：返回程序界面，选择摆动参数选项，添加摆动参数，如图 3-3-41 所示。

步骤四：在摆动参数界面新建一个摆动参数数据，命名为 weave1，单击“确定”，如图 3-3-42 所示。

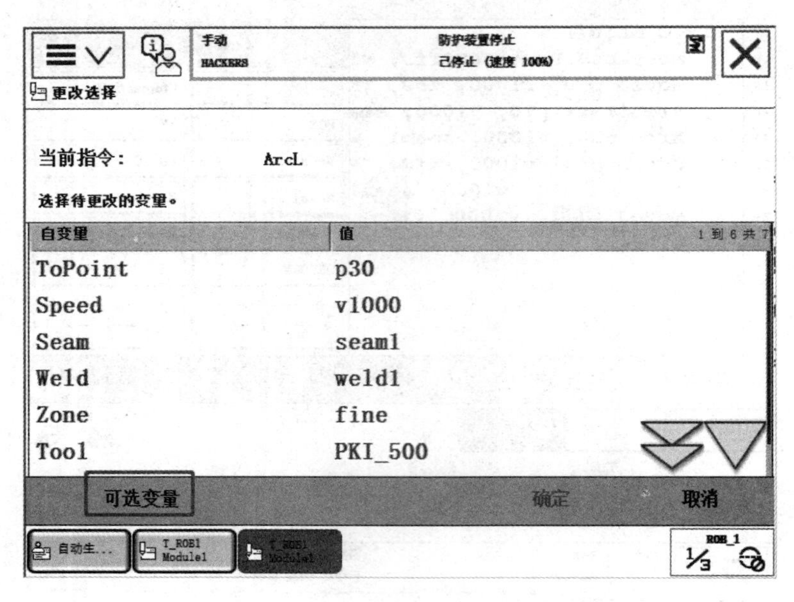

图 3-3-39　单击“可选变量”

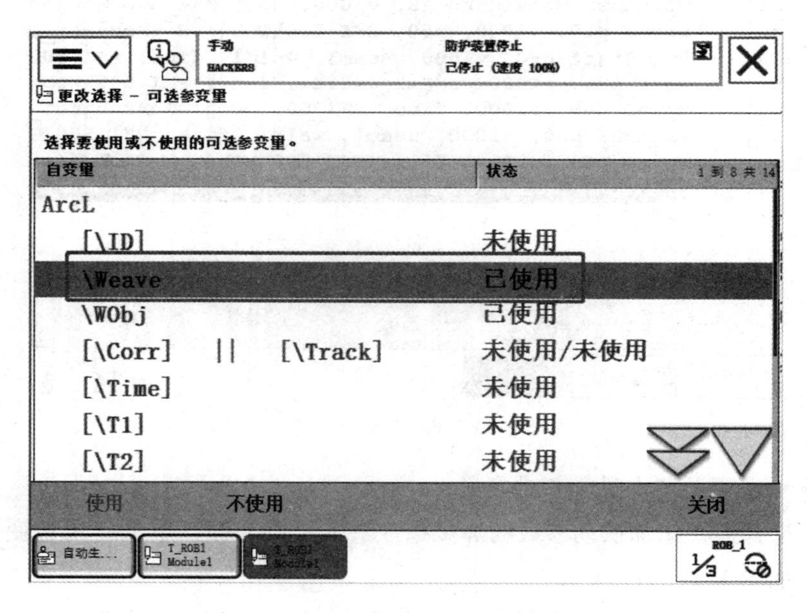

图 3-3-40　Weave 调整为“已使用”

图 3－3－41　添加摆动参数

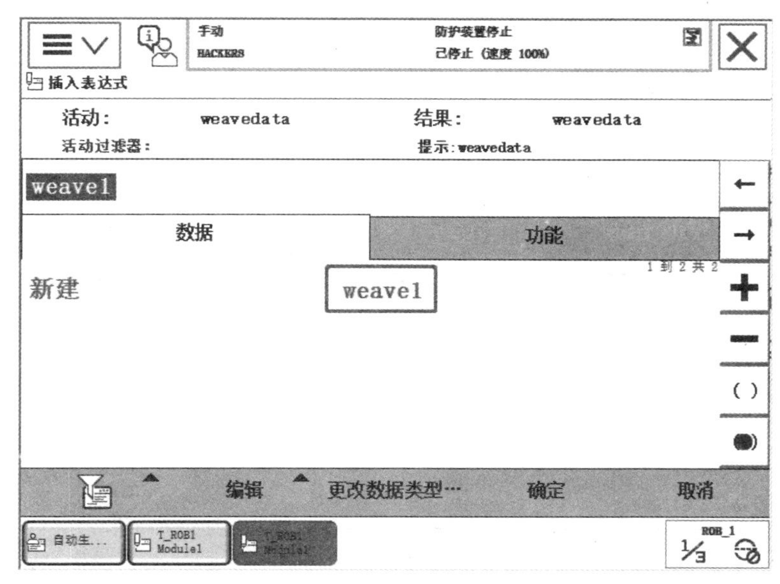

图 3－3－42　新建摆动参数

步骤五：返回程序界面，在程序界面选择摆动参数数据，并单击“调试”，选择“查看值”，如图 3－3－43 所示。

步骤六：在摆动参数界面设置摆动参数，这里以 weave_shape 摆动形状设置成三角形摆动为例，weave_type（摆动模式）设置为 0，即 6 个轴参与摆动，根据焊缝设置合适的摆动周期、摆动宽度、摆动高度，如图 3－3－44 所示。

步骤七：进行焊接调试，并根据现场效果，微调参数，达到完美焊接效果。

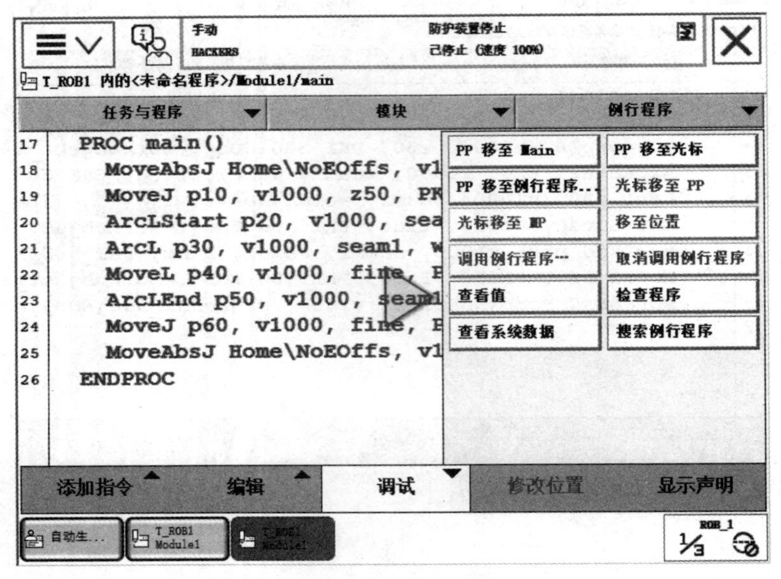

图 3-3-43 选择“查看值”

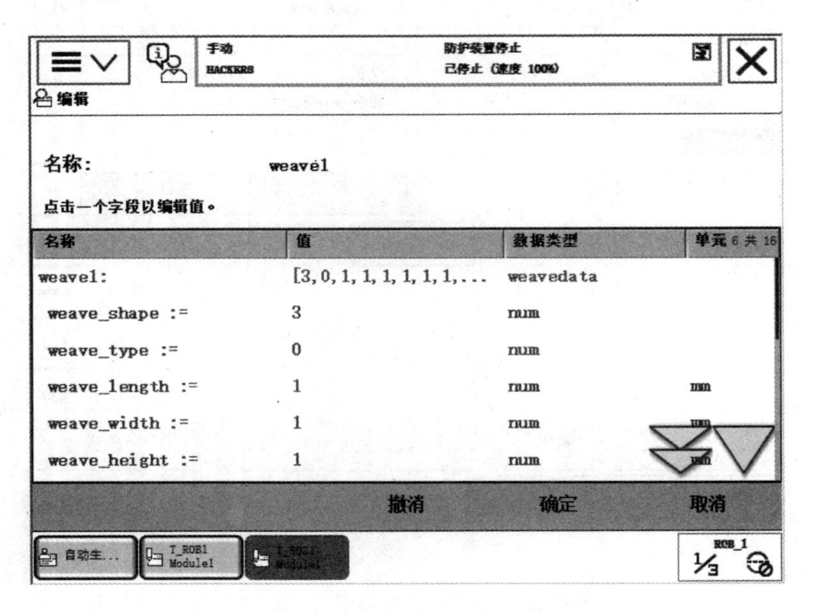

图 3-3-44 设置摆动参数

【任务评价】

摆动的示教编程操作评价表如表 3-3-2 所示。

表 3-3-2 摆动的示教编程操作评价表

任务评价	专业知识评价（80分）												过程评价（10分）			素养评价（10分）		
	示教器界面功能认识（20分）			机器人创建摆动指令（20分）			机器人创建 Home 点（20分）			机器人能成功将钢板焊接（20分）			穿戴工装、整洁（2分）； 具有安全意识、责任意识、服从意识（2分）； 与教师、其他成员之间有礼貌地交流、互动（3分）； 能积极主动参与、实施检测任务（3分）			能做到安全生产、文明操作、保护环境、爱护公共设施设备（5分）； 工作态度端正，无无故缺勤、迟到、早退现象（5分）		
学习评价	自我评价（5分）	学生互评（5分）	教师评价（10分）	自我评价（5分）	学生互评（5分）	教师评价（10分）	自我评价（5分）	学生互评（5分）	教师评价（10分）	自我评价（5分）	学生互评（5分）	教师评价（10分）	自我评价（3分）	学生互评（3分）	教师评价（4分）	自我评价（3分）	学生互评（3分）	教师评价（4分）
评价得分																		
得分汇总																		
学生小结																		
教师点评																		

【任务小结】

本任务介绍了机器人程序指令 ArcL 的格式和参数等，可以使学生更了解机器人摆动焊接编程的相关操作。

【任务拓展】

利用直线摆动焊接知识点，自行编写圆弧摆动焊接程序，完成圆弧的摆动焊接。

模块4 焊接行业典型接头的焊接与编程

导　入

众所周知，焊接是一种高技术的工作，要求从业人员除具有高超的焊接技能、丰富的实践工作经验、稳定可靠的焊接水平外，还要能在多烟尘、高危险、大热辐射量的恶劣环境中工作，对从业人员的身体伤害严重。焊接人员从业周期短，熟练技术工培养周期长，导致从业人员素质水平良莠不齐，生产产品质量无法保证。工业机器人的出现，减轻了焊接从业人员的劳动强度，使他们远离恶劣的工作环境，通过固定的控制程序与路径保证焊接质量。

本模块讲述工业机器人在焊接应用中几个典型的案例，如板对接平焊、板T形接头平角焊、管板垂直固定俯位焊。此外，还讲述了在焊接过程中，由于各种原因造成的焊接缺陷的处理方法。

任务单元1　板对接平焊

【任务描述】

板对接平焊一般是在焊件的坡口面间或一零件的坡口面与另一零件表面间进行焊接的方式。板对接平焊一般有I形焊、L形焊、Y形焊、V形焊、X形焊，是所有焊接方式中采用最多的一种。

本任务需要使用机器人焊接系统，通过对机器人进行手动操纵及编程完成两块120 mm×60 mm×3 mm碳钢材料板对接平焊，如图4－1－1所示。

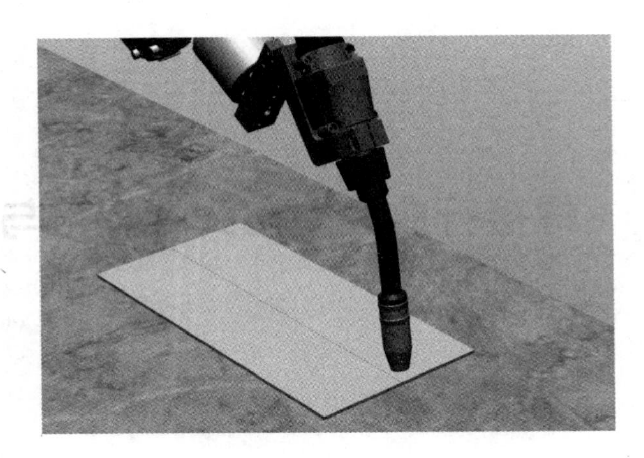

图 4－1－1 板对接平焊

【任务目标】

知识目标

1. 能用基本指令编写板对接平焊程序。
2. 能总结板对接平焊参数和焊机参数的设置步骤和方法。
3. 能总结焊接机器人操作的安全规范。

技能目标

1. 能独立编写和运行板对接平焊焊接程序。
2. 能独立操作机器人完成板对接平焊操作。
3. 能规范处理焊接过程中的各种故障。

素养目标

1. 形成恪守工作规范、严谨安全的工作习惯。
2. 养成吃苦耐劳、坚持不懈、一丝不苟的工作态度。
3. 养成举一反三、知行合一的学习方法。

【任务分析】

板对接平焊的工作流程如下。

1）处理焊接材料表面和切口。

2）规划焊接轨迹，编写焊接程序。

3）调整焊接参数。

4）调节焊机参数，调整送丝机送丝盘松紧度。

5）调节二氧化碳、保护气体流量。

6）实施焊接材料焊接任务。

【知识准备】

一、焊接材料处理方法

1）焊前清理。焊前清理工作十分重要，必须将焊缝两侧指定范围内的油、锈及其他污物清理干净，直至露出金属光泽为止。

2）钢板表面和切口均不允许存在裂缝、夹杂、分层、氧化皮、超过允许偏差的麻点、压痕和麻纹等。

3）操作工首先看清图样或工艺的要求，核对钢板材质、规格，根据材质要求选用匹配的焊材。钢板上胎架前先检查胎架的平整度、清理胎架表面异物、将焊瘤打磨平整、将胎架周边环境整理干净以排除安全隐患。

4）管板对接前先打磨清理坡口面及周边 50 mm 范围内母材表面的浮锈、油污、水分等，打磨至呈现金属光泽。实施对接时应注意的事项：对接口位置不允许错边，误差控制在 ±1 mm、对接缝间隙一般为 2 mm；直线度调整应采用拉直线为基准，误差控制在 ±1mm，也可用测量对角线的办法控制直线度。

5）检查设备的性能是否完好，接地是否畅通；根据焊缝的中心划出轨道控制线，设备架好后用焊丝或指针对焊缝进行行走距离调试。调试合格后在引弧板上试焊，调节好电流、电压、行走速度，合格后才能进行焊接。

二、常用指令简介

1. 常用运动指令

常用的运动指令有 MoveL、MoveC、MoveJ、MoveAbsJ。其中，MoveAbsJ 为绝对位置指令，用于将机械臂和外轴移动至轴位置中指定的绝对位置。

2. 常用逻辑指令

1）IF（如果满足条件，那么……；否则……）。根据是否满足条件，执行不同的指令时，使用 IF。

2）FOR（重复给定的次数）。当一个或多个指令重复多次时，使用 FOR。

3）num［数值（：=）］，如计数器。

4）TEST－（根据表达式的值……）。根据表达式或数据的值，当有待执行不同的指令时，使用 TEST。如果并没有太多的替代选择，则亦可使用 IF…ELSE 指令。

5）WaitTime（等待给定的时间）。该指令亦可用于等待，直至机械臂和外轴静止。

3. 常用焊接指令

1）ArcLStart：开始焊接，用于直线焊接的开始。

2）ArcLEnd：结束焊接，用于直线焊接的结束。

3）ArcL：焊接中间点，用于直线焊接的过程。

4）ArcCStar：开始焊接指令，用于圆弧焊接的开始。

5）ArcCEnd：结束焊接，用于圆弧焊接的结束。

6）ArcC：焊接中间点，用于圆弧焊接过程。

焊接指令参数使用示例如下。

```
ArcLSart p1,v500,seam1,weld1,fine,too10;
ArcL p2,v500,seam1,weld1,fine,too10;
ArcLEnd p3,v500,seam1,weld1,fine,too10;
```

其中，v500是机器人运动速度；seam1是清枪时间、提前送气时间和滞后关气时间等参数；weld1是焊接速度、电流和电压（弧正修长）等参数，默认情况下机器人自动运行时，焊接的速度依据weld1指定的速度运行。执行以上程序后，机器人从p1开始焊接到p3结束，焊接经过p2位置。

三、焊接指令中的焊接参数设置

1. seam1

seam1用于设置清枪时间、提前送气时间和滞后关气时间等参数，如图4－1－2所示。

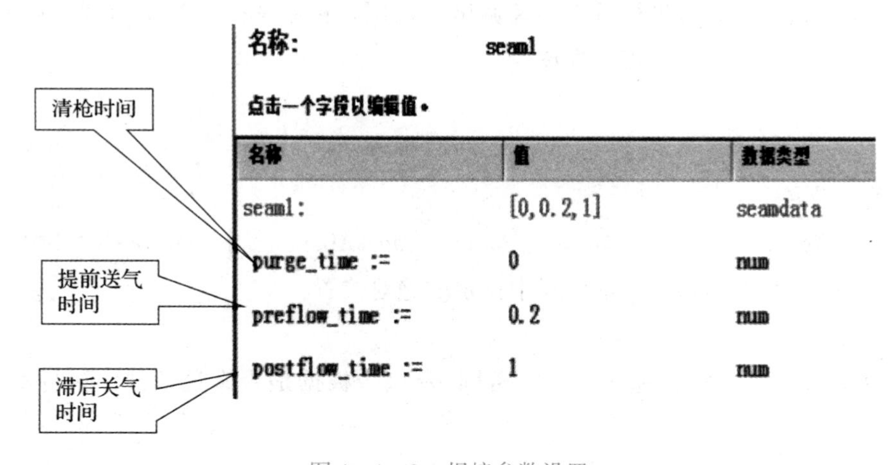

图4－1－2　焊接参数设置1

2. weld1

weld1用于设置焊接速度、电流和电压等参数，如图4－1－3所示。

四、焊机机箱操作

1. 焊机选择

本次焊接工作站采用奥太焊机MIG－350PR，如图4－1－4所示。

名称: weld1

点击一个字段以编辑值。

名称	值	数据类型	单元
weld1:	[10, 0, [0, 110], [0, ...	welddata	
weld_speed :=	10	num	mm/s
org_weld_speed :=	0	num	mm/s
main_arc:	[0, 110]	arcdata	
voltage :=	0	num	
current :=	110	num	
org_arc:	[0, 110]	arcdata	
voltage :=	0	num	
current :=	110	num	

图 4－1－3　焊接参数设置 2

2. 焊机的控制面板按键与指示灯

在设置焊机操作前，首先要了解其控制面板按键与指示灯。焊机的控制面板用于焊机的功能选择和部分参数设置。控制面板包括数字显示窗口、调节旋钮、按键、各种指示灯等，具体已在模块 2 中介绍。

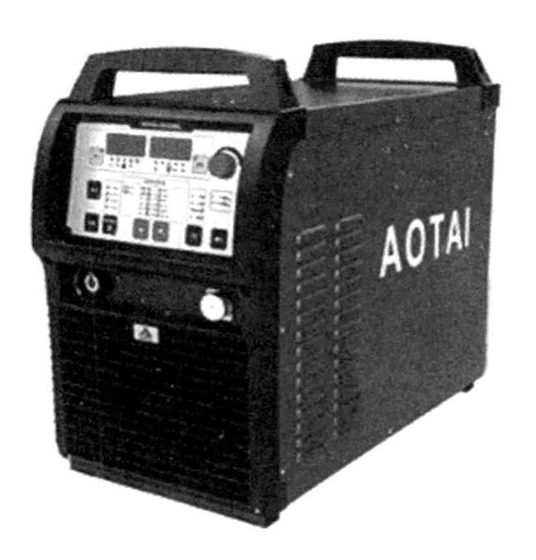

图 4－1－4　奥太焊机

依次选择焊接模式、操作方式、焊丝材料、焊丝直径的操作流程如下。

1）焊接模式选择（按焊接模式选择键进行选择，与之相对应的指示灯亮）。这里选择 MIG 一元化直流焊接。

2）操作方式选择（按焊枪操作方式键进行选择，与之相对应的指示灯亮）。这里选择两步操作方式。两步操作方式时序图如图 4－1－5 所示。

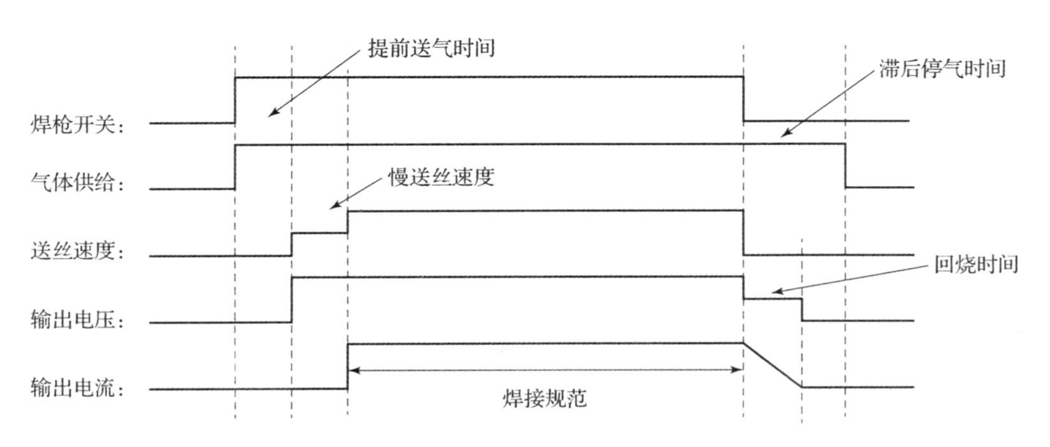

图 4－1－5　两步操作方式时序图

3）焊丝材料选择（按焊丝材料选择键进行选择，与之相对应的指示灯亮）。这里选择第一种二氧化碳 100% –碳钢。

4）焊丝直径选择（按焊丝直径选择键进行选择，与之相对应的指示灯亮），有 ϕ0.8、ϕ1.0、ϕ1.2、ϕ1.6 几种选项，这里选择 ϕ1.2。

5）其他参数的调整。例如，板厚、焊接速度、焊接电流、焊接电压、电弧力/电弧挺度等。如果焊机电压和电流由机器人给定，则无须设置焊接电流和焊接电压（隐含参数 P09 必须设置为 OFF）。

注意：完成以上选择后，根据实际焊接弧长微调电压旋钮，使电弧处在脉冲声音中稍微夹杂短路的声音，可达到良好的焊接效果。

6）隐含参数项调节。

参数 P01 和 P09 一般情况下需要修改，这里只说明参数 P01 和 P09。

①P01（回烧时间）。回烧时间过长会造成焊接完成时焊丝回烧过多，焊丝端头熔球过大；时间过短会造成焊接完成时焊丝与工件粘连。

②P09（近控有无）。选择 OFF 时，正常焊接规范由送丝机调节旋钮确定（即焊接电流和焊接电压由机器人给定）；选择 ON 时，正常焊接规范由显示板调节旋钮确定。

为了修改参数 P01 和 P09，必须把隐含参数调出来，可按如下步骤调用和修改隐含参数：

- 同时按下存储键和焊丝直径选择键并松开，隐含参数菜单指示灯亮表示已进入隐含参数菜单调节模式；
- 用焊丝直径选择键选择要修改的项目；
- 用调节旋钮调节要修改的参数值；
- 修改完成，再次按下存储键退出隐含参数菜单调节模式，隐含参数菜单指示灯灭。

焊机的参数设置参考表如表 4 –1 –1 所示。

表 4 –1 –1　焊机的参数设置参考表

内容	设置值	说明
焊丝直径/mm	1.2	
焊丝材料和保护气体	二氧化碳 100%	
	碳钢	
操作方式	两步	
	恒压（一元化直流焊接）	
参数键 F1 选择如下参数		
板厚/mm	2	
焊接电流/A	110	

续表

内容	设置值	说明
送丝速度/($mm \cdot s^{-1}$)	2.5	
电弧力/电弧挺度	5	- =电弧硬而稳定；0 =中等电弧；+ =电弧柔和，飞溅小
参数键 F2 选择如下参数		
弧长修正	0.5	- =弧长变短；0 =标准弧长；+ =弧长变长
焊接电压/V	20.5	
焊接速度/($cm \cdot min^{-1}$)	60	
作业号	1	
隐含参数设置		

项目	用途	设置范围	最小单位	出厂设置	实际设置	说明
P01	回烧时间	0.01~2.00 s	0.01 s	0.08	0.05	如果焊接电压和电流机器人给定，则设置为0.3
P09	近控有无	OFF/ON		OFF	ON	OFF =正常焊接规范由送丝机调节旋钮确定；ON =焊接规范由显示板调节旋钮确定
P10	水冷选择	OFF/ON		ON	OFF	选择 OFF 时，无水冷机或水冷机不工作，无水冷保护；选择 ON 时，水冷机工作，水冷机工作不正常时有水冷保护

【任务实施】

板对接平焊实例

1. 材料准备

步骤一：焊接材料准备。准备两块尺寸为 120 mm×60 mm×3 mm 的碳钢，清理碳钢上的油污、锈迹，把需要焊接的材料边缘打磨光滑，材料表面肉眼观看有金属光泽即可。使用夹具将钢板固定在焊接台上，固定时两块钢板之间留有 0.5~1 mm 的缝隙，如图 4-1-6 所示。

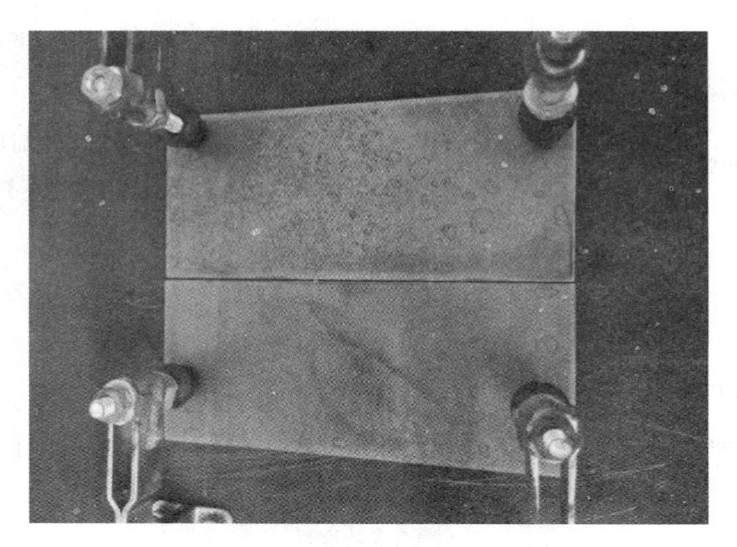

图 4－1－6　将钢板固定在焊接台上

2. 焊接程序的编写

本次焊接焊缝为一条直线，利用机器人示教器手动操纵机器人编写焊接程序。根据图 4－1－7 所示的焊接轨迹规划，写出机器人焊接程序。

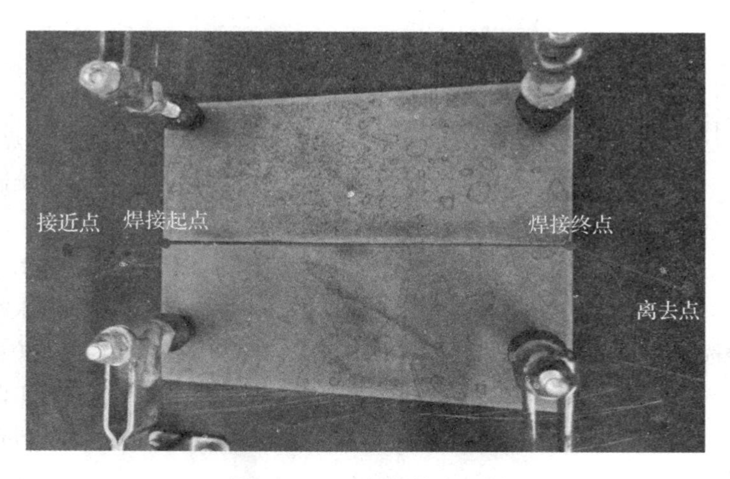

图 4－1－7　焊接轨迹规划

步骤一：打开机器人示教器，创建机器人程序。打开示教器主菜单，选择“程序编辑器”，如图 4－1－8 所示。

步骤二：在程序编辑器界面，选择“文件”→“新建程序”，如图 4－1－9 所示。

步骤三：弹出“新程序”提示对话框，单击“不保存”，如图 4－1－10 所示。

程序新建完成，如图 4－1－11 所示。

图4-1-8 选择“程序编辑器”

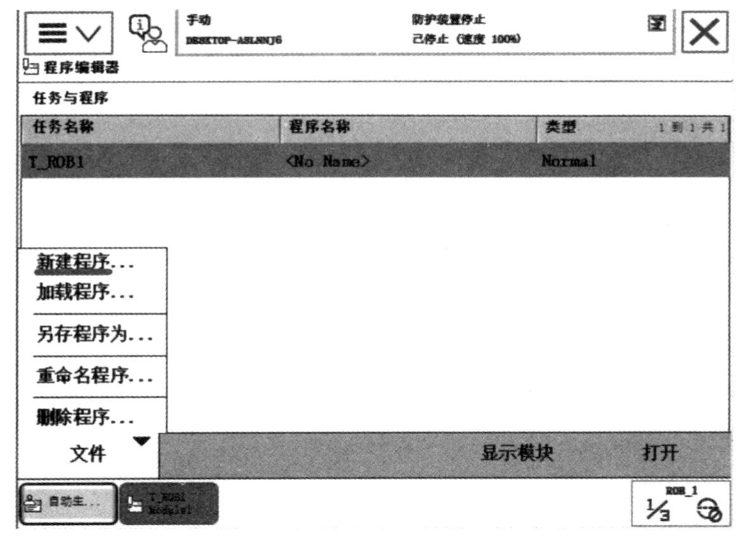

图4-1-9 选择“新建程序”

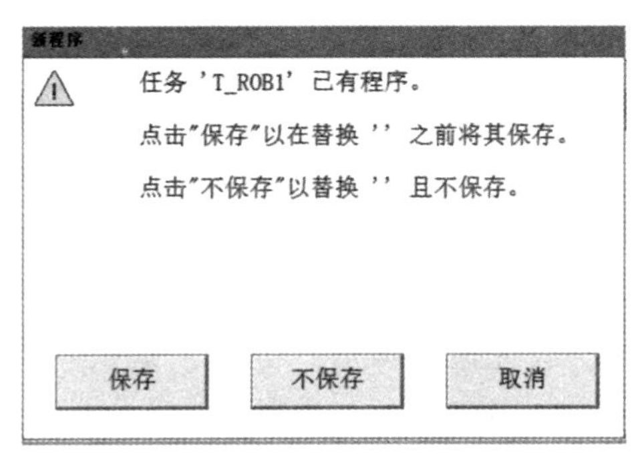

图4-1-10 单击“不保存”

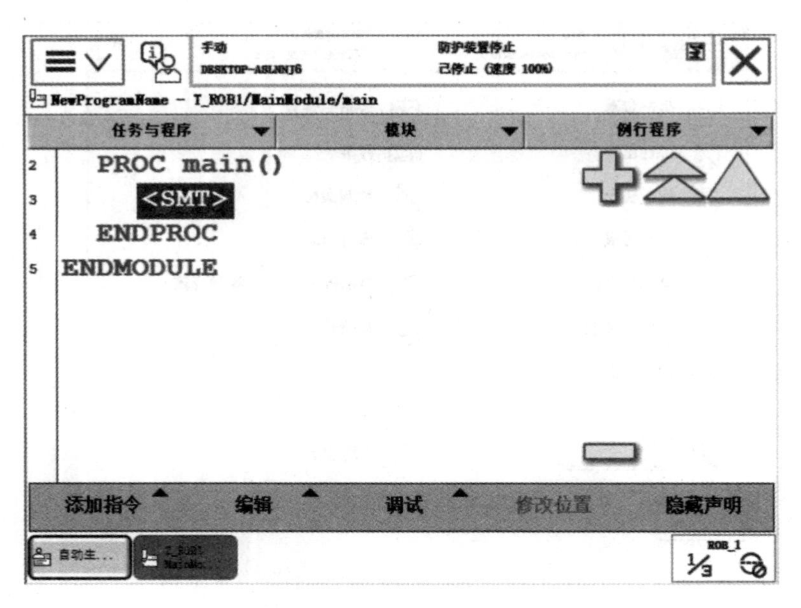

图 4-1-11　程序新建完成

步骤四：编写程序，添加运动指令。程序开始需要添加机器人工作原点，再添加接近点 p10、焊接开始点 p20；机器人在 p20 开始焊接，所以在 p20 后要添加焊接起弧指令；起弧指令后添加焊接结束点 p30，机器人在 p30 结束焊接，所以在 p30 之后添加焊接结束指令；焊接结束后机器人离开工件，添加离去点 p40。具体程序如下。

```
PROC main()
        MoveAbsJ jpos10 \NoEOffs,v1000,z50,tool0;工作原点
        MoveL p10,v1000,fine,tool0;接近点
        MoveL p20,v1000,fine,tool0;焊接开始点
        ArcLStart p20,v1000,seam1,weld1,fine,tool0;焊接起弧
        ArcLEnd p30,v1000,seam1,weld1,fine,tool0;焊接结束点
        MoveL p40,v1000,fine,tool0;离去点
ENDPROC
```

3. 焊接参数的设置

步骤一：焊接指令中有两个焊接参数 seam1 和 weld1，我们需要对这两个焊接参数做出调整。首先选中 seam1，选择“调试”→“查看值”，进入参数设置界面并修改参数，如图 4-1-12 和图 4-1-13 所示。

步骤二：weld1 参数设置。首先选中 weld1，选择“调试”→“查看值”，进入参数设置界面并修改参数，如图 4-1-14～图 4-1-16 所示。

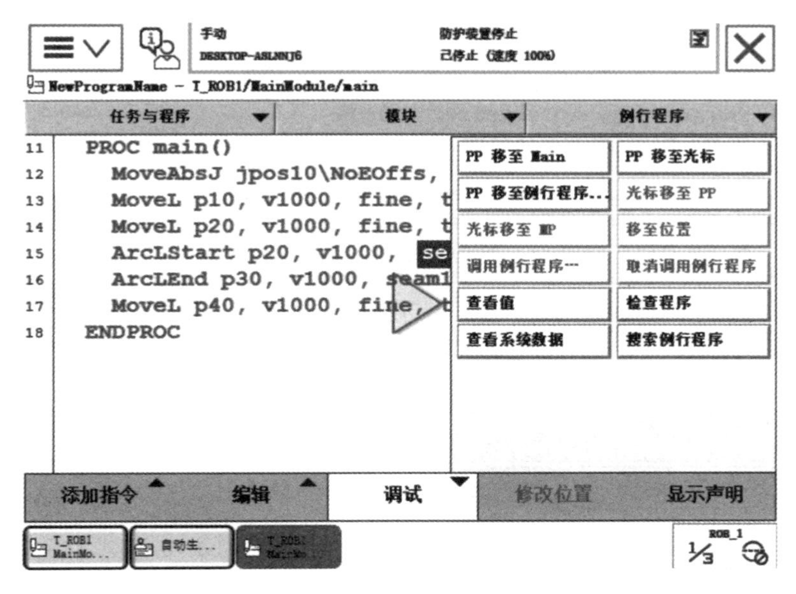

图 4-1-12 选中 seam1 参数

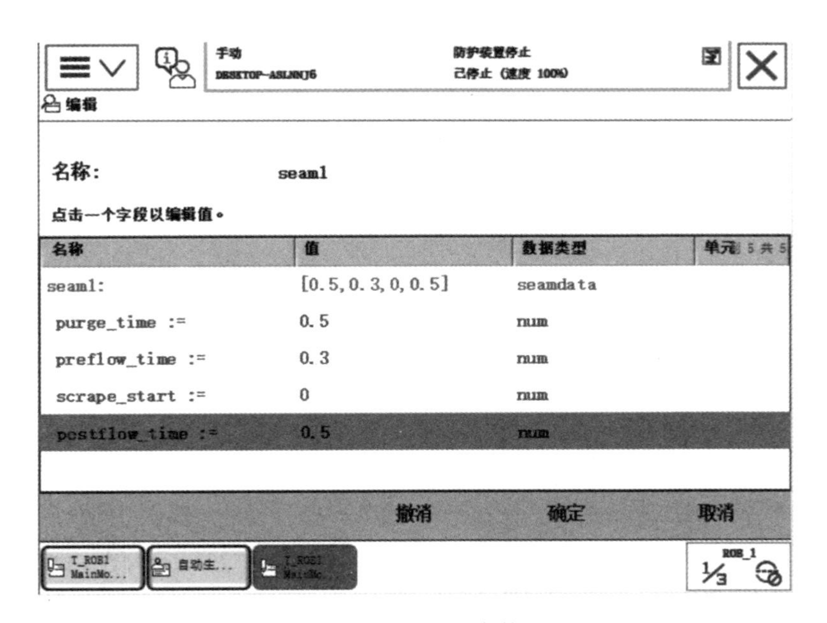

图 4-1-13 seam1 参数设置

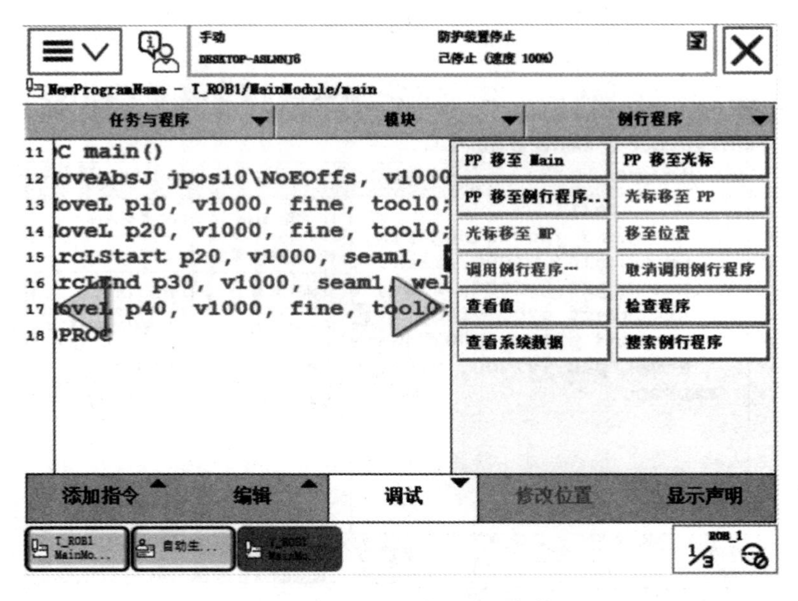

图 4－1－14　选中 weld1 参数

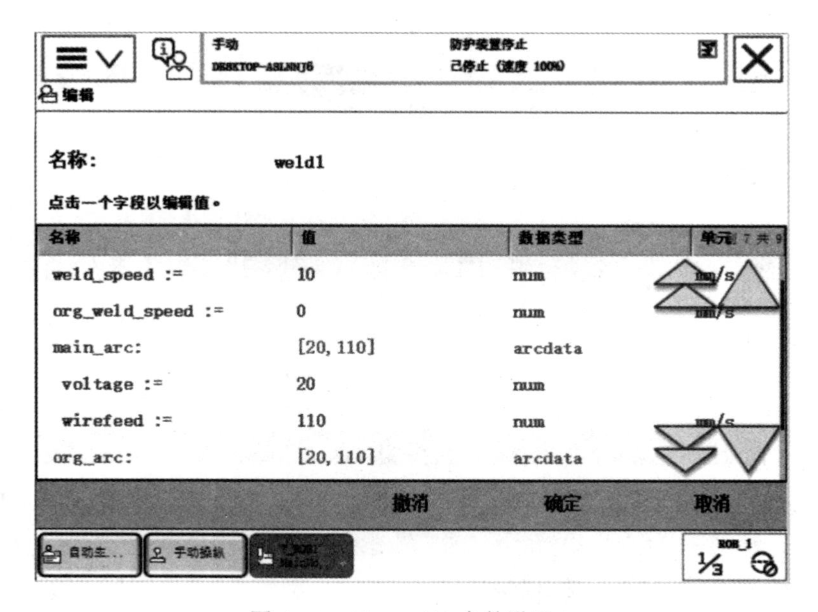

图 4－1－15　weld1 参数设置 1

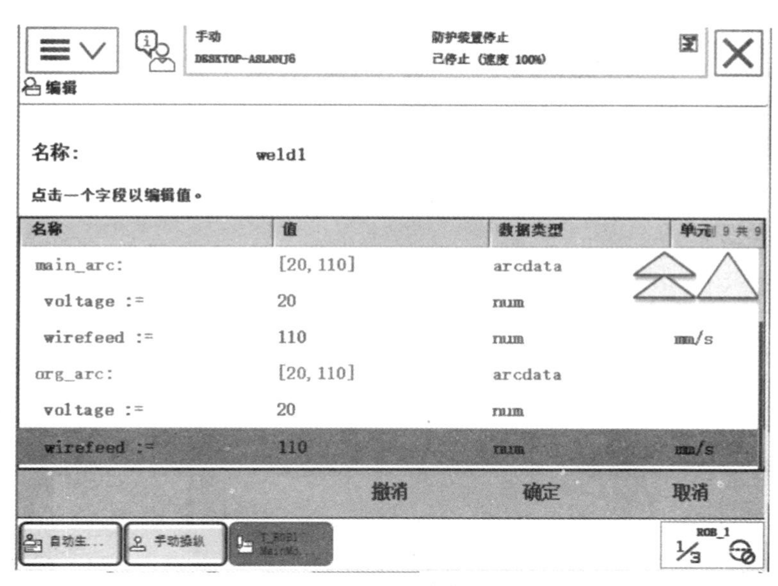

图4-16 weld1 参数设置2

4. 程序的试运行

步骤一：程序编辑好后，需要对程序试运行，以检查程序是否出现错误，试运行焊接程序最好在焊接关闭的情况下进行，或者关闭机器人的焊接选项。打开 ABB 主菜单，选择“生产屏幕”（见图4-1-17），在生产屏幕界面选择“Arc”。

图4-1-17 选择“生产屏幕”

步骤二：在 RobotWare Arc 界面单击“锁定”，如图4-1-18 所示。

步骤三：在程序锁定界面依次把“焊接启动”“摆动启动”“跟踪启动”锁定，如图4-1-19 所示。

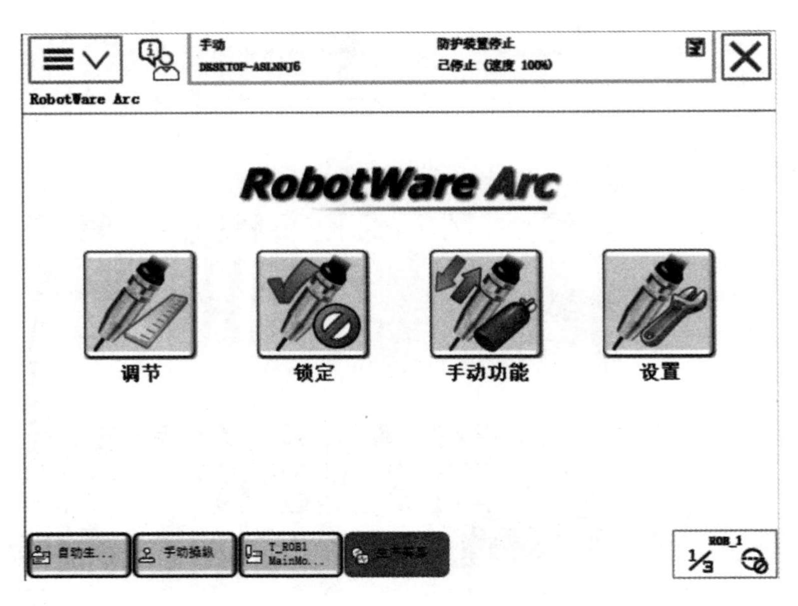

图 4－1－18　RobotWare Arc 界面

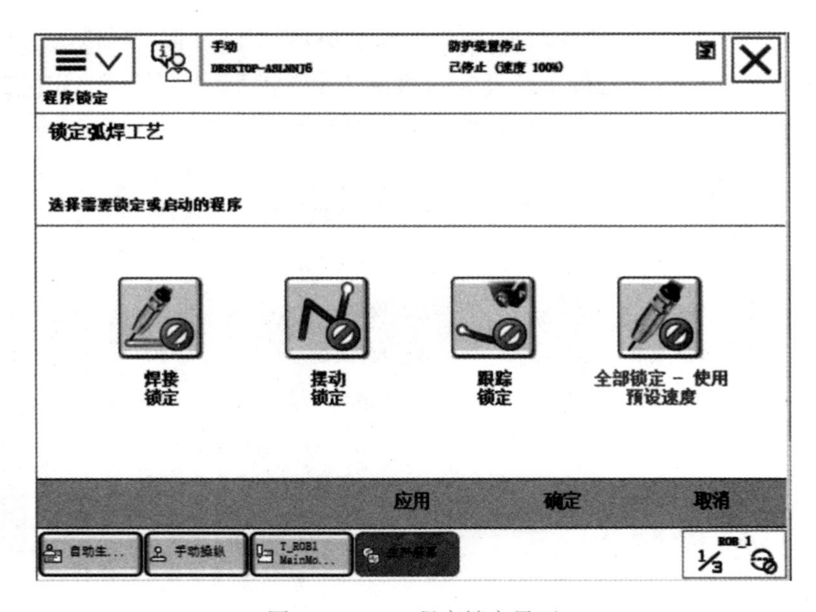

图 4－1－19　程序锁定界面

步骤四：全部锁定之后，试运行程序，程序没有错误后，再打开生产屏幕，解除焊接锁定。

5. 焊机参数设置

步骤一：本次焊接采用焊机本地控制焊接参数，同时按下焊机存储键和焊丝直径选择键，调出焊机隐含参数，按下焊机上下键选择 P09 参数，把 P09 设置为 ON，按存储键退出，如图 4－1－20 所示。

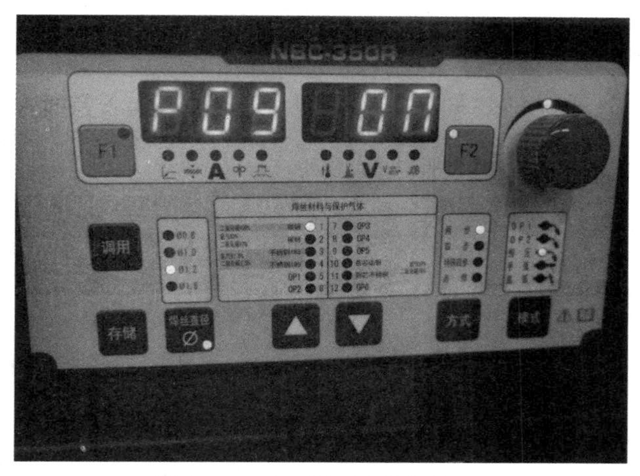

图 4-1-20 把 P09 设置为 ON

步骤二：调节焊接电流电压。按下焊机面板上的 F1 键，把红色指示灯调节到电流（A），旋转调节旋钮，把电流调节到 110 A。然后按下 F2 键，把指示灯调节到电压（V），旋转调节旋钮，把电压调节到 20 V。焊丝直径选择 $\phi 1.2$。焊丝材料与保护气体调节为二氧化碳 100% - 碳钢。方式选择两步，模式选择恒压。焊接操作面板参数调节效果如图 4-1-21 所示。

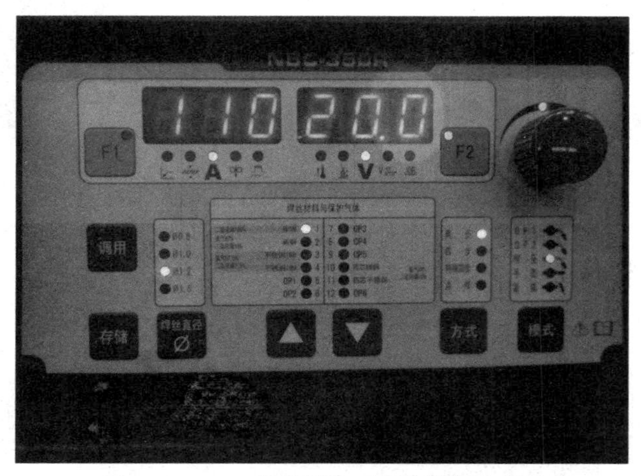

图 4-1-21 焊接操作面板参数调节效果

6. 保护气体流量调节

步骤：打开手动开关阀，旋转流量调节旋钮调节气体流量，流量调节为 15 L/min，如图 4-1-22 所示。

7. 机器人焊接程序执行

步骤：焊机参数调节及气体流量调节完成后，就可以实施焊接工作。打开机器人焊接程序，把光标移至程序首行，按住示教器使能按钮，按下程序运行键，程序连续执行，如图 4-1-23 所示。执行焊接程序时，人员要佩戴焊接防护面罩才能观看焊接过程。焊接完成后要等待焊接工件冷却后再取下观察，以免烫伤。焊接成品如图 4-1-24 所示。

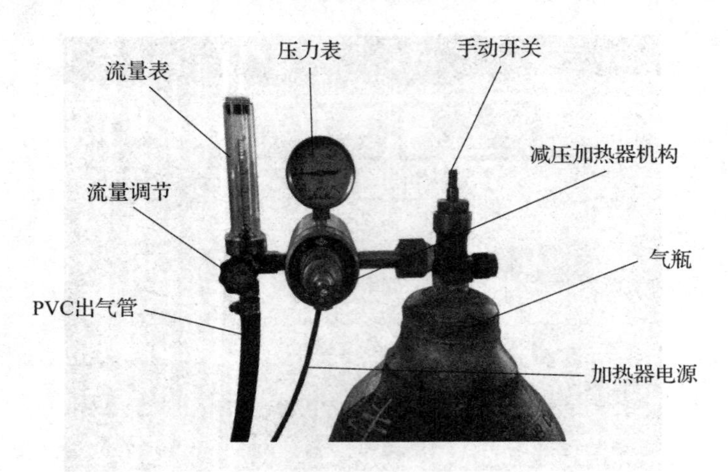

图 4-1-22　保护气体流量调节

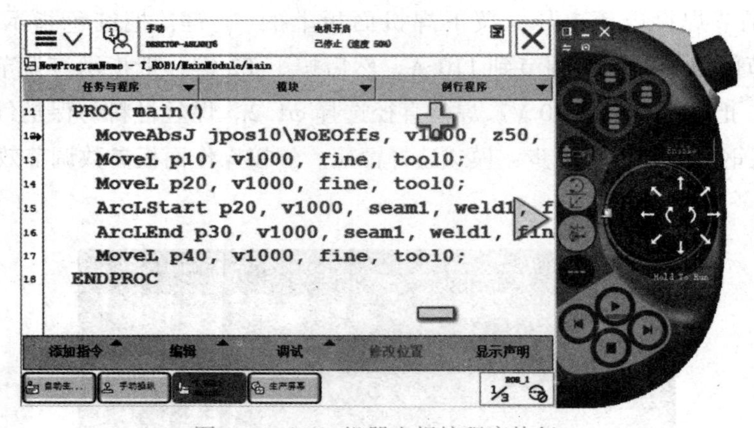

图 4-1-23　机器人焊接程序执行

注意：在执行焊接程序时，要选择连续执行程序，单步运行程序，机器人不执行焊接工作。

图 4-1-24　焊接成品

【任务评价】

板对接平焊评价表如表4－1－2所示。

表4－1－2 板对接平焊评价表

任务评价	专业知识评价（80分）												过程评价（10分）			素养评价（10分）		
	焊接程序编写（20分）			焊接参数设置（20分）			焊机参数设置（20分）			材料焊接（20分）			穿戴工装、整洁（2分）；具有安全意识、责任意识、服从意识（2分）；与教师、其他成员之间有礼貌地交流、互动（3分）；能积极主动参与、实施检测任务（3分）			能做到安全生产、文明操作、保护环境、爱护公共设施设备（5分）；工作态度端正，无无故缺勤、迟到、早退现象（5分）		
学习评价	自我评价（5分）	学生互评（5分）	教师评价（10分）	自我评价（5分）	学生互评（5分）	教师评价（10分）	自我评价（5分）	学生互评（5分）	教师评价（10分）	自我评价（5分）	学生互评（5分）	教师评价（10分）	自我评价（3分）	学生互评（3分）	教师评价（4分）	自我评价（3分）	学生互评（3分）	教师评价（4分）
评价得分																		
得分汇总																		

续表

学习评价	自我评价（5分）	学生互评（5分）	教师评价（10分）	自我评价（5分）	学生互评（5分）	教师评价（10分）	自我评价（5分）	学生互评（5分）	教师评价（10分）	自我评价（5分）	学生互评（5分）	教师评价（10分）	自我评价（3分）	学生互评（3分）	教师评价（4分）	自我评价（3分）	学生互评（3分）	教师评价（4分）
学生小结																		
教师点评																		

【任务小结】

本任务介绍了板对接平焊的相关知识与操作步骤，通过学习可以提升学生焊接机器人的操作水平。

【任务拓展】

利用直线焊接知识点，自行编写钢板直线焊接程序，完成两块钢板焊接。

任务单元2　板T形接头平角焊

【任务描述】

T形接头是一焊件端面与另一焊件表面构成直角或近似直角的接头。这是一种用途仅次于对接接头的接头形式，根据垂直板厚度的不同，T形接头的垂直板可开成I形坡口、单边V形坡口、T形坡口等多种坡口形式。板T形接头平角焊接示意图如图4-2-1所示。

图4-2-1　板T形接头平角焊接示意图

本任务需要使用机器人焊接系统，通过对机器人进行手动操纵编程完成两块 120 mm × 60 mm × 3 mm 碳钢材料板 T 形接头平角焊焊接。

【任务目标】

知识目标

1. 能用基本指令编写板 T 形接头平角焊程序。
2. 能总结板 T 形接头平角焊参数和焊机参数的设置步骤和方法。
3. 能根据生产要求选用合适的焊接工艺。

技能目标

1. 能独立编写和运行板 T 形接头平角焊焊接程序。
2. 能独立操作机器人完成板 T 形接头平角焊操作。
3. 能规范处理焊接过程中的各种故障。

素养目标

1. 形成恪守工作规范、严谨安全的工作习惯。
2. 养成吃苦耐劳、坚持不懈、一丝不苟的工作态度。
3. 养成勤于思考、勇于实践、敢于创新的科学精神。

【任务分析】

板 T 形接头平角焊的工作流程如下。

1）处理焊接材料表面和切口。

2）规划焊接轨迹，编写焊接程序。

3）调整焊接参数。

4）调节焊机参数，调整送丝机送丝盘松紧度。

5）调节二氧化碳、保护气体流量。

6）实施焊接材料焊接任务。

【知识准备】

本焊接任务用到的知识与“任务单元 1　板对接平焊”相同，这里不予赘述。

【任务实施】

板 T 形接头平角焊实例

1. 材料准备

步骤：焊接材料准备。准备两块尺寸为 120 mm × 60 mm × 3 mm 的碳钢，清理碳钢上的油污、锈迹，把需要焊接的材料边缘打磨光滑，材料表面肉眼观看有金属光泽即可。使用夹具将钢板固定在焊接台上，两块钢板形成 90°夹角，如图 4 - 2 - 2 所示。

图 4-2-2　将钢板固定在焊接台上

2. 焊接程序的编写

本次焊接焊缝为一条直线，利用机器人示教器手动操纵机器人编写焊接程序。根据如图 4-2-3 所示的焊接轨迹规划，写出机器人焊接程序。

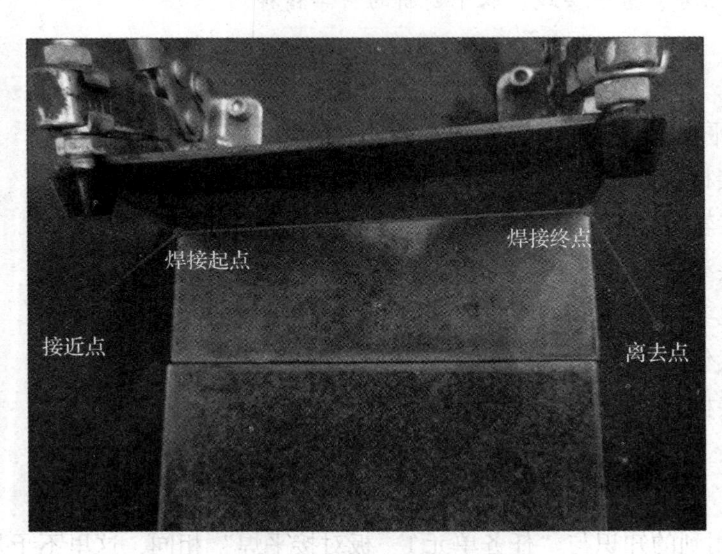

图 4-2-3　焊接轨迹规划

步骤一：打开机器人示教器，创建机器人程序。单击示教器主菜单，选择“程序编辑器”，如图 4-2-4 所示。

步骤二：进入程序编辑器界面，选择“文件”→“新建程序”，如图 4-2-5 所示。

步骤三：弹出“新程序”提示对话框，单击“不保存”，如图 4-2-6 所示。

程序新建完成，如图 4-2-7 所示。

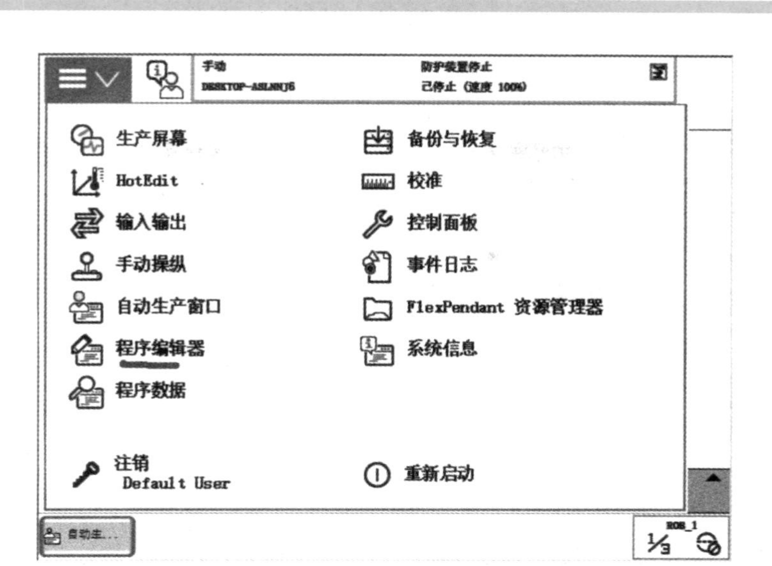

图4-2-4 选择“程序编辑器”

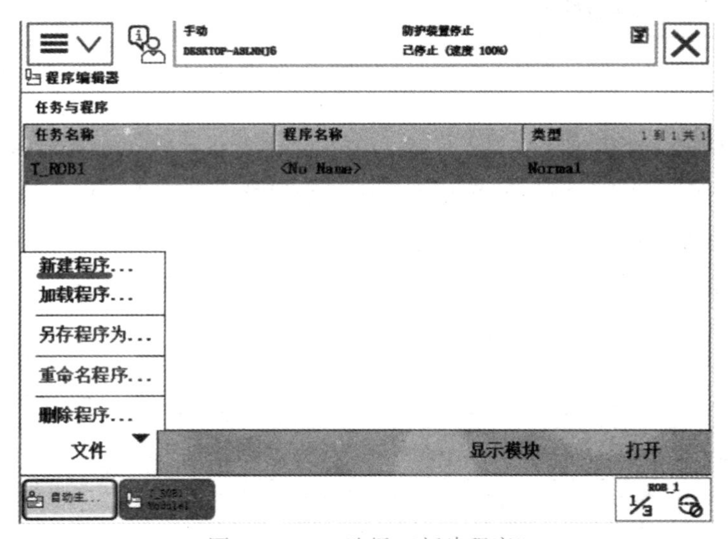

图4-2-5 选择“新建程序”

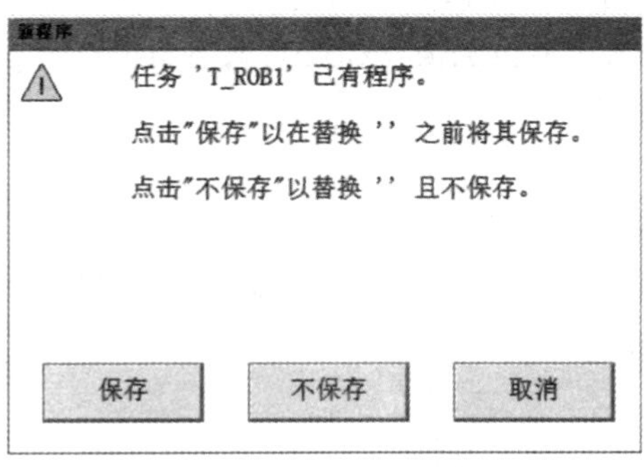

图4-2-6 单击“不保存”

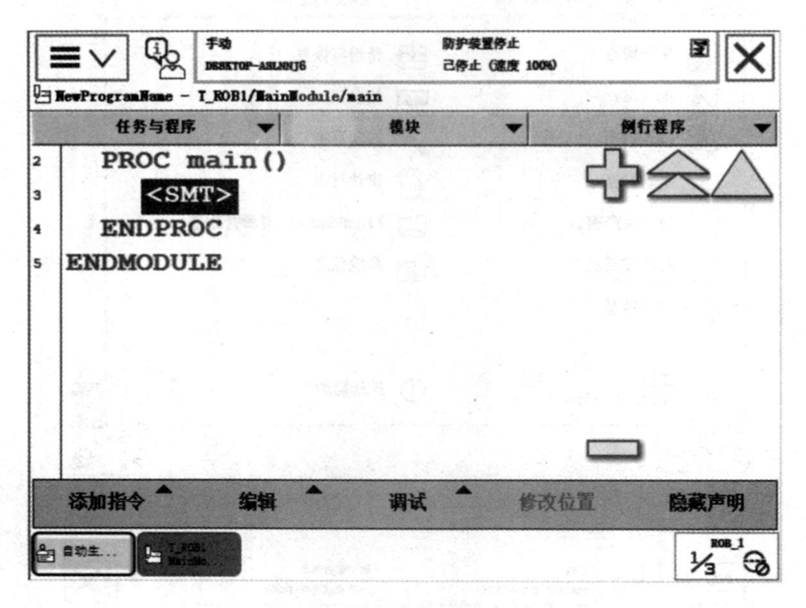

图 4-2-7 程序新建完成

步骤四：编写程序，添加运动指令。程序开始需要添加机器人工作原点，然后添加接近点 p10，再添加开始焊接点 p20；机器人在 p20 开始焊接，所以在 p20 后要添加焊接起弧指令；起弧指令后添加焊接结束点 p30，机器人在 p30 结束焊接，所以在 p30 之后添加焊接结束指令；焊接结束后机器人离开工件，添加离去点 p40。具体程序如下。

```
PROC main()
        MoveAbsJ jpos10 \NoEOffs,v1000,z50,tool0;工作原点
        MoveL p10,v1000,fine,tool0;接近点
        MoveL p20,v1000,fine,tool0;焊接开始点
        ArcLStart p20,v1000,seam1,weld1,fine,tool0;开始点起弧
        ArcLEnd p30,v1000,seam1,weld1,fine,tool0;焊接结束点
        MoveL p40,v1000,fine,tool0;离去点
ENDPROC 程序结束
ENDMODULE
```

注意：本次焊接采用的是角焊，所以程序开始点要把焊枪的角度调节到焊丝与板材为 45°夹角，如图 4-2-8 所示。

3. 焊接参数的设置

步骤一：焊接指令中有两个焊接参数 seam1 和 weld1，需要对这两个焊接参数做出调整，首先选中 seam1，单击“调试”→“查看值”，如图 4-2-9 所示。

图 4-2-8 焊枪角度调节

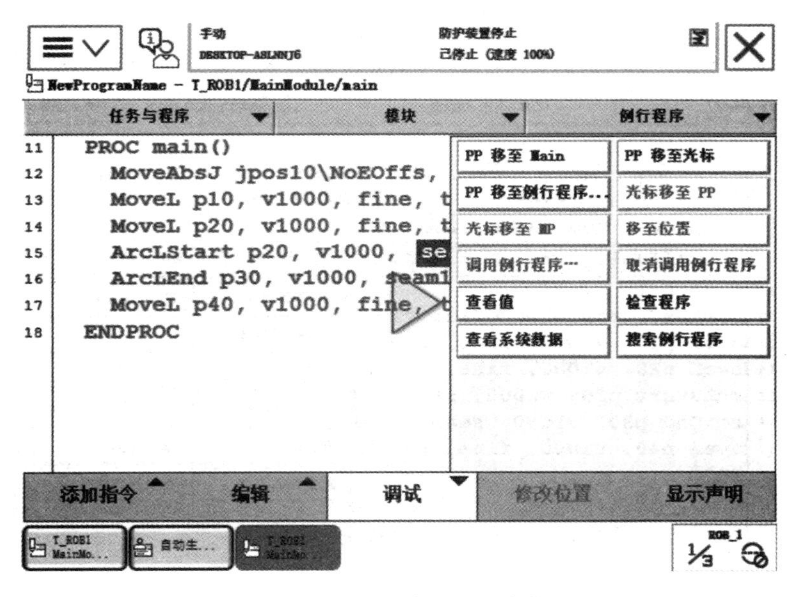

图 4-2-9 选中 seam1 参数

步骤二：进入参数设置界面，对参数进行设置，如图 4-2-10 所示。

步骤三：weld1 参数设置。首先选中 weld1，单击“调试”→“查看值”，进入参数设置界面，如图 4-2-11 所示。

步骤四：更改参数，如图 4-2-12 和图 4-2-13 所示。

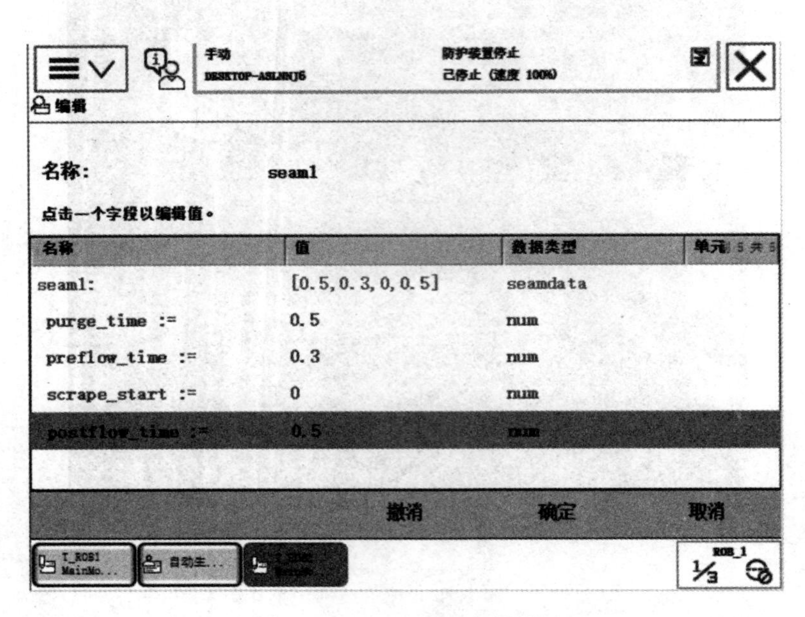

图 4－2－10　seam1 参数设置

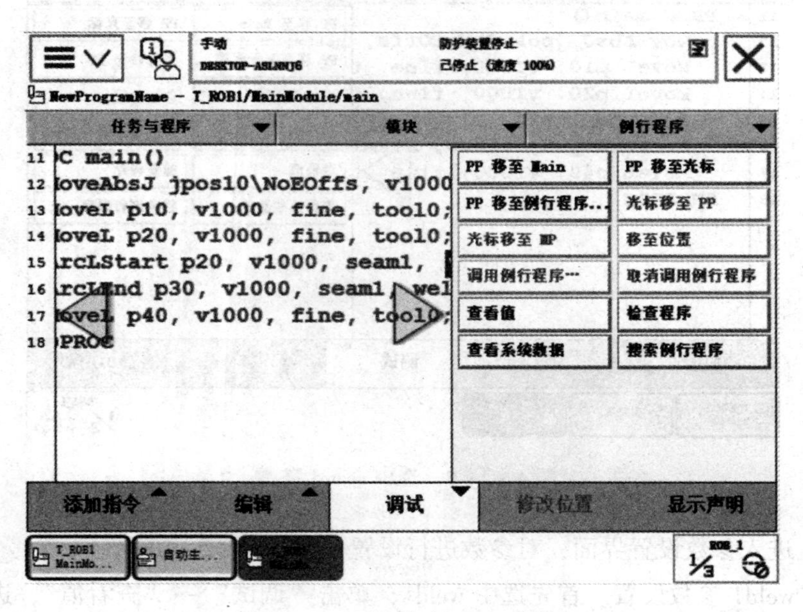

图 4－2－11　选中 weld1 参数

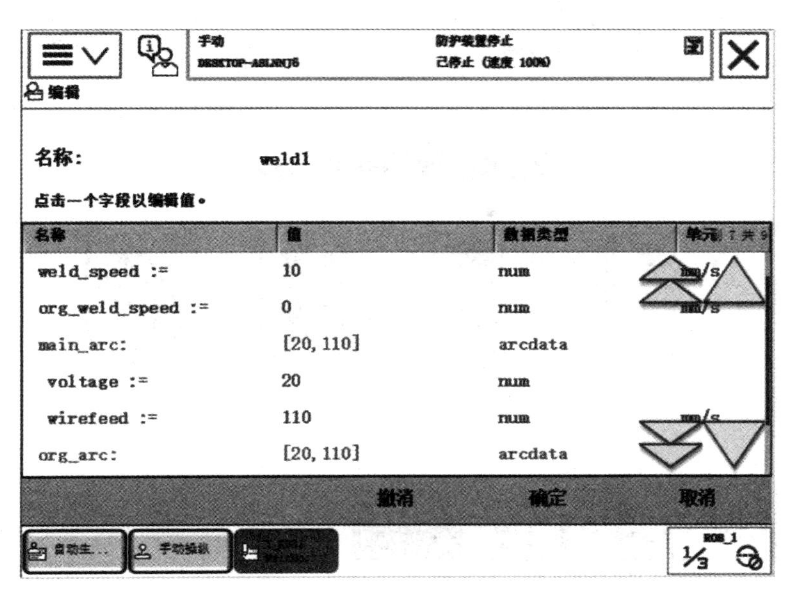

图 4-2-12 weld1 参数设置 1

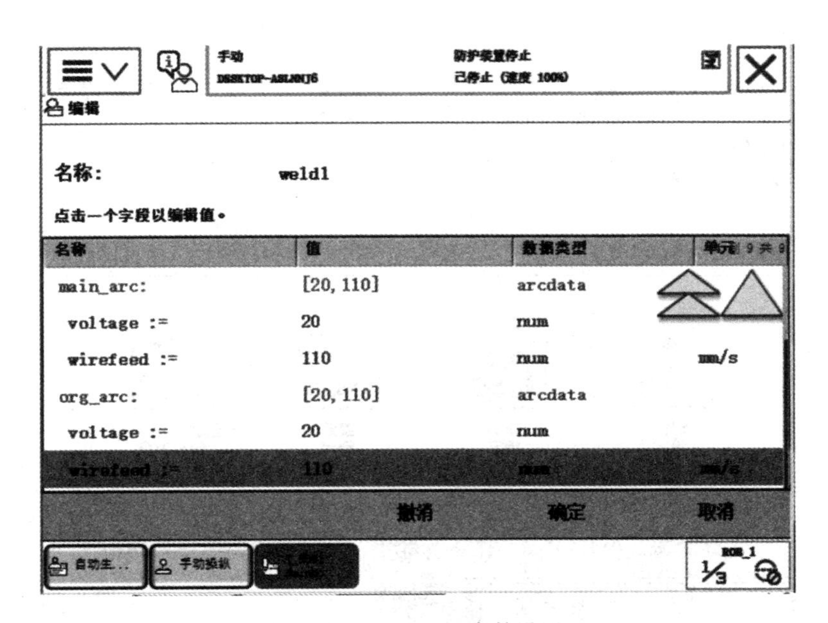

图 4-2-13 weld1 参数设置 2

4. 程序的试运行

步骤一：程序编辑好后，需要对程序试运行，以检查程序是否出现错误，试运行焊接程序最好在焊接关闭的情况下进行，或者关闭机器人的焊接选项。打开主菜单中的生产屏幕界面，单击“Arc”。

步骤二：进入 RobotWare Arc 界面，单击“锁定”，如图 4-2-14 所示。

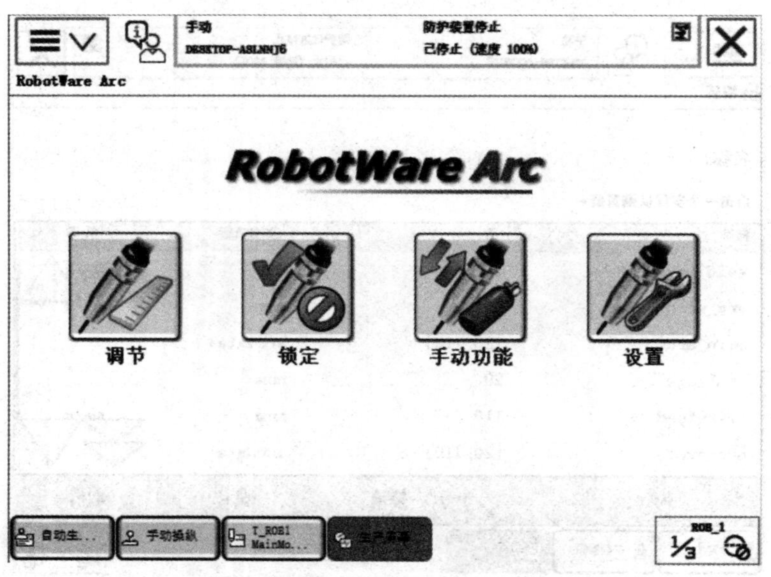

图 4-2-14 RobotWare Arc 界面

步骤三：在程序锁定界面依次把“焊接启动”“摆动启动”“跟踪启动”锁定，如图 4-2-15 所示。

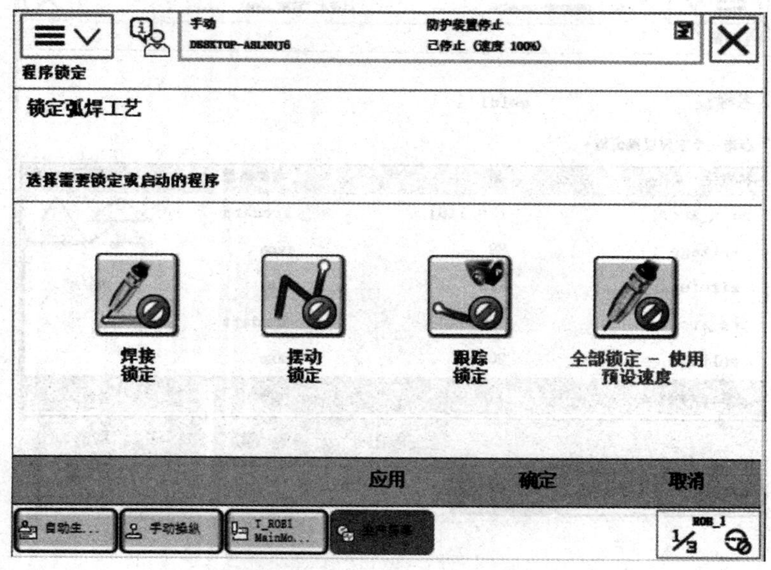

图 4-2-15 程序锁定界面

步骤四：全部锁定之后，试运行程序，程序没有错误后，再打开生产屏幕，解除焊接锁定。

5. 焊机参数设置

焊机参数设置与本模块任务单元 1 相同，这里不予赘述。

6. 保护气体流量调节

步骤：打开手动开关阀，旋转流量调节旋钮调节气体流量，流量调节为 15 L/min。

7. 机器人焊接程序运行

步骤：焊机参数调节及气体流量调节完成后，就可以实施焊接工作。打开机器人焊接程序，把光标移至程序首行，按住示教器使能按钮，按下程序运行键，程序连续执行。执行焊接程序时，人员要佩戴焊接防护面罩才能观看焊接过程。焊接完成后，要等待焊接工件冷却后再取下观察，以免烫伤。焊接成品如图 4－2－16 所示。

图 4－2－16 焊接成品

【任务评价】

板 T 形接头平角焊评价表如表 4－2－1 所示。

表 4－2－1 板 T 形接头平角焊评价表

任务评价	专业知识评价（80 分）				过程评价（10 分）	素养评价（10 分）
	焊接程序编写（20 分）	焊接参数设置（20 分）	焊机参数设置（20 分）	材料焊接（20 分）	穿戴工装、整洁（2 分）； 具有安全意识、责任意识、服从意识（2 分）； 与教师、其他成员之间有礼貌地交流、互动（3 分）； 能积极主动参与、实施检测任务（3 分）	能做到安全生产、文明操作、保护环境、爱护公共设施设备（5 分）； 工作态度端正，无无故缺勤、迟到、早退现象（5 分）

续表

学习评价	自我评价（5分）	学生互评（5分）	教师评价（10分）	自我评价（5分）	学生互评（5分）	教师评价（10分）	自我评价（5分）	学生互评（5分）	教师评价（10分）	自我评价（5分）	学生互评（5分）	教师评价（10分）	自我评价（3分）	学生互评（3分）	教师评价（4分）	自我评价（3分）	学生互评（3分）	教师评价（4分）
评价得分																		
得分汇总																		
学生小结																		
教师点评																		

【任务小结】

本任务介绍了板T形接头平角焊的相关知识与操作步骤，通过学习可以提升学生焊接机器人的操作水平。

【任务拓展】

利用T形角焊焊接知识点，自行编写钢板角焊焊接程序，完成两块钢板焊接。

任务单元3　管板垂直固定俯位焊

【任务描述】

管板垂直固定俯位焊是T形角焊的一种，是把管垂直固定在平板上进行角焊，使管固定与平板上的焊接方式。

本任务需要使用机器人焊接系统，通过对机器人进行手动操纵编程完成 ϕ60 mm × 50 mm × 3 mm 管和 200 mm × 100 mm × 3 mm 碳钢板材料垂直固定俯位焊，如图 4-3-1 所示。

图 4-3-1 管板垂直固定俯位焊

【任务目标】

知识目标

1. 了解机器人焊接工作站的组成。
2. 了解机器人焊接指令。
3. 熟悉焊接参数设置方法。
4. 了解焊接工表面和切口的处理方法。
5. 了解不同焊接材料采用的不同焊接方法。
6. 思考机器人焊接调试过程中出现的问题和解决方法。

技能目标

1. 掌握机器人焊接程序的编写方法。
2. 掌握焊接参数的设置方法。
3. 掌握机器人程序参数的设置方法。
4. 掌握机器人焊接的操作方法。

素养目标

1. 培养学生自主学习的习惯。
2. 养成遵守机器人焊接安全注意事项的习惯。

【任务分析】

管板垂直固定俯位焊的工作流程如下。

1）处理焊接材料表面和切口。

2）规划焊接轨迹，编写焊接程序。

3）调整焊接参数。

4）调节焊机参数，调整送丝机送丝盘松紧度。

5）调节二氧化碳、保护气体流量。

6）实施焊接材料焊接任务。

【任务准备】

本焊接任务用到的知识与“任务单元1　板对接平焊”相同，这里不予赘述。

【任务实施】

1. 材料准备

步骤：焊接材料准备。准备一块尺寸为200 mm×100 mm×3 mm 的碳钢，清理碳钢上的油污、锈迹，把需要焊接的材料表面打磨光滑，材料表面肉眼观看有金属光泽即可。准备一根ϕ60 mm×50 mm×3 mm 的管材，把管材表面打磨光滑，切面打磨平整。使用手工焊接在管材内侧与板材相接处点焊4 个点，使管材固定在板材上，方便工件夹持，如图4－3－2所示。

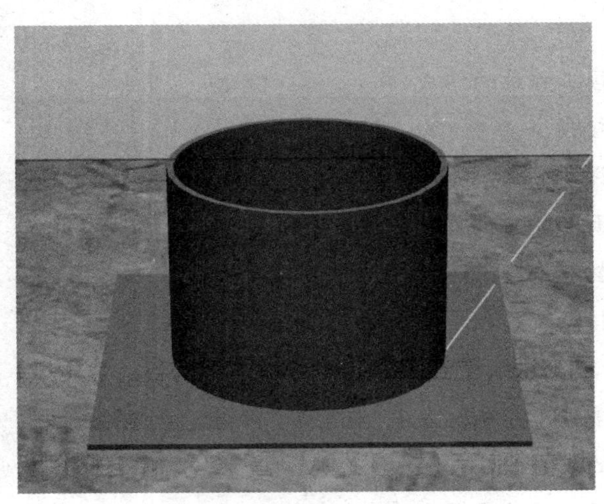

图4－3－2　管板焊接工件

2. 焊接程序的编写

本次焊接轨迹为整圆，利用示教器手动示教机器人焊接轨迹，编写焊接程序。焊接轨迹示意图如图4－3－3 所示。

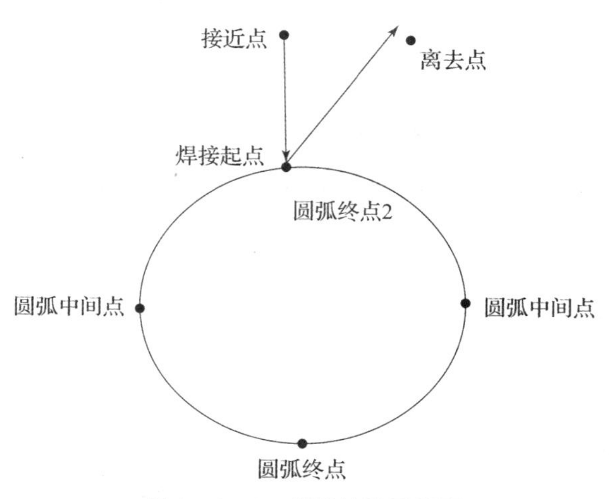

图 4－3－3 焊接轨迹示意图

步骤一：打开机器人示教器，创建机器人程序。单击示教器主菜单，选择“程序编辑器”，如图 4－3－4 所示。

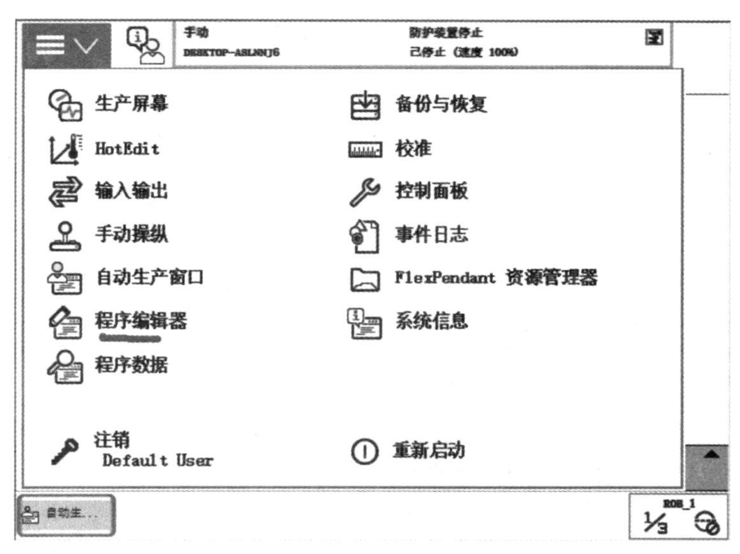

图 4－3－4 选择“程序编辑器”

步骤二：进入程序编辑器界面，选择“文件”→“新建程序”，如图 4－3－5 所示。

步骤三：弹出“新程序”提示对话框，单击“不保存”，如图 4－3－6 所示。

步骤四：程序新建完成，如图 4－3－7 所示。

3. 编写程序，添加运动指令

程序开始需要添加机器人工作原点，然后添加接近点 p10，该点需要调节好焊枪的角度，再添加开始焊接点 p20；机器人在 p20 开始焊接，所以在 p20 后要添加焊接起弧指令；起弧指令后添加圆弧中间点 p30，再添加圆弧终点 p40；添加下一段圆弧中间点 p50，之后添加圆弧终点 p60；机器人在 p60 结束焊接，所以在 p60 之后添加焊接结束指令；焊接结束后机器人离开工件，添加离去点 p70。程序编辑步骤如下。

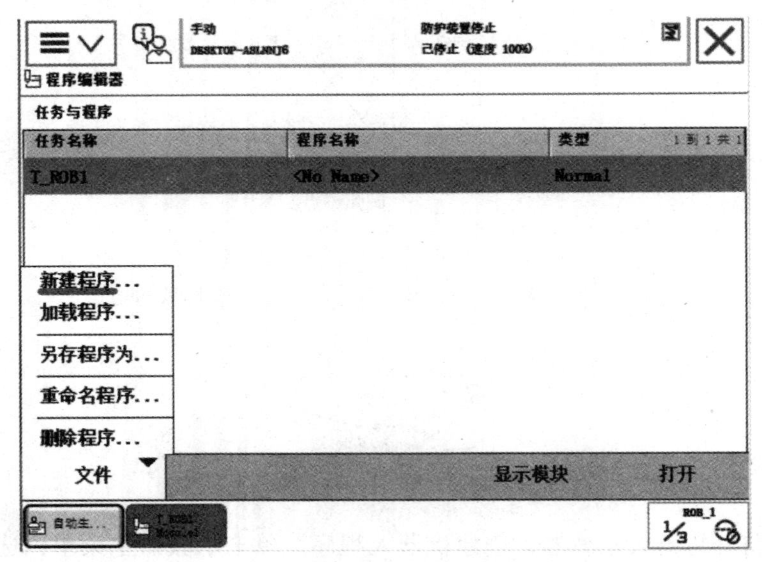

图4-3-5 选择“新建程序”

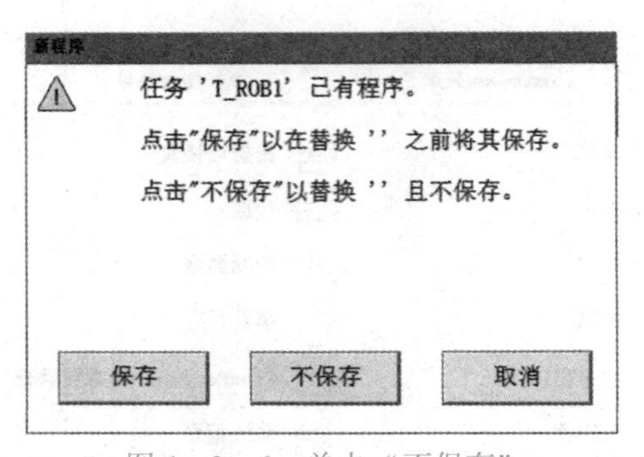

图4-3-6 单击“不保存”

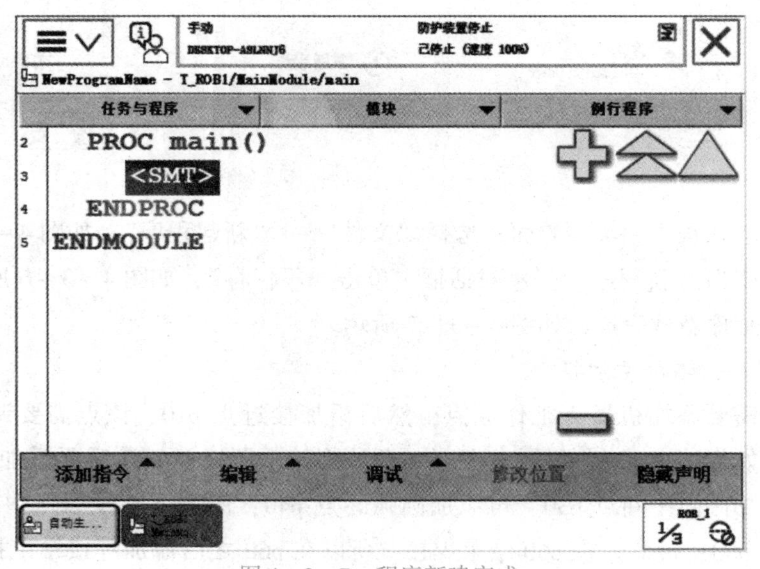

图4-3-7 程序新建完成

步骤一：添加接近点 p10，调节好焊枪角度，使用关节运动指令 MoveJ，机器人从工作原点运动到接近点 p10，如图 4－3－8 所示。

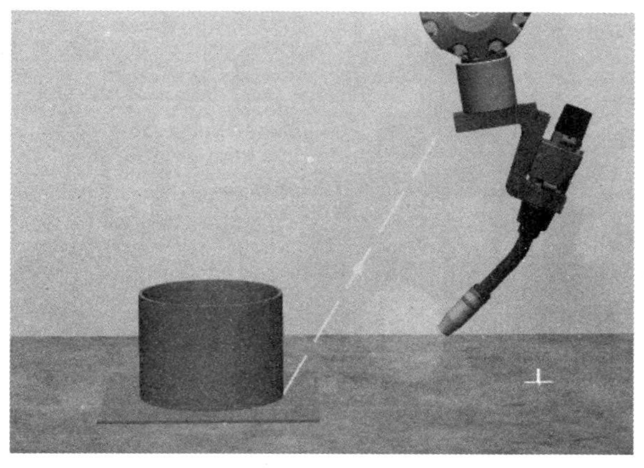

图 4－3－8 接近点 p10

步骤二：添加开始焊接点 p20，移动机器人到达 p20，使用直线插补指令 MoveL。焊接开始点如图 4－3－9 所示，机器人在 p20 开始焊接，所以在 p20 后添加焊接起弧指令。

图 4－3－9 焊接开始点 p20

步骤三：因为焊接轨迹是圆弧，所以在焊接开始指令后要添加圆弧中间点 p30，使用圆弧焊接指令 ArcC，如图 4－3－10 所示。

步骤四：使用 ArcC 指令添加圆弧终点 p40，如图 4－3－11 所示。

步骤五：p40 之后添加下一段圆弧的中间点 p50，如图 4－3－12 所示。

步骤六：添加圆弧终点。圆弧终点与焊接开始点重合，可以直接调用 p20，也可以重新添加一个点 p60，如图 4－3－13 所示。p60 是焊接结束点，在 p60 后添加焊接结束指令。

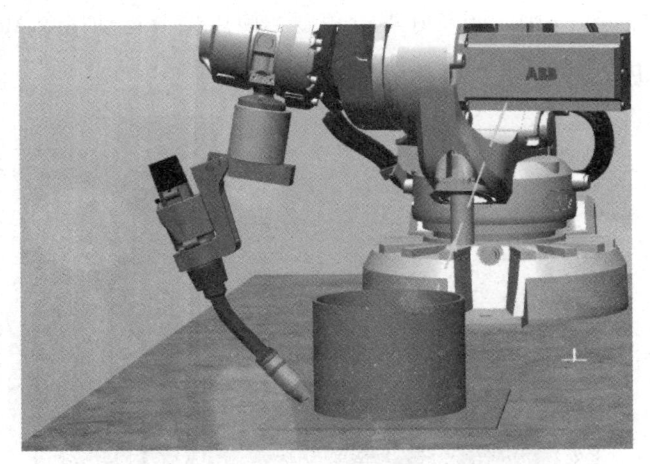

图 4-3-10　圆弧中间点 p30

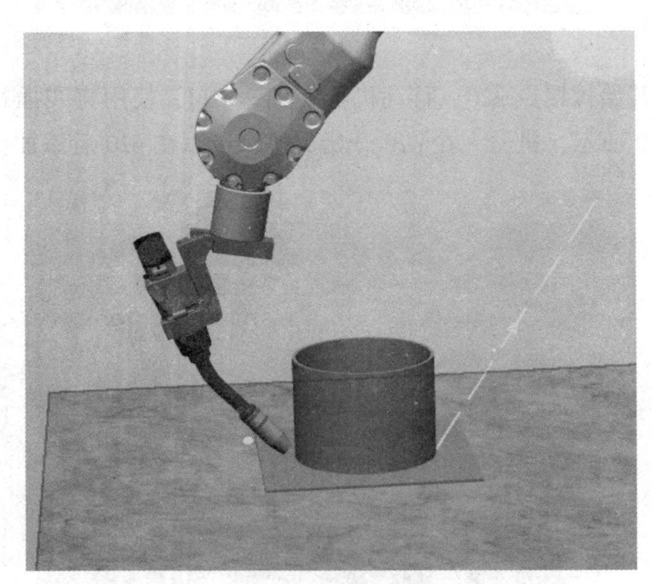

图 4-3-11　圆弧终点 p40

图 4-3-12　圆弧中间点 p50

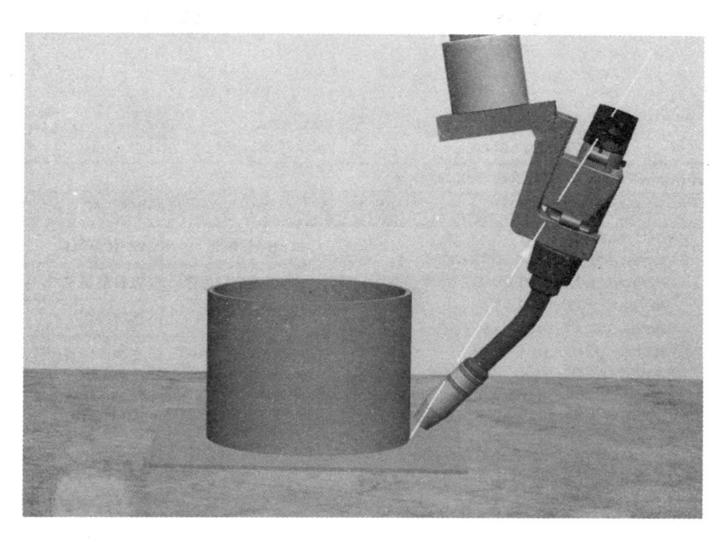

图4-3-13 焊接结束点p60

程序示例：

```
PROC main()
    MoveAbsJ jpos10 \NoEOffs,v1000,z50,tool0;工作原点
    MoveJ p10,v1000,z50,tool0;接近点
    MoveL p20,v1000,fine,tool0;焊接开始点
    ArcLStart p20,v1000,seam1,weld1,fine,tool0;焊接起弧
    ArcC p30,p40,v1000,seam1,weld1,z10,tool0;圆弧中间点 p30 和结束
点 p40
    ArcC p50,p60,v1000,seam1,weld1,z10,tool0;第二段圆弧中间点 p50 和
结束点 p60
    ArcLEnd p60,v1000,seam1,weld1,fine,tool0;焊接结束点
    MoveL p70,v1000,fine,tool0;离去点
ENDPROC
ENDMODUL
```

4. 焊接参数的设置

步骤一：焊接指令中有两个焊接参数seam1和weld1，需要对这两个焊接参数做出调整。首先选中seam1，单击“调试”→“查看值”，如图4-3-14所示。

步骤二：进入参数设置界面，进行参数设置，如图4-3-15所示。

步骤三：weld1参数设置。首先选中weld1，单击“调试”→“查看值”，如图4-3-16所示。

步骤四：进入参数设置界面，进行参数设置，如图4-3-17和图4-3-18所示。

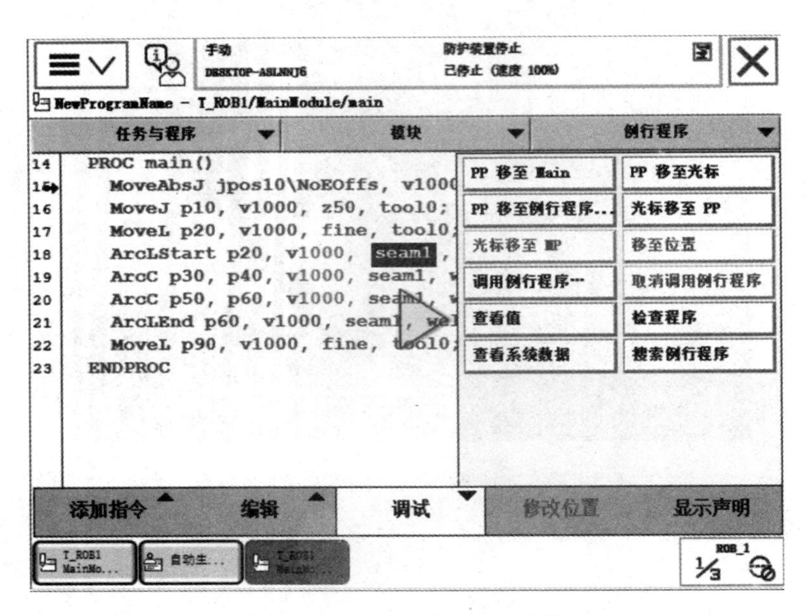

图 4-3-14　选中 seam1 参数

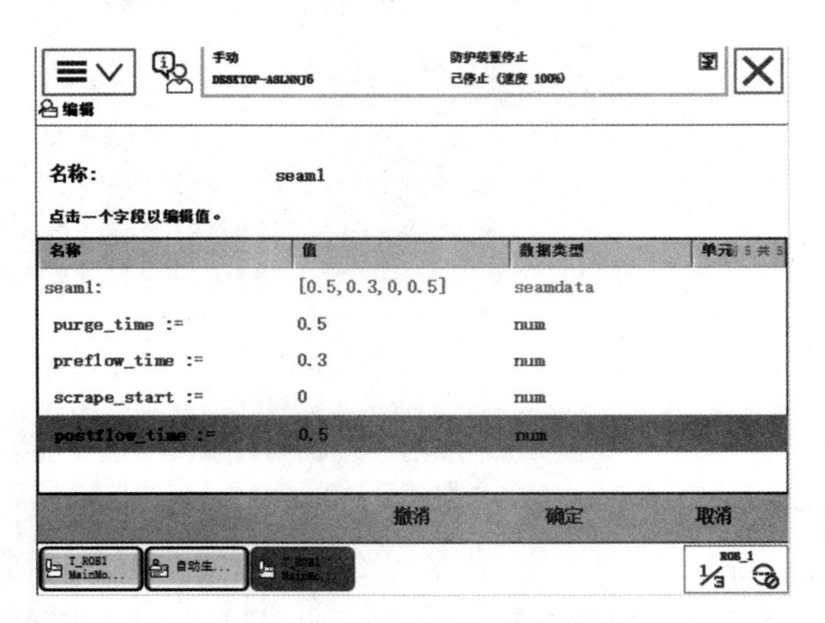

图 4-3-15　seam1 参数设置

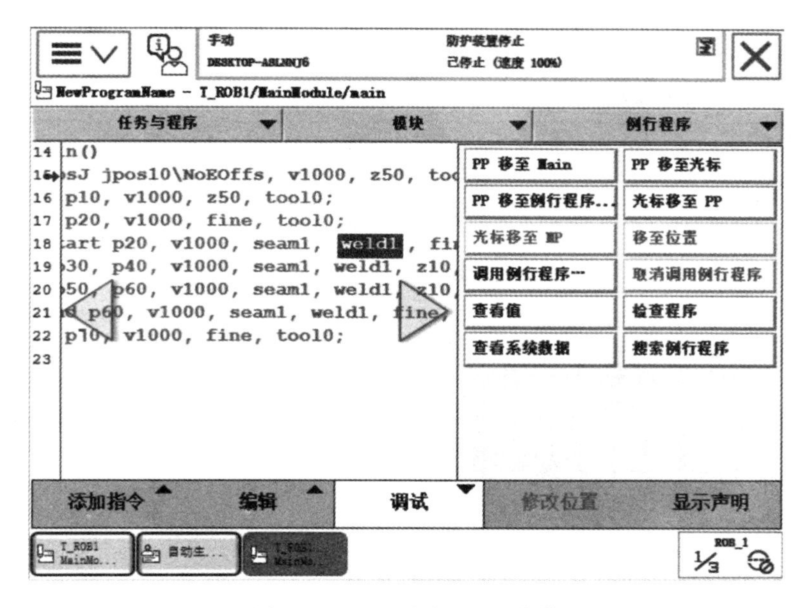

图 4-3-16 选中 weld1 参数

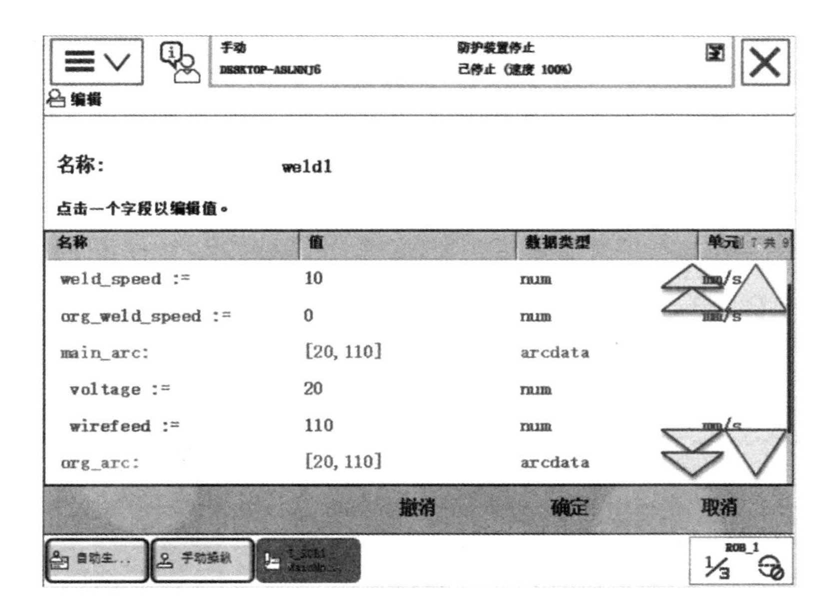

图 4-3-17 weld1 参数设置 1

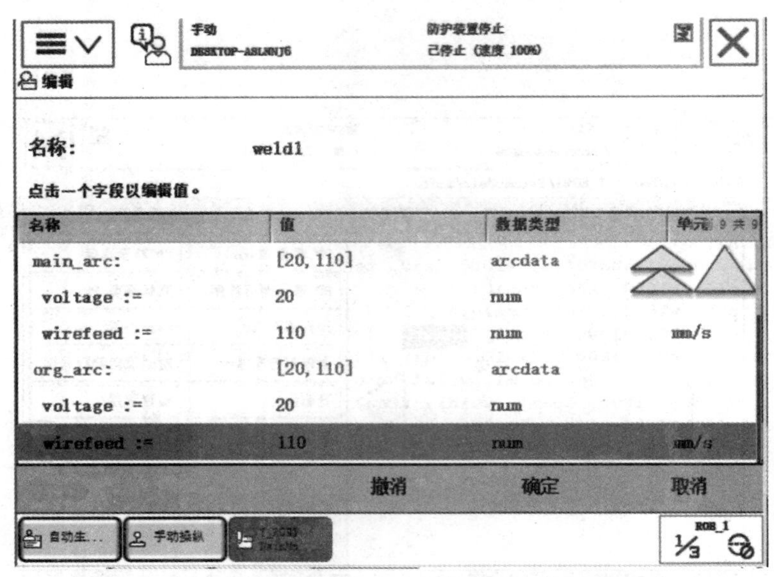

图 4-3-18　weld1 参数设置 2

5. 程序的试运行

程序的试运行与本模块任务单元 1 和任务单元 2 相同，这里不予赘述。

6. 焊机参数设置

焊机参数设置与本模块任务单元 1 和任务单元 2 操作相同，这里不予赘述。

7. 保护气体流量调节

步骤：打开手动开关阀，旋转流量调节旋钮调节气体流量，流量调节为 15 L/min。

8. 机器人焊接程序运行

步骤：焊机参数、气体流量调节完成后，就可以实施焊接工作。打开机器人焊接程序，把光标移至程序首行，按住示教器使能按钮，按下程序运行键，程序连续执行，如图 4-3-19 所示。执行焊接程序时，人员要佩戴焊接防护面罩才能观看焊接过程。焊接完成后，要等待焊接工件冷却后再取下观察，以免烫伤。机器人执行焊接程序如图 4-3-20 所示。

图 4-3-19　机器人焊接程序运行

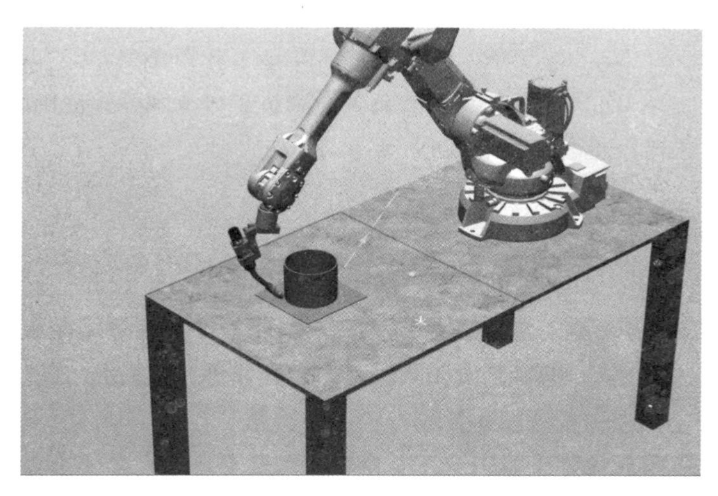

图4－3－20 机器人执行焊接程序

【任务评价】

管板垂直固定俯仰位焊评价表如表4－3－1所示。

表4－3－1 管板垂直固定俯仰位焊评价表

	专业知识评价（80分）				过程评价（10分）	素养评价（10分）
任务评价	焊接程序编写（20分）	焊接参数设置（20分）	焊机参数设置（20分）	材料焊接（20分）	穿戴工装、整洁（2分）； 具有安全意识、责任意识、服从意识（2分）； 与教师、其他成员之间有礼貌地交流、互动（3分）； 能积极主动参与、实施检测任务（3分）	能做到安全生产、文明操作、保护环境、爱护公共设施设备（5分）； 工作态度端正，无无故缺勤、迟到、早退现象（5分）

续表

学习评价	自我评价（5分）	学生互评（5分）	教师评价（10分）	自我评价（5分）	学生互评（5分）	教师评价（10分）	自我评价（5分）	学生互评（5分）	教师评价（10分）	自我评价（5分）	学生互评（5分）	教师评价（10分）	自我评价（3分）	学生互评（3分）	教师评价（4分）	自我评价（3分）	学生互评（3分）	教师评价（4分）
评价得分																		
得分汇总																		
学生小结																		
教师点评																		

【任务小结】

本任务介绍了管板垂直固定俯仰位焊的操作步骤，通过学习可以提升学生焊接机器人的操作水平。

【任务拓展】

利用直角焊接知识点，自行编写管板圆弧焊接程序，完成管板对接焊。

任务单元4　典型焊接缺陷及预防措施

【任务描述】

焊接机器人主要包括机器人和焊接设备两部分。其中，机器人由机器人本体和控制柜（硬件及软件）组成；而焊接装备（以弧焊及点焊为例）则由焊接电源（包括其控制系统）、送丝机（弧焊）、焊枪（钳）等部分组成。在焊接过程中会由于编程操作误差、焊接电源接触不良，材料处理不好等问题产生焊接工件缺陷，本任务介绍焊接工件时产生的一些典型缺陷以及预防措施。

【任务目标】

知识目标

1. 了解焊缝外观检验规范。
2. 总结在焊接过程中出现问题的原因。

技能目标

1. 掌握机器人焊接程序的编程技巧。
2. 掌握机器人焊接工件的处理和固定方法。
3. 能够在工件出现缺陷时找到原因。

素养目标

1. 培养学生自我动手学习的习惯。
2. 养成遵守机器人焊接安全注意事项的习惯。
3. 要能熟练独自完成机器人焊接工作。

【任务分析】

焊接机器人完成工作后，要进行如下操作。

1）机器人焊接结束，观察焊接工件，找出焊接缺陷。

2）总结出现焊接缺陷的原因。

3）制定预防措施。

【知识准备】

一、焊缝外观质量检验规范

1. 焊缝检验常用的符号含义

1）a：角焊缝的公称喉厚（角焊缝厚度）。

2）b：焊缝余高的宽度。

3）d：气孔的直径。

4）h：缺陷尺寸（高度或宽度）。

5）s：对接焊缝公称厚度（或在不完全焊透的场合下规定的熔透深度）。

6）t：壁厚或板厚。

7）K 角焊缝的焊脚尺寸（在直角等腰三角形截面中 $K=\sqrt{2}a$）。

8）C 焊缝宽度。

2. 焊缝检验规范

焊缝检验规范如表 4－4－1 所示。

表 4－4－1　焊缝检验规范

序号	项目	项目说明	一般 D	中等 C	严格 B	处理方法
1	焊缝裂纹	在焊缝金属继热影响区内的裂纹	不允许	不允许	不允许	修磨后补焊
2	焊缝表面气孔	焊接熔池中的气体来不及逸出而停留在焊缝中形成的孔穴	$d \leqslant 0.3s$（对接） $d \leqslant 0.3a$（角接） 最大 3 mm	$d \leqslant 0.3s$（对接） $d \leqslant 0.3a$（角接） 最大 2 mm	不允许	修磨或修磨后补焊
3	咬边	又称咬肉，是电弧或火焰将焊缝边缘的母材熔化后，没有得到填充金属的补充，而留下的凹陷或凹槽	$h \leqslant 0.2t$ 最大 1.5 mm	$h \leqslant 0.1t$ 最大 1 mm	$h \leqslant 0.05t$ 最大 0.5 mm	修磨后补焊
4	未熔合	熔焊时，焊道与母材之间或焊道与焊道之间未完全熔化结合的部分	允许 但只能是间断性的，而且不得造成表面开裂	不允许	不允许	重焊
5	未焊透	焊接时接头根部未完全熔透的现象	$h \leqslant 0.2s$ 最大 2 mm	$h \leqslant 0.1s$ 最大 1.5 mm	不允许	重焊
6	焊瘤	熔化金属流淌到焊缝以外未熔化的母材上形成的金属瘤	允许	不允许	不允许	修磨
7	烧穿	又称焊穿，即焊丝在焊接时由于焊接电流过大，或熔池高温停留时间过长，而引起焊点的液体金属流失，并使焊点形成孔洞的现象	$h \leqslant 1 + 1.2b$ 最大 5 mm	$h \leqslant 1 + 0.6b$ 最大 4 mm	$h \leqslant 1 + 0.3b$ 最大 3 mm	打磨

续表

序号	项目	项目说明	一般D	中等C	严格B	处理方法
8	飞溅	在焊缝及其两侧母材上产生的一般性飞溅和严重性熔合飞溅	小的球状松散黏附的飞溅可不需清除，而大的球状、紧密贴合的飞溅则必须去除		不允许	清铲或打磨

二、焊缝分类

根据产品构件的受力情况及重要性，把焊缝分为A、B、C、D四大类，如表4－1－2所示。

表4－4－2 焊缝分类

焊缝区分	焊缝类别	适用部位及例子
对接焊缝及角焊缝	A	承受动载荷、冲击载荷，直接影响产品的安全及可靠性，作为高强度结构件的焊缝，以及承受高温的焊缝（如泥浆泵机架、杠杆、蒸气管路、气缸等）
	B	承受高压的焊缝（如高压三通、高压油管等焊缝）
	C	受力较大、影响产品外观质量或低压密封类焊缝（如部分后气缸、底盘、油箱、水箱等焊缝）
	D	承载很小或不承载，不影响产品的安全及外观质量的焊缝

三、焊接外观检查项目

1. 焊接缺陷

1）咬边：由于焊接参数选择不当，或操作工艺不正确，沿焊缝的母材部位产生的沟槽或凹陷。

2）焊缝表面气孔：焊接时，熔池中的气泡在凝固时未能逸出而残留下来形成的空穴。表面气孔指露在表面的气孔。

3）未熔合：熔焊时，焊道与母材之间或焊道与焊道之间，未完全熔化结合的部分；点焊时，母材与母材之间未完全熔化结合的部分。

4）未焊透：焊接时，接头根部未完全熔透的现象。

5）焊缝裂纹：在焊接应力及其他致脆因素的共同作用下，焊接接头中局部地区的金属原子结合力遭到破坏形成的新界面而产生的缝隙，它具有尖锐的缺口和大的长宽比。

6）未焊满：由于填充金属不足，在焊缝表面形成的连续或断续的沟槽。

7）焊瘤：焊接过程中，熔化金属流淌到焊缝之外未熔化的母材上所形成的金属瘤。

8）烧穿：焊接过程中，熔化金属自坡口背面流出，形成穿孔的缺陷。

2. 焊缝形状缺陷

1）焊缝成形差：熔焊时，液态焊缝金属冷凝后形成的焊缝外形称为焊缝成形。焊缝成形差是指在外观上焊缝高低、宽窄不一，波纹不整齐等。

2）焊脚尺寸：在角焊缝横截面画出的最大等腰三角形中，直角边的长度。其缺陷表现在焊脚尺寸小于设计要求和焊脚尺寸不等（单边）等。

3）余高超差：余高高于要求或低于母材。

4）错边：对接焊缝时两母材不在同一平面上。

5）漏焊：要求焊接的焊缝未焊接，表现为整条焊缝未焊接、整条焊缝部分未焊接、未填满弧坑、焊缝未填满未焊完等。

6）漏装：结构件中某一个或一个以上的零件未组焊上去。

7）飞溅：焊接过程中，熔化的金属颗粒或熔渣向周围飞散的现象。

8）电弧擦伤：电弧擦伤又称弧疤或弧斑，多是由于偶然不慎使焊条或焊把与焊接工件接触，或地线与工件接触不良短暂地引起电弧而在焊接工件表面留下的伤痕。

3. 复合缺陷

复合缺陷指同一条焊缝或同一条焊缝同一处同时存在两种或两种以上的缺陷。

4. 检验方法

焊接外观检查标准只作为焊接部位外观检查的标准，对焊缝内部质量进行评定时，不适用本标准，焊缝内部质量要根据相应的其他检查方法评定。检验方法包括以下 3 种。

1）肉眼观察。

2）使用放大镜检验，放大倍数应以 5 倍为限。

3）采用渗透探伤。渗透探伤是指利用荧光染料（荧光法）或红色染料（着色法）等渗透剂的渗透作用，显示缺陷痕迹的无损检验法。

缺陷判定后应做好标识，标明缺陷性质。标明的缺陷必须返工，缺陷返工后应重新对缺陷位置进行检验。

四、如何保障工件质量

作为示教－再现式机器人的焊接机器人，要求工件的装配质量和精度必须有较好的一致性。

应用焊接机器人应严格控制零件的制备质量，提高焊件装配精度。零件表面质量、坡口尺寸和装配精度将影响焊缝跟踪效果。可以从以下几个方面来提高零件制备质量和焊件装配精度。

1）编制焊接机器人专用的焊接工艺卡，对零件尺寸、焊缝坡口、装配尺寸进行严格的工艺规定。一般零件和坡口尺寸公差控制在 ±0.8 mm，装配尺寸误差控制在 ±1.5 mm，这

样焊缝出现气孔和咬边等焊接缺陷的概率可大幅度降低。

2）采用精度较高的装配工装，以提高焊件的装配精度。

3）焊缝应清洗干净，无油污、铁锈、焊渣、割渣等杂物，允许有可焊性底漆，否则将影响引弧成功率。定位焊由焊条焊改为气体保护焊，同时对点焊部位进行打磨，避免因定位焊残留的渣壳或气孔，从而避免电弧的不稳甚至飞溅的产生。

五、编程技巧总结

1）选择合理的焊接顺序。通过减小焊接变形、焊枪行走路径长度来制定焊接顺序。

2）焊枪空间过渡要求移动轨迹较短、平滑、安全。

3）优化焊接参数。为了获得最佳的焊接参数，制作工作试件进行焊接试验和工艺评定。

4）合理的变位机位置、焊枪姿态、焊枪相对接头的位置。工件在变位机上固定之后，若焊缝不是理想的位置与角度，就要求编程时不断调整变位机，使焊接的焊缝按照焊接顺序逐次达到水平位置；同时，要不断调整机器人各轴位置，合理地确定焊枪相对接头的位置、角度与焊丝伸出长度。工件的位置确定之后，焊枪相对接头的位置通过编程者的双眼观察，难度较大。这就要求编程者善于总结积累经验。

5）及时插入清枪程序。编写一定长度的焊接程序后，应及时插入清枪程序，以防止焊接飞溅堵塞焊接喷嘴和导电嘴，保证焊枪的清洁，提高喷嘴的寿命，确保可靠引弧，减少焊接飞溅。

6）编制程序一般不能一步到位，要在机器人焊接过程中不断检验和修改程序，调整焊接参数及焊枪姿态等，才会形成一个好程序。

【任务实施】

1. 咬边

咬边又称咬肉，是电弧或火焰将焊缝边缘的母材熔化后，没有得到填充金属的补充，而留下的凹陷或凹槽。咬边是一种危险的缺陷，它不但减小了基本金属的有效工作截面，而且在咬边处会造成应力集中。咬边是一种常见的缺陷，应该特别引起注意。咬边如图 4－4－1 所示。

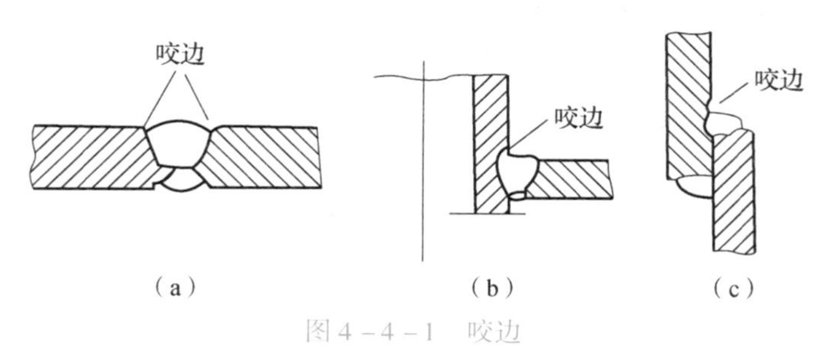

图 4－4－1 咬边

产生原因：

1）焊接电流过大，电弧过长，焊枪角度不当。

2）摆焊时，坡口边缘两侧停留时间过短，造成熔敷金属与母材未熔合。

3）焊缝填充金属过低，盖面焊接焊肉过厚，电弧停留时间过长，焊缝区域温度过高而造成咬边。

预防措施：

1）选择合理的焊接工艺参数。碱性焊条应采用短弧焊接，保持送丝速度均匀，运用摆焊焊接时摆焊频率减小。多道焊中，应保持匀速焊接，注意焊枪角度。

2）焊丝的填充金属应略低于焊道母材表面，这样盖面的焊道宽度轮廓清晰，外观成形好。

2. 焊缝表面气孔

焊缝表面气孔是指焊接熔池中的气体来不及逸出而停留在焊缝中形成的孔穴。其形状、大小及数量与母材钢种、焊条性质、焊接位置及施焊技术有关。焊缝表面气孔如图 4－4－2 所示。

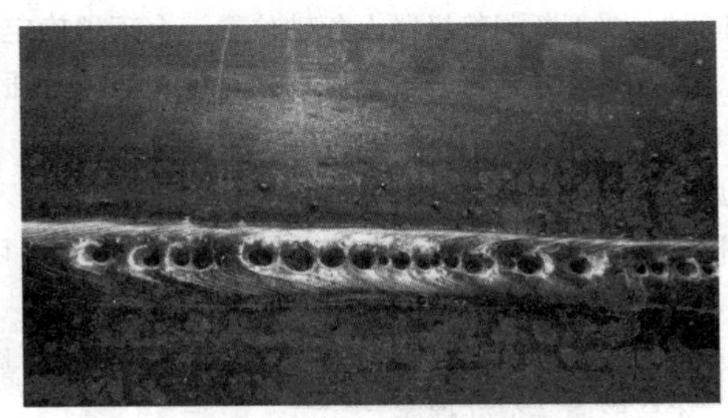

图 4－4－2　焊缝表面气孔

产生原因：

1）保护气体气瓶开关未打开，或加热减压器开关未开。

2）保护气体质量差。

3）工件的底漆太厚，或污渍太多未清理干净。

4）保护气不够干燥。

预防措施：

1）检查气瓶开关、加热减压器开关是否打开。

2）检查机器人控制气体开关是否正常。

3）检查工件表面处理是否干净。

3. 未熔合

熔焊时，焊道与母材之间或焊道与焊道之间未完全熔化结合的部分；点焊时，母材与母材之间未完全熔化结合的部分，称为未熔合。它可分为坡口未熔合、焊道之间未熔合（包括层间未熔合）、焊缝根部未熔合。按其成分不同，又可分为白色未熔合（纯气隙、不含夹渣）、黑色未熔合（含夹渣）。未熔合的焊缝如图 4－4－3 所示。

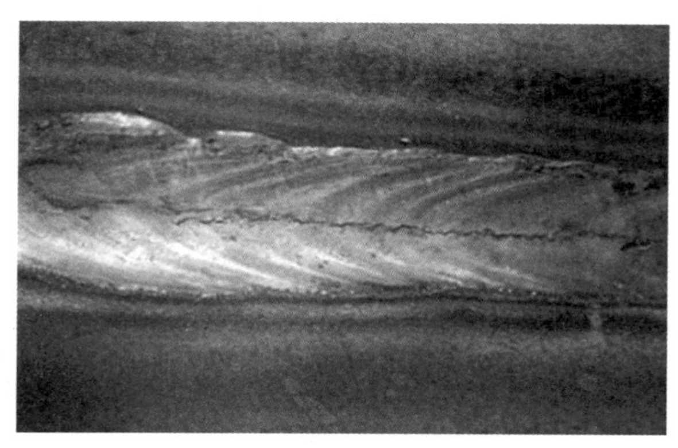

图4-4-3 未熔合的焊缝

产生原因：

1）焊接电流设置太小或焊接速度过快。

2）焊接电流太大，使焊丝大半根发红而熔化太快，母材还未到熔化温度便覆盖上去。

3）坡口有油污、锈蚀。

4）焊件散热速度太快，或起焊处温度低。

5）焊枪角度不当，焊丝偏弧等。

预防措施：

1）根据焊接材料设置合适的焊接电流、电压。

2）气体调节到合适的流量。

3）工件清理干净。

4）调试机器人程序时，调节合适的焊枪角度。

5）焊丝伸出长度不能太长，长度在15 mm左右即可。

4. 未焊透

未焊透即焊接时接头根部未完全熔透的现象，也就是焊件的间隙或钝边未被熔化而留下的间隙，或是母材金属之间没有熔化，焊缝熔敷金属没有进入接头的根部造成的缺陷。焊缝未焊透如图4-4-4所示。

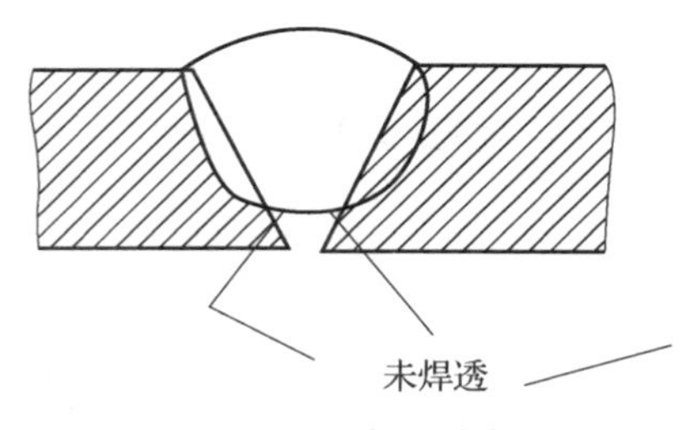

图4-4-4 焊缝未焊透

产生原因：

1）焊接电流太小，速度过快。

2）坡口角度太小，根部钝边尺寸太大，间隙太小。

3）焊接时，焊条摆动角度不合适，电弧太长或偏弧。

预防措施：

1）增大焊接电流，或减小焊接速度。

2）材料处理时，增加坡口角度，增加材料间的间隙。

3）调节合适的焊枪角度和焊丝伸出长度。

5. 焊缝裂纹

在焊接应力及其他致脆因素共同作用下，焊接接头中局部地区的金属原子结合力遭到破坏形成的新界面而产生缝隙，称为焊缝裂纹。它具有锐利的缺口和较大的长宽比，如图4－4－5所示。

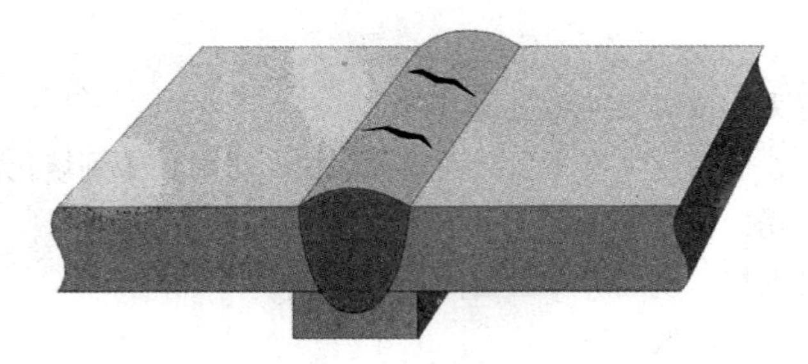

图4－4－5 焊缝裂纹

产生原因：

快热快冷产生了热应变不均匀的组织区域，进而导致不同区域产生不同的应力联系，造成焊接接头金属处于复杂的应力－应变状态。内在的热应力、组织应力和外加的拘束应力，以及应力集中相叠加构成了导致接头金属开裂的力学条件。

预防措施：

1）保证保护气体干燥。

2）加热减压器电源要打开，使气体加热后再送出。

3）工件焊接过后最好自然冷却。

6. 焊瘤

熔化金属流淌到焊缝以外未熔化的母材上形成金属瘤，即焊瘤。该处常伴有局部未熔合，有时又称满溢。习惯上，还常将焊缝金属的多余疙瘩部分称为焊瘤，如图4－4－6所示。

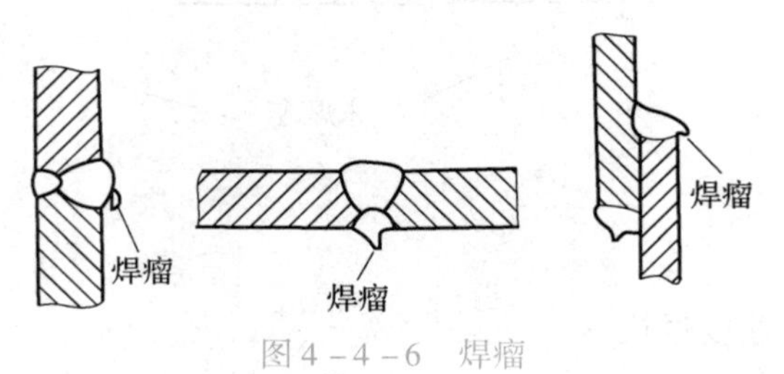

图4－4－6 焊瘤

产生原因：

1）坡口边缘污物未清理干净；电流过大，熔池温度过高，使液体金属凝固较慢，在自重的作用下下坠而成；焊接速度太慢及组对间隙太大等。

2）焊枪角度不当。焊接速度过慢也极易产生焊瘤。

预防措施：

1）焊接前应彻底清理坡口及其附近的脏物，组对间隙要合适。

2）选择适当的焊接电流、焊枪角度和焊接速度。

7. 烧穿

烧穿又称焊穿，即焊丝在焊接时由于焊接电流过大，或熔池高温停留时间过长，而引起焊点的液体金属流失，并使焊点形成孔洞的现象，如图 4－4－7 所示。烧穿容易发生在第一道焊道，在薄板对接焊缝或管子对接焊缝中，烧穿是常见的缺陷。

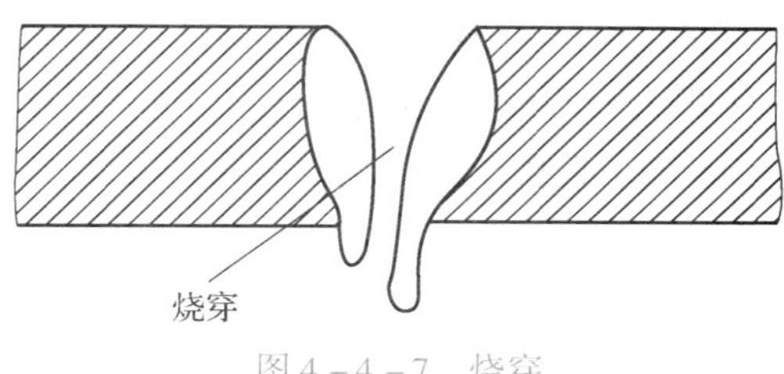

图 4－4－7 烧穿

产生原因：

除了焊接电流过大，对焊件加热过甚，还有可能是焊接速度慢；电弧在焊缝处停留时间太长。

预防措施：

控制接头坡口尺寸，如单面焊双面成形的接头，其装配间隙应为焊丝直径，钝边应为焊条直径的一半左右；双面焊时要仔细清根，焊接时应选择合适的焊接速度和焊接电流。

8. 飞溅

在焊缝及其两侧母材上产生会一般性飞溅和严重性熔合飞溅。一般性飞溅是手工焊接常见的焊接质量通病；但严重性熔合性飞溅的危害甚大，它会增加母材局部表面淬硬组织，易产生硬化发生脆裂及加速局部腐蚀性等缺陷。飞溅如图 4－4－8 所示。

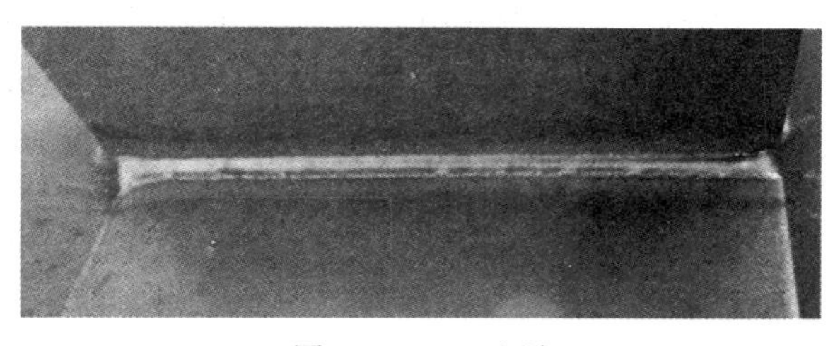

图 4－4－8 飞溅

产生原因：

1）电弧不稳定而产生飞溅。

2）接地电缆接头不当，产生严重磁偏吹，造成严重飞溅。

3）焊丝保管不当，除使其表面涂料变质外，更严重的是受潮，使内部含有大量气体引起飞溅。

4）选择电流过大，受潮的焊条内部含有大量的水分，在高温熔解下，一部分水分被熔解在熔液中，在焊接电弧高温作用下，使熔解在金属的熔液气体发生剧热膨胀而胀裂，造成小粒熔液金属滴落到焊缝及其两侧母材上。当温度不高时，小粒熔液金属冷却成一般性飞溅；当温度较高时，其熔合在焊缝及其两侧母材表面的受热区域，产生熔合性飞溅。

预防措施：

1）加强焊丝管理制度，使焊丝不变质、不受潮。在库房的焊丝应放置在通风良好、架空距地面高度不少于 300 mm 的高处。

2）为了避免焊接产生飞溅，在露天场合焊接施工时，或在雨、露、雪等焊接潮湿环境，不采取有效防护措施，不得进行焊接。

3）为了保证焊接环境，防止飞溅物产生，应适当提高温度，消除湿度。

【任务评价】

典型焊接缺陷及预防措施评价表如表 4－4－3 所示。

表 4－4－3　典型焊接缺陷及预防措施评价表

任务评价	专业知识评价（80 分）			过程评价（10 分）	素养评价（10 分）
	找出焊接成品存在的焊接缺陷（30 分）	正确修复焊接缺陷（30 分）	记录焊接缺陷的原因（20 分）	穿戴工装、整洁（2 分）； 具有安全意识、责任意识、服从意识（2 分）； 与教师、其他成员之间有礼貌地交流、互动（3 分）； 能积极主动参与、实施检测任务（3 分）	能做到安全生产、文明操作、保护环境、爱护公共设施设备（5 分）； 工作态度端正，无无故缺勤、迟到、早退现象（5 分）

续表

学习评价	自我评价（5分）	学生互评（5分）	教师评价（20分）	自我评价（5分）	学生互评（5分）	教师评价（20分）	自我评价（5分）	学生互评（5分）	教师评价（10分）	自我评价（3分）	学生互评（3分）	教师评价（4分）	自我评价（3分）	学生互评（3分）	教师评价（4分）
评价得分															
得分汇总															
学生小结															
教师点评															

【任务小结】

本任务介绍了焊接的典型缺陷及预防措施，通过学习可以提升学生的焊接操作水平，使其掌握一定的焊接缺陷预防措施。

【任务拓展】

多次练习焊接工件，找出焊接工件的缺陷，并记录解决方法。

模块5 焊接机器人维护保养

导 入

为了确保生产现场焊接机器人正常运行，发挥设备的特性，日常设备维护保养工作要顺利推进；因此，要对设备进行日常保养。

任务单元1 焊丝的存储与更换

【任务描述】

焊丝是作为填充金属或同时作为导电用的金属丝焊接材料。在气焊和钨极气体保护电弧焊时，焊丝用作填充金属；在埋弧焊、电渣焊和其他熔化极气体保护电弧焊时，焊丝既是填充金属，又是导电电极。

焊丝保存不当会造成其生锈、受潮、镀层脱落、强度受损等，这会直接影响焊接工件焊缝的质量，可能会造成起弧失败、飞溅太大、焊缝裂纹等现象，最终导致焊接质量不过关。

机器人根据需要可选用桶装或盘装焊丝。为了减少更换焊丝的频率，机器人应选用桶装焊丝。采用盘装焊丝或桶装焊丝，送丝软管很长，阻力大，对焊丝的挺度等质量要求较高。当采用镀铜质量稍差的焊丝时，焊丝表面的镀铜因摩擦脱落会造成导管内容积减小，高速送丝时阻力加大，焊丝不能平滑送出，产生抖动，使电弧不稳，影响焊缝质量。严重时，出现卡死现象，使机器人停机，故要及时清理焊丝导管。机器人焊丝如图5-1-1所示。

图5-1-1 机器人焊丝

【任务目标】

知识目标

1. 了解焊丝的类型。

2. 知道焊丝的质量对焊缝质量的影响。

3. 掌握正确的保存焊丝的方法。

技能目标

掌握更换机器人焊丝的方法。

素养目标

1. 了解针对不同焊接对象所使用的不同焊丝材质。

2. 熟练掌握机器人焊丝更换的步骤。

【任务分析】

本任务主要介绍如何正确保存焊丝，怎样正确使用焊丝，以及如何正确更换机器人焊丝。

【知识准备】

一、焊丝的分类

1. 常用一般焊丝

1）DY－YJ502（Q）：钛型渣系的药芯焊丝，工艺、力学性能优良，能够进行全位置焊接，特别是优良的低温韧性，已达到船级社3Y级认证，广泛用于造船、钢结构、桥梁等领域的焊接。

2）DY－YJ507（Q）：碱型渣系的药芯焊丝，力学性能优良，扩散氢含量低，具有优良的低温抗裂性能，用于机械制造、水电、石油化工设备等领域的焊接。

3）DY－YJ607（Q）：碱型渣系的药芯焊丝，力学性能优良，扩散氢含量低，适用于60 kg级高强高韧性钢的焊接。

4）YJ502CrNiCu（Q）：钛型全位置焊接药芯焊丝，用于耐大气腐蚀钢的焊接，如海洋平台的焊接。

5）YJ502Ni（Q）：钛型全位置焊接药芯焊丝，低温冲击吸收功高，满足－40 ℃气温下金属结构的焊接。

2. 耐热钢系列药芯焊丝

1）DY－YR302（Q）：钛型渣系的药芯焊丝，适用于1Cr－0.5Mo和1.25Cr－0.5Mo耐热钢的焊接用，广泛用于锅炉压力容器行业。

2）DY－YR312（Q）：适用于12CrMoV珠光体耐热钢的焊接，广泛用于锅炉压力容器行业。

3）DY－YR317（Q）：碱性渣系药芯焊丝，适用于12CrMoV珠光体耐热钢的焊接，具有优良的低温冲击性能。

4）DY－YR402（Q）：用于2.25Cr－1Mo耐热钢焊接。

3. 不锈钢用气保护焊药性焊丝

1）DY－YA308（Q）：18%Cr－8%Ni不锈钢焊接用。

2）DY－YA308L（Q）：超低碳18%Cr－8%Ni不锈钢焊接用。

3）DY－YA309（Q）：异种钢焊接或复合钢板及堆焊不锈钢时过渡层焊接用。

4）DY－YA316（Q）：18%Cr－12%Ni不锈钢焊接用。

4. 气保护堆焊药芯焊丝

1）DY－YD350（Q）：广泛用于堆焊金属间磨损部件和轻度的土砂磨损的部件，HRC35。

2）DY－YD450（Q）：适于堆焊耐土砂磨损和耐金属间磨损的部件，HRC45。

3）DY－YD600（Q）：广泛用于耐土砂磨损的部件，HRC55～HRC60。

5. 埋弧堆焊药芯焊丝

1）DY－YD14（M）：主要用于碳钢和低合金钢零部件的修复或作为其他堆焊材料的过渡层，HRC24～HRC28。

2）DY－YD224B（M）：主要用于热轧辊和其他耐磨损件的堆焊和修复，HRC59。

3）DY－YD420（M）：含铬13%的马氏体型堆焊药芯焊丝，耐腐蚀，耐磨损，适用于连铸辊、蒸气阀、楔形阀、安全阀等部件的硬面堆焊。

4）DY－YD423（M）：用于较高温度下的热轧辊和连铸辊的硬面堆焊，该堆焊层具有优良的耐腐蚀、耐磨损和耐热冲击性能，HRC45～HRC48。

5）DY－YD430（M）：含铬17%的铁素体型堆焊药芯焊丝，用于耐腐蚀的硬面堆焊，具有良好的耐高温腐蚀性能，以及不锈钢复合钢打底焊接，HRC23。

6）DY－YD414N（M）：含氮马氏体型堆焊药芯焊丝，以氮代碳来提高它的硬度及抗裂性，具有良好的耐腐蚀、耐磨损及耐热冲击性能，用于连铸辊的硬面堆焊焊接，HRC43。

二、焊丝保存不当对焊接的影响

焊丝是一种金属制品，大多数实芯焊丝及无缝药芯焊丝表面都经过镀铜处理，部分有缝药芯焊丝的表面也经过防锈处理（如化学发黑处理）。

在焊丝的包装上，除了采用塑料袋，有的袋中还加一小包防潮剂，外面由纸盒包装，但防潮仍然是焊丝保管中必须要考虑的问题。因为吸潮了的焊丝，可使熔敷金属中扩散氢含量增加，产生凹坑、气孔等缺陷，焊接工艺性能及焊缝金属力学性能变差，严重的可导致焊缝开裂。

当然，由于药芯焊丝中的粉剂被非常紧密地包在钢带中，与空气接触很少，同时也没有

使用焊条中水玻璃那样易吸潮的物质。因此，与焊条相比，焊丝吸潮量很小，但若长期在高温高湿环境中放置，除表面生锈外，焊丝也会吸潮。随着吸潮时间的增长和吸潮量的增加，熔敷金属中的扩散氢量逐渐增多，这对焊缝的抗裂性能是不利的。

【任务实施】

一、焊丝的存放

1）要求在推荐的保管条件下，原始未打开包装的焊丝，至少有 12 个月可保持在“工厂新鲜”状态。当然，最终的保管时间取决于周围的大气环境（如温度、湿度等）。仓库推荐的保管条件为室温在 10～15 ℃（最高 40 ℃），最大相对湿度为 60%。

2）焊丝应存放在干燥、通风良好的库房中，不允许露天存放或放在有有害气体和腐蚀性介质（如 SO_2 等）的室内。室内应保持整洁。堆放时不宜直接放在地面上，最好放在离地面和墙壁不小于 300 mm 的架子或垫板上，以保持空气流通，防止受潮。

3）由于焊丝适用的焊接方法较多，适用的钢种也多，故焊丝卷的形状及捆包状态也多种多样。根据送丝机的不同，卷的形状又可分为盘状、捆状及筒状。在搬运中，要避免乱扔乱放，防止包装破损。一旦包装破损，可能会引起焊丝吸潮、生锈。

二、焊丝在使用中的管理

1）开包后的焊丝应在短时间内用完。

2）开包后的焊丝要防止其表面被冷凝结露，或被锈、油脂及其他碳氢化合物所污染，保持焊丝表面干净、干燥。

3）当焊丝没用完，需放在送丝机内过夜时，要用帆布、塑料布或其他物品将送丝机（或焊丝盘）罩住，以减少其与空气中的湿气接触。

4）对于 3 天以上不用的焊丝，要从送丝机内取下，放回原包装内，封口密封，再放入具有良好保管条件的仓库中。

三、焊丝的质量管理

1）购入的焊丝，每批产品应有生产厂家提供的质量保证书。经检验合格的产品每个包装中必须带有产品说明书和检验产品合格证。每件焊丝内包装上应用标签或其他方法标明焊丝型号和相应国家标准号、批号、检验号、规格、净质量、制造厂名称及厂址。

2）要按焊丝的类别、规格分别堆放，防止误用。

3）按照“先进先出”的原则发放焊丝，尽量减少焊丝存放期。

4）发现焊丝包装破损，要认真检查。对于有明显机械损伤或有过量锈迹的焊丝，不能用于焊接，应退回检查员或技术负责人处检查及作使用认可。

四、焊丝的存储

1）存放药芯焊丝的仓库，其温度及湿度是可控制和调节的。室内应保持干燥、清洁，必要时适当加温，以避免室温跌至露点温度以下。相对湿度不超过60%，室温应在15 ℃以上。

2）室温如低于10 ℃会造成焊丝在较高温度的环境下打开包装时，表面有水汽凝结，这容易在焊缝中产生气孔。因此，应采取一些必要的防潮措施，如保持良好通风，采用防潮剂或去湿器等。

3）焊接材料的存放应井然有序，分类、分区存放，外箱纸盒不能相互叠放或相互靠着，应保持适宜的间距，不同焊接材料应分类存放，并有明确的区别标识，以免混杂，底层焊接材料必须离地面和墙壁一定距离，以防受潮，堆放高度不能过高。

4）如原始包装未破损，材料最长能存放2~3年，打开后请尽快用完（尤其是南方湿气比较重应尽快用完）。打开以后若未用完，则应该重新包装好放入密封盒内，一般一个月内应该用完。

5）必要时，重新烘干。药芯焊丝刚开始从原始包装取出后，不需要重新烘焙，尽量拆出原包装后2天内用完。如用不完，焊丝盘连同未用完的焊丝从焊丝机上卸下，放回原包装内，在外面用原来的箔纸小心封回。

如果既有的仓库温度与上述条款中所建议的温度相差甚远，需要在150 ℃下，重新烘焙处理24 h。如药芯焊丝经历了环境温度的骤升骤降，在使用前必须先经过一些必要处理，使其恢复和适应正常操作室温之后，方可使用。

6）在验收焊丝时，焊丝表面应该光滑平整，不应有毛刺、划痕、锈蚀和氧化等，镀层应均匀牢固，无起鳞和脱落现象。

五、机器人焊丝的更换

1. 取下旧焊丝和焊丝盘

1）按下机器人示教器紧急停止按钮，使机器人处在急停状态下，保证操作人员安全。

2）打开送丝机齿轮盒盖板，松开两个压丝轮，如图5-1-2所示。

3）打开机器人基座上的丝盘保护盖，左手捏住丝盘侧的焊丝，右手使用尖嘴钳剪断丝管侧的焊丝，剪断后把丝盘侧的焊丝穿过丝盘架上的小圆孔，然后弯折，使焊丝不会散开。

4）顺时针拧开丝盘架上的固定旋钮，取下丝盘。

5）用老虎钳夹住焊枪上伸出的焊丝头，抽出送丝管内剩余的焊丝。

2. 更换新的焊丝

1）取一盘新的焊丝，打开包装，把丝盘架上的定位销对准丝盘的定位孔，把丝盘装上丝盘架，再把丝盘固定旋钮逆时针旋紧。

图5-1-2 松开压丝轮

2）找到焊丝头，从小圆孔中拉出焊丝，此时要特别注意拉住焊丝，如果松开，焊丝会散开，造成不必要的损失。用斜口钳剪断焊丝头弯折的部分。

3）把焊丝头穿入送丝管，一直穿到送丝机出丝端，使压丝轮能压住焊丝，把压丝轮复位，调节压丝轮力度。

4）打开焊机，按下送丝机上的送丝按钮，一直送丝直到焊丝伸出焊枪为止。送丝过程中观察送丝机送丝是否顺畅，如果不顺畅则检查送丝机、丝盘、导丝管等，检查原因，排除故障，保证送丝顺畅，否则会影响机器人正常焊接。

5）焊丝伸出焊枪后，观察焊丝伸出长度是否合适，焊丝过长则用斜口钳剪断，过短则再次按下送丝按钮伸出焊丝。焊丝伸出长度在15 mm左右为宜。

6）盖上送丝机外盖，焊丝更换完毕。

【任务评价】

焊丝的存储与更换评价表如表5-1-1所示。

表5-1-1 焊丝的存储与更换评价表

	专业知识评价（80分）		过程评价（10分）	素养评价（10分）
任务评价	掌握焊丝的存储方法（40分）	掌握机器人焊丝更换的方法（40分）	穿戴工装、整洁（2分）； 具有安全意识、责任意识、服从意识（2分）； 与教师、其他成员之间有礼貌地交流、互动（3分）； 能积极主动参与、实施检测任务（3分）	能做到安全生产、文明操作、保护环境、爱护公共设施设备（5分）； 工作态度端正，无无故缺勤、迟到、早退现象（5分）

续表

学习评价	自我评价（5分）	学生互评（5分）	教师评价（10分）	自我评价（5分）	学生互评（5分）	教师评价（10分）	自我评价（5分）	学生互评（5分）	教师评价（10分）	自我评价（5分）	学生互评（5分）	教师评价（10分）	自我评价（3分）	学生互评（3分）	教师评价（4分）	自我评价（3分）	学生互评（3分）	教师评价（4分）
评价得分																		
得分汇总																		
学生小结																		
教师点评																		

【任务小结】

本任务介绍了焊丝的存储与更换，使学生对焊丝有更深层次的理解，并能够独立更换焊丝。

【任务拓展】

多次练习焊丝更换，总结更换过程中的注意事项并记录。

任务单元 2　清枪剪丝机的维护与保养

【任务描述】

清枪剪丝机主要用作清理机器人在焊接过程中产生的粘堵在焊枪气体保护套内的飞溅物，确保气体长期畅通无阻，有效地阻隔空气进入焊接区，保护焊接溶池，提高焊缝质量。它还能有效清理导电嘴上焊烟产生的积尘，疏通清理连接管上保护气体出气孔，给保护套喷

洒耐高温防堵剂，降低焊渣对枪套、枪嘴的死粘连，增加耐用度。

本任务主要讲述清枪剪丝机各个结构的维护与保养。清枪剪丝机如图5-2-1所示。

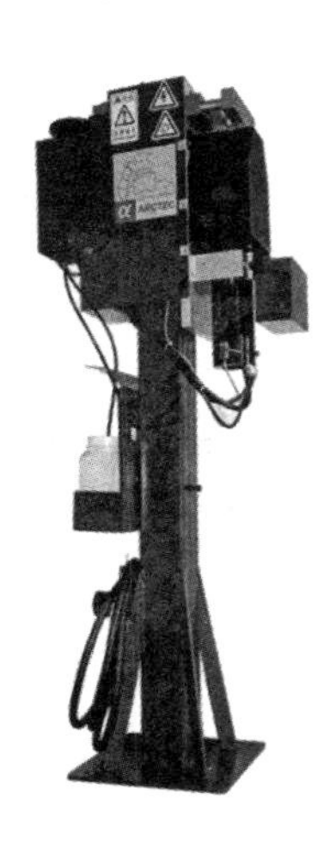

图5-2-1 清枪剪丝机

【任务目标】

知识目标

1. 了解清枪剪丝机的作用。
2. 了解清枪剪丝机的结构。
3. 了解清枪剪丝机的保养要求。

技能目标

掌握清枪剪丝机保养维护的方法。

素养目标

1. 养成日常维护设备的习惯。
2. 养成记录日常维护保养日志的习惯。

【任务分析】

本任务主要介绍清枪剪丝机的作用和优势、部件和功能，以及维护保养的技巧。

【知识准备】

1. 清枪剪丝机的优势

1）对工作环境要求不高，完成清理工作无须人工清理，过程皆自动化。

2）清理工作所耗时间少，清洁质量和效率高。

3）对于有一些喷嘴黏附情况严重的飞溅残留清理，也能够保证拥有良好的清洁效果。

4）工作过程中焊枪喷嘴的位置，由 V 形块提供精确的定位。

2. 清枪剪丝机的功能

1）由剪丝装置完成剪丝作业，可按自己所需设置焊丝自由端长度。

2）将焊枪的喷嘴在清枪站内固定，清枪剪丝机利用铰刀旋转来从焊枪枪头及焊枪喷嘴中去除焊渣及杂质。清枪位置取决于焊枪类型及选用的铰刀，机器人专用清枪剪丝机配有完整的喷油结构，枪头完成清枪后可喷射防飞溅液，减少了焊渣再次黏附。

3）清枪剪丝机防护外壳配有 TCP 指针。

3. 清枪剪丝机的动力

清枪剪丝机采用的是气动马达，将压缩空气转为动力源，带动机械完成伸缩或旋转动作。气动马达可利用空气具有压缩性的特点，吸入空气并压缩储存，使空气像弹簧一样具有弹力，通过控制元件控制其方向。总之，气动马达是以压缩空气为工作介质的原动机，利用压缩气体的膨胀作用，把压力能转换为机械能的动力装置。气动马达的特点如下。

1）可以无级调速。通过控制进气阀或排气阀，即可控制压缩空气的流量，从而调节马达的输出功率和转速。

2）正转、反转随性。市面上大多数气动马达只要简单地用控制阀来改变马达进气量、排气量，就可以实现输出轴的正转和反转，并且可以迅速换向。在正反向互转时，冲击很小。互转所需时间短，效率高，冲击性小，而且不需卸负荷。

3）工作安全方面，不会因为受到振动、高温、电磁、辐射等影响。其对工作环境所需要求不高，可在较恶劣的工作环境中操作，如易燃、易爆、高温、振动、潮湿、粉尘等工作环境。

4）具有过载保护作用，不会因过载而发生故障。过载时，马达只是转速降低或停止，当过载解除，马上可以重新正常运转，不会发生机件损坏等故障。如果长时间满载连续运转，温升也不会太大。

5）具有较高的启动力矩，可以直接带载荷启动。启动、停止均迅速。

6）功率范围及转速范围较宽。功率小至几百瓦，大至几万瓦；转速可从零一直到每分钟上万转。

7）结构简单，体积小，质量小，马力大，操纵容易，维修方便。

8）使用空气作为介质，无供应上的困难。符合环保要求，使用后的空气不必处理，对大气无污染。

4. 清枪剪丝机的功能部件

1）铰刀（见图 5－2－2）：清枪剪丝机利用铰刀旋转来从焊枪枪头及焊枪喷嘴中去除焊渣及杂质。铰刀是具有一个或多个刀齿，用以切除已加工孔表面薄层金属的旋转刀具。铰刀因切削量少其加工精度要求通常高于钻头，可以手动操作或安装在钻床上工作。铰刀用于铰削工件上已钻削（或扩孔）加工后的孔，主要是为了提高孔的加工精度，降低其表面的粗糙度，是用于孔的精加工和半精加工的刀具，加工余量一般很小。

2）喷油装置：由喷油装置、油管、油瓶等组成，如图5－2－3所示。

图5－2－2 铰刀

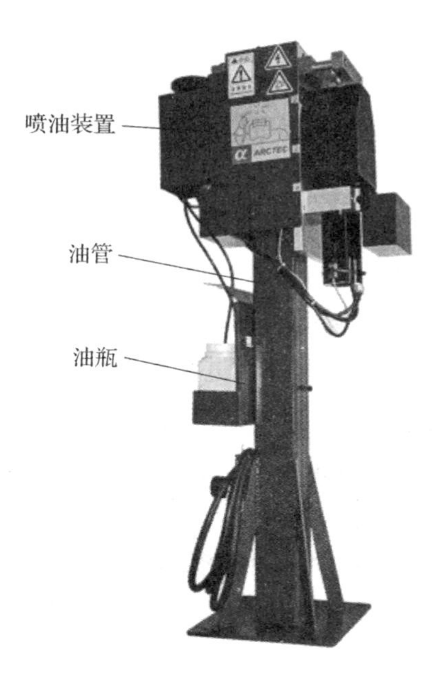

图5－2－3 喷油装置

3）焊丝剪断装置（见图5－2－4）：焊丝剪断装置作为焊枪清理装置的一部分，和焊枪清洗机、喷化器机构复合装配在一起，安装位置相对固定，客户在使用时，如果对焊丝剪断装置有位置要求或有需配置在其他设备上的需求，就不能独立安装，灵活使用了。被焊丝剪断装置剪下的焊丝头属于废弃物，需要收集，但很多的焊丝剪断装置中没有设置收集部分，所以剪下的焊丝头散落在设备旁边，影响工位环境卫生。

焊丝剪断装置中剪丝机的启动方式一般有两种：一种为机械触碰式，另一种为机器人信号控制式。机械触碰式的具体控制过程为，当焊枪移动到剪丝机的刀口位置时，会触碰到机械开关，机械开关动作后使剪丝机的气缸动作（即机械开关相当于气缸的控制开关），焊枪由刀口移走后，在复位弹簧的作用下，机械开关复位，气缸停止工作。机器人信号控制式的具体过程为，当焊枪移动到剪丝机的刀口位置时，机器人的信号输出端会输出剪丝动作信号给电磁阀（此时电磁阀为剪丝机中气缸的控制开关），使气缸进行操作，焊枪由刀口移走后，机器人的信号输出端会输出停止剪丝动作信号给电磁阀使其复位，气缸将停止工作。

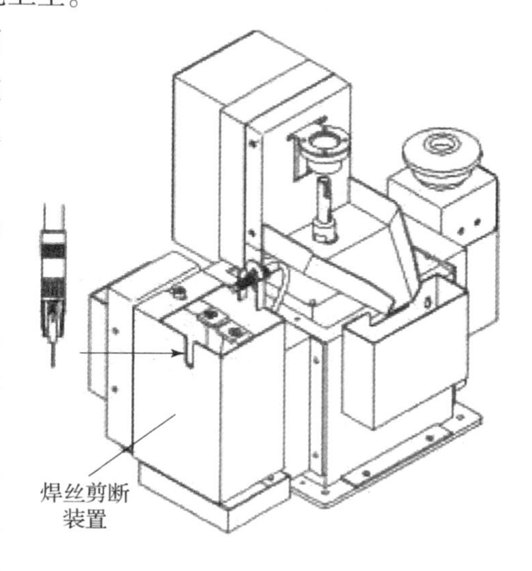

图5－2－4 焊丝剪断装置

5. 使用清枪剪丝机应注意的安全事项

1）清枪剪丝机属焊接系统的一部分，须符合相关规定才可投入使用。

2）请严格遵守国内相关安全规定及事故安全防范法规。

3）清枪剪丝机只用于为机器人焊枪提供喷嘴内表面清除焊渣工作，请勿在其他领域使用。

4）在使用时会存在对人体和环境造成潜在危害的因素。所以，须由专业人员操作此产品，包括产品的安装、使用和维护及保养等，必须严格遵守安全守则。

5）使用清枪剪丝机时，请选用由原厂公司提供的专用零件和焊接机器人进行连接。

6）在对清枪剪丝机进行安装、维护等工作时，必须切断电源及压缩空气气源，释放清枪剪丝机连接线电压，以免造成对不符合使用说明的操作引起的伤害，如因电线引起的电击、烧伤、刺伤等风险，也可能存在因短路而引起的相关系统部件的损伤。

7）启动清枪剪丝机前，请用4个螺栓固定在机器人工作范围内的面板上，以免造成整个清枪剪丝机不固定而摔落的危险。

8）本产品仅在机器人焊枪附近使用，运行过程中非相关人员不得擅自进入工作区域内，安装人员需设置合适的电气联锁电路。

9）专业技术人员应定期检查清枪剪丝机运行状况。经常对电线及水管进行维护，防止老化受损。

10）不允许擅自改动本产品，只有经过生产商书面同意的情况下，方可做出对本产品的修改。

11）清枪剪丝机只能使用原厂的配件。

12）将安全标志贴在清枪剪丝机显著位置上，所有标志、符号应清晰可读。

【任务实施】

1. 清枪剪丝机的铰刀安装和更换

铰刀的安装如图5-2-5所示。

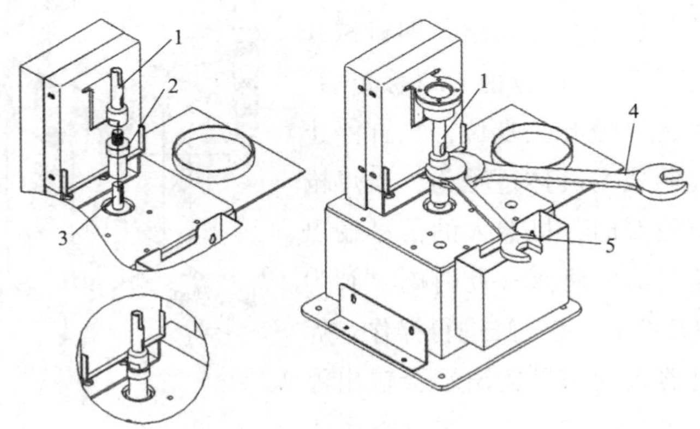

图5-2-5　铰刀的安装

1—铰刀；2—铰刀连接杆；3—电机马达；4—开口扳手SW22；5—开口扳手SW17

铰刀安装：将铰刀连接杆安装在电机马达上，装上铰刀。将开口扳手 SW17 将铰刀拧紧（最小拧紧力矩 20 N·m），拧紧的过程中用开口扳手 SW22 固定住铰刀连接杆，方便铰刀拧紧。

更换铰刀时，只允许使用合适的开口扳手。拧动铰刀连接杆时，使用 SW22；拧动铰刀时，使用 SW17。注意，应将铰刀连接杆装在正确的位置上。

2. 铰刀的问题及措施

1）孔径增大，误差大：根据具体情况适当减小铰刀外径；降低切削速度；适当调整进给量或减少加工余量；适当减小主偏角；校直或报废弯曲的不能用的铰刀；用油石仔细修整到合格；控制摆差在允许的范围内；选择冷却性能较好的切削液；安装铰刀前必须将铰刀锥柄及机床主轴锥孔内部油污擦净，锥面有磕碰处用油石修光；修磨铰刀扁尾；调整或更换主轴轴承；重新调整浮动卡头，并调整同轴度；注意正确操作。

2）孔径缩小：更换铰刀外径尺寸；适当提高切削速度；适当降低进给量；适当增大主偏角；选择润滑性能好的油性切削液；定期互换铰刀，正确刃磨铰刀切削部分；设计铰刀尺寸时，应考虑上述因素，或根据实际情况取值；作试验性切削，取合适余量，将铰刀磨锋利。

3）铰出的孔位置精度超差：导向套磨损；导向套底端距工件太远；导向套长度短、精度差；主轴轴承松动。预防措施有定期更换导向套；加长导向套，提高导向套与铰刀间隙的配合精度；及时维修机床、调整主轴轴承间隙。

3. 清枪剪丝机喷油装置如何调整

1）调试时，请严格遵守喷油装置的最大行程高度规定。最大移动距离（焊枪头部的上下移动）不得超过 6 mm。

2）推荐喷射脉冲的最长持续时间为 2 s。当移出焊枪/喷嘴时，喷油装置自动复位。

3）可以使用调整螺栓对喷油流量进行调整。在进行喷油流量调整时，也可以手动按压上盖来将喷油装置触发。在对喷油流量进行人工设置时，请佩戴防护眼镜。通过将上盖轻轻向下压，激活喷射脉冲。

4）可根据所产生的油雾，对硅油的雾化量进行估算。激活的喷射脉冲最长持续时间为 2 s。

5）可以使用调整螺栓来增减硅油流量。只需很少量的硅油，就可达到良好的润滑效果。

4. 调整清枪剪丝机喷油嘴位置和设置防飞溅剂用量

1）从防护外壳开口侧取出油壶，拧开盖子，取出进油管，注意进油管不能折弯，将防飞溅剂倒入油壶里；然后将进油管插入油壶内，进油管比油壶底面略高一些；最后将盖子盖上并封口放回防护外壳内。

2）将焊枪移到清枪位置。

3）开始调整前，先将两个喷油嘴锁在喷油杆上，对准焊枪的头部零部件部位，用扳手调整到指定的方位。

4）阀门的初始设置为从完全关闭到完全旋开。逆时针旋转，增加防飞溅剂用量；顺时针旋转，则为减少防飞溅剂的用量。此时喷油时间不变。

5）当防飞溅剂没有喷射到焊枪枪头较深的区域时，应增加防飞溅剂的用量，再查看焊枪喷嘴的喷射效果是否为最佳状态。

6）若焊枪喷嘴里有防飞溅剂滴漏，则应减少防飞溅剂的用量，与此同时，再来查看焊枪喷嘴的喷射状态。

5. 清枪剪丝机故障及排除方法

清枪剪丝机故障及排除方法如表5-2-1所示。

表5-2-1　清枪剪丝机故障及排除方法

问题	可能存在的原因	纠正措施
清枪未启动	清枪剪丝机没有压缩空气	检查连接和气源
	机器人控制末端未输入信号	检查连接和程序，检测信号，检查清枪剪丝机的控制线
“夹紧气缸打开”信号未启动	程序顺序错误	如果有必要，检查压缩空气气源和其他设置
	电路连接错误	根据电路图检查连接器分配情况，检查控制线路
清枪效果不理想	铰刀错误	根据铰刀选型表，如果需要，进行更换
	铰刀损坏或磨损严重	更换铰刀
	铰刀没有完全与枪颈对正	检查铰刀位置，进行调整
	焊枪上有难以清除的飞溅、焊渣	确认防飞溅剂浸润正常，如果必要须调整防飞溅剂喷嘴；加防飞溅剂时，仅使用推荐使用的防飞溅剂
机器人未输入清枪信号即开始清枪	控制线连接错误	根据电路图检测线路
	短路或插头、控制线松了	检测，排除
剪丝机不工作	没有压缩空气	检查压缩空气气源
	错误的电路连接，或程序的顺序错误	按照接线图检查连接器的分配。检测机器人控制端输入的“剪丝”动作，如需要，须测量信号
喷油单元功能不正常	程序顺序错误	检查压缩空气气源
	没有防飞溅剂了	确保防飞溅剂正确的浸润，如需要，调整防飞溅剂喷嘴；如需要，加注防飞溅剂

【任务评价】

清枪剪丝机的维护与保养评价表如表 5－2－2 所示。

表 5－2－2 清枪剪丝机的维护与保养评价表

<table>
<tr><td rowspan="2">任务评价</td><td colspan="12">专业知识评价（80 分）</td><td colspan="3">过程评价（10 分）</td><td colspan="3">素养评价（10 分）</td></tr>
<tr><td colspan="3">掌握清枪剪丝机的构造（30 分）</td><td colspan="3">正确更换铰刀（30 分）</td><td colspan="6">正确调整喷油装置（20 分）</td><td colspan="3">穿戴工装、整洁（2 分）；
具有安全意识、责任意识、服从意识（2 分）；
与教师、其他成员之间有礼貌交流、互动（3 分）；
能积极主动参与、实施检测任务（3 分）</td><td colspan="3">能做到安全生产、文明操作、保护环境、爱护公共设施设备（5 分）；
工作态度端正，无无故缺勤、迟到、早退现象（5 分）</td></tr>
<tr><td>学习评价</td><td>自我评价（5 分）</td><td>学生互评（5 分）</td><td>教师评价（10 分）</td><td>自我评价（5 分）</td><td>学生互评（5 分）</td><td>教师评价（10 分）</td><td>自我评价（5 分）</td><td>学生互评（5 分）</td><td>教师评价（10 分）</td><td>自我评价（5 分）</td><td>学生互评（5 分）</td><td>教师评价（10 分）</td><td>自我评价（3 分）</td><td>学生互评（3 分）</td><td>教师评价（4 分）</td><td>自我评价（3 分）</td><td>学生互评（3 分）</td><td>教师评价（4 分）</td></tr>
<tr><td>评价得分</td><td></td><td></td><td></td><td></td><td></td><td></td><td></td><td></td><td></td><td></td><td></td><td></td><td></td><td></td><td></td><td></td><td></td><td></td></tr>
<tr><td>得分汇总</td><td colspan="3"></td><td colspan="3"></td><td colspan="3"></td><td colspan="3"></td><td colspan="3"></td><td colspan="3"></td></tr>
<tr><td>学生小结</td><td colspan="3"></td><td colspan="3"></td><td colspan="3"></td><td colspan="3"></td><td colspan="3"></td><td colspan="3"></td></tr>
<tr><td>教师点评</td><td colspan="3"></td><td colspan="3"></td><td colspan="3"></td><td colspan="3"></td><td colspan="3"></td><td colspan="3"></td></tr>
</table>

【任务小结】

本任务介绍了清枪剪丝机的维护与保养，使学生对清枪剪丝机有更深层次的理解，并能够对清枪剪丝机进行保养。

【任务拓展】

掌握清枪站的维护，可以对清枪站拆卸重装。

任务单元3　储气设备的维护

【任务描述】

气体保护焊是船舶建造过程中广泛应用的一种焊接方法，在使用过程中存在着危险因素。除保护气体泄漏可能造成人员窒息外，还会产生一定的有毒有害物质，如氩弧焊会产生大量的臭氧和氮氧化物，二氧化碳气体保护焊会产生浓度较高的一氧化碳，金属的蒸发和氧化产生有害的金属粉尘等。在安全措施不到位的狭小密闭舱室进行气体保护焊作业，容易造成人员中毒和缺氧窒息事件。二氧化碳气瓶如图5－3－1所示。

图5－3－1　二氧化碳气瓶

【任务目标】

知识目标

1. 了解气体保护焊的危害。

2. 了解焊接用保护气体的正确使用方法。

技能目标

掌握储气设备的维护方法。

素养目标

1. 牢记焊接用保护气体的使用和存储方法。

2. 注意日常使用保护气体安全。

【任务分析】

本任务主要介绍焊接用保护气体储气设备（气瓶）的搬运、存放及使用。

【知识准备】

1. 焊接用保护气体——二氧化碳

1）二氧化碳气体保护焊接是熔焊中的一种，是以二氧化碳为保护气体，进行保护焊接的方法。在应用方面，其操作简单，适合手工焊和全方位不同位置焊接。在焊接时有保护气体流出，焊接位置与外界形成隔绝空气，保证焊接质量，适合室内作业。

2）焊接用二氧化碳要求如表 5-3-1 所示。

表 5-3-1 焊接用二氧化碳要求

项目	组分含量		
	优等品	一等品	合格品
二氧化碳含量（≥）	99.9	99.7	99.5
液态水	不得检出	不得检出	
油			
水蒸气＋乙醇	0.005	0.02	0.05
气味	无异味	无异味	无异味

2. 气瓶管理要求

1）气瓶使用不能接近热源，露天使用特别是夏季使用时要有遮阳及其他降温措施，避免气瓶超压爆炸。

2）气瓶在现场使用要进行有效的固定，防止其倾倒。

3）气瓶安全管理还应遵守《气瓶安全监察规程》的相关规定。

4）使用熔化极气体保护焊时还应注意检查供水系统不得泄漏；大电流熔化极气体保护焊时，应在焊把前加防护挡板，防止焊枪水冷系统漏水破坏绝缘发生触电。

3. 二氧化碳供气管路要求

二氧化碳供气管主管路、分气包、分支胶管、焊机胶管等管路颜色标示规定为黄颜色。

【任务实施】

1. 二氧化碳气瓶的搬运

气瓶要避免敲击、撞击及滚动。阀门是最脆弱的部分，要加以保护。因此，搬运气瓶要注意遵守以下规则。

1）搬运气瓶时，不使气瓶凸出车旁或两端，并应采取充分措施防止气瓶从车上掉下来。运输时不可散置，以免在车辆行进中发生碰撞。不可用铁链悬吊，可以用绳索系牢吊装，每次不可超过一个。如果用起重机装卸超过一个，应用正式设计托架。

2）气瓶搬运时，应罩好气钢瓶帽，保护阀门。

3）避免使用染有油脂的人手、手套、破布接触搬运气瓶。

4）搬运前，应将连接气瓶的一切附件如压力调节器、橡皮管等卸去。

2. 二氧化碳气瓶的存放

1）气瓶应贮存于通风阴凉处，不能过冷、过热或忽冷忽热，使瓶材变质。也不能曝于日光及一切热源照射下，因为曝于热力中，瓶壁强度可能减弱，瓶内气体膨胀，压力迅速增长，可能引起爆炸。

2）气瓶附近，不能有还原性有机物，如有油污的棉纱、棉布等。不要用塑料布、油毡之类遮盖，以免爆炸。勿放于通道，以免碰跌。

3）不同气瓶不能混放。空瓶与装有气体的瓶应分别存放。

4）在实验室中，不要将气瓶倒放、卧倒，以防止开阀门时喷出压缩液体。要牢固地直立，固定于墙边或实验桌边，最好用固定架固定。

5）接收气瓶时，应用肥皂水试验阀门有无漏气，如果漏气，要退回厂家，否则会发生危险。

3. 二氧化碳气瓶的使用注意事项

1）使用前检查连接部位是否漏气，可涂上肥皂液进行检查，调整至确实不漏气后才进行实验。

2）使用时先逆时针打开钢瓶总开关，观察高压表读数，记录高压瓶内总的二氧化碳压力，然后顺时针转动低压表压力调节螺杆，使其压缩主弹簧将活门打开。这样进口的高压气体由高压室经节流减压后进入低压室，并经出口通往工作系统。使用后，先顺时针关闭钢瓶总开关，再逆时针旋松减压阀。

3）钢瓶千万不能卧放。如果钢瓶卧放，打开减压阀后，冲出的二氧化碳液体迅速气化，容易发生导气管爆裂及大量二氧化碳泄漏的意外。

4）减压阀、接头及压力调节器装置正确连接且无泄漏、无损坏、状况良好。

5）二氧化碳不得超量填充。液化二氧化碳的填充量，温带气候不要超过钢瓶容积的75%。

6）旧瓶定期接受安全检验，超过钢瓶使用安全规范年限，接受压力测试合格后，才能继续使用。

【任务评价】

储气设备的维护评价表如表5-3-2所示。

表5-3-2 储气设备的维护评价表

任务评价	专业知识评价（80分）												过程评价（10分）			素养评价（10分）		
	认识二氧化碳气瓶（20分）			掌握气瓶管理要求（20分）			能进行气瓶的搬运（20分）			正确存放气瓶（20分）			穿戴工装、整洁（2分）；具有安全意识、责任意识、服从意识（2分）；与教师、其他成员之间有礼貌地交流、互动（3分）；能积极主动参与、实施检测任务（3分）			能做到安全生产、文明操作、保护环境、爱护公共设施设备（5分）；工作态度端正，无无故缺勤、迟到、早退现象（5分）		
学习评价	自我评价（5分）	学生互评（5分）	教师评价（10分）	自我评价（5分）	学生互评（5分）	教师评价（10分）	自我评价（5分）	学生互评（5分）	教师评价（10分）	自我评价（5分）	学生互评（5分）	教师评价（10分）	自我评价（3分）	学生互评（3分）	教师评价（4分）	自我评价（3分）	学生互评（3分）	教师评价（4分）
评价得分																		
得分汇总																		
学生小结																		
教师点评																		

【任务小结】

本任务介绍了二氧化碳气瓶的搬运、存放与使用，使学生对储气设备有更深层次的理解，并能够对二氧化碳气瓶进行维护保养。

【任务拓展】

更换二氧化碳输送气体的气管。

模块6 机器人变位机操作编程

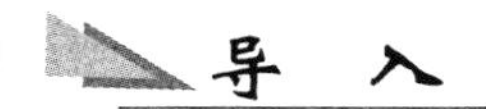

导 入

变位机作为机器人焊接生产线和柔性焊接加工单元的重要组成部分，其作用是将被焊接工件旋转和平移到达最佳的焊接位置。在焊接作业之前和焊接过程中，变位机通过夹具来装夹和定位被焊工件，对工件的不同要求决定了变位机的负载能力及运行方式。

任务单元 变位机操作编程

【任务描述】

变位机是专用的焊接辅助设备，适用于回转工作的焊接变位，以得到理想的加工位置和焊接速度。变位机一般由机器人外部轴控制，可以直接用机器人示教器操作编程。

【任务目标】

知识目标

1. 了解变位机控制操作方法。
2. 了解机器人外部轴运动控制指令。
3. 了解机器人外部轴编程操作。

技能目标

1. 掌握机器人加变位机程序编写的方法。
2. 掌握机器人外部轴编程指令应用。
3. 掌握机器人变位机基座标定方法。
4. 掌握机器人工具坐标标定方法。

素养目标

1. 独立完成变位机线路设计与连接工作。
2. 独立完成机器人加变位机程序编写。

【任务分析】

本任务主要介绍以下内容：

1）变位机运动控制指令；

2）变位机应用编程。

【知识准备】

1. 机器人外部轴操作

用左手按下使能按钮，进入“电机开启”状态，按下示教器上外部轴切换键，切换到外部轴控制，如图 6－1－1 所示。按照操纵杆方向指示操作外部轴运动。

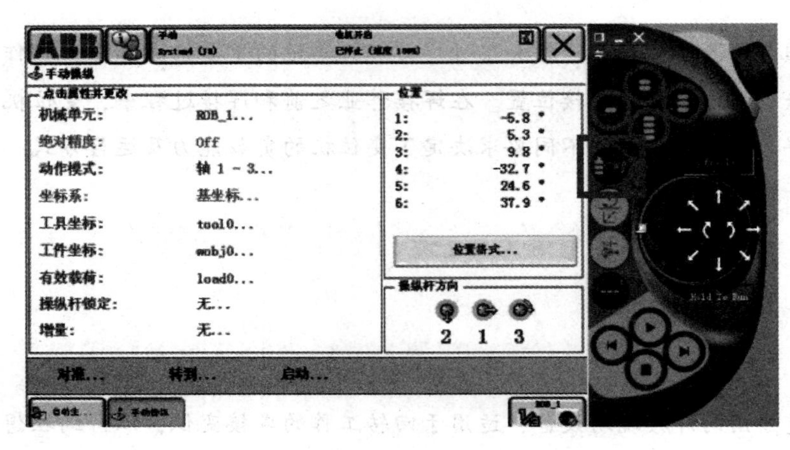

图 6－1－1　切换到外部轴控制

2. 机器人附加轴控制指令

（1）外轴激活指令 ActUnit

应用：将机器人一个外轴激活，如当多个外轴公用一个驱动板时，通过外轴激活指令 ActUnit 选择当前所使用的外轴。

实例：

```
MoveL p10,v100,fine,tool1;_p10,外轴不动
ActUnit track _motion;外轴名
MoveL p20,v100,z10,tool1;_p20,外轴联动 track_motion
DeactUnit track _motion;
ActUnit orbit_a;
MoveL p30,v100.z1o.tool1;_p30,外轴联动 orbit_a
```

限制：

1）不能在指令 StorePath …RestoPath 内使用。

2）不能在预置程序 RESTART 内使用。

3）不能在机器人转轴处于独立状态时使用。

（2）外轴激活指令 DeactUnit

应用：使机器人一个外轴失效，如当多个外轴公用一个驱动板时，通过外轴激活指令 DeactUnit 使当前所使用的外轴失效。

实例：

```
MoveL p10,v100,fine,tool1;_p10,外轴不动
ActUnit track_motion;
MoveL p20,v100,z10,tool1;_p20,外轴联动 track_motion
DeactUnit track_motion;
ActUnit orbit_a;
MoveL p30,v100,z10,tool1;_p30,外轴联动 orbit_ao
```

限制：

1）不能在指令 StorePath…RestoPath 内使用。

2）不能在预置程序 RESTART 内使用。

3. 工业机器人 TCP 标定（工具坐标创建）

1）移动机器人末端夹具尖端对准标定针尖端；机器人末端夹具垂直于工作平面，与标定针处于同一直线上，如图 6－1－2 所示。

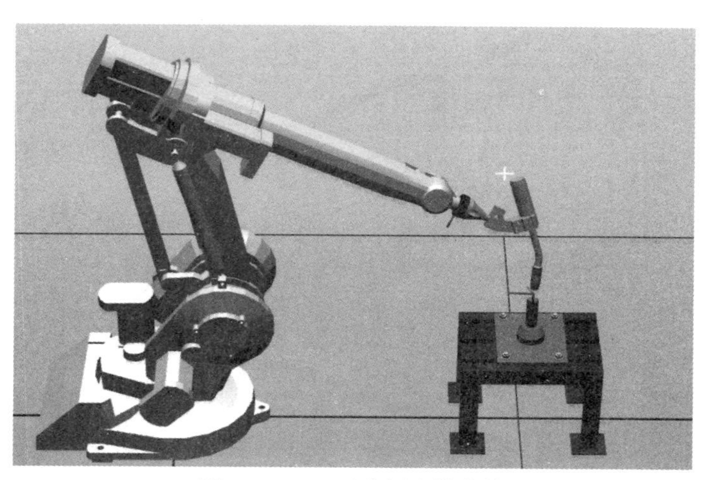

图 6－1－2　对准标定针尖端

在示教器上单击“手动操纵”，进入手动操纵界面；单击“工具坐标”，选择 tool0，进入工具坐标显示界面；单击“新建”创建工具坐标 tool1，并单击“确定”。选中新创建的工具坐标 tool1，单击“编辑”选择“定义”（见图 6－1－3），依次选择点 1、点 2、延伸器点 *X* 和延伸器点 *Z*，围绕标定针顶端移动机器人末端夹具尖端角度、相对于 *X* 方向距离、*Z* 方向距离并修改对应点的位置，全部点记录后单击“确定”，显示工具坐标创建结果界面。查

看平均误差值，若平均误差值小于0.1 mm则选当前工具坐标，选中之前要预先更改所创建工具坐标的质量，单击“编辑”选择“更改值”，找到mass将质量设为1~2任一数即可。

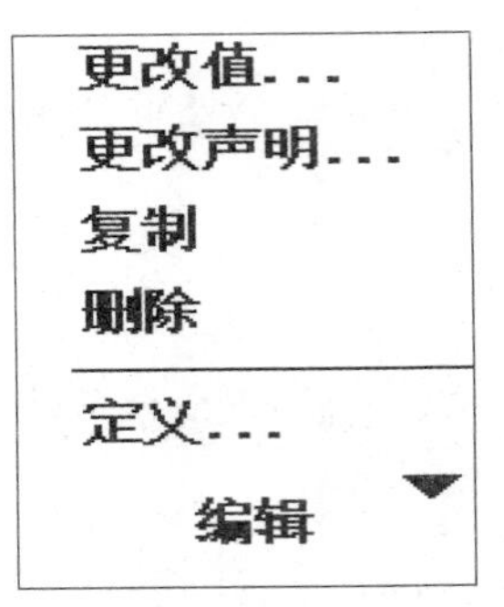

图6-1-3　定义工具坐标

2）校验方法选择，如图6-1-4所示。

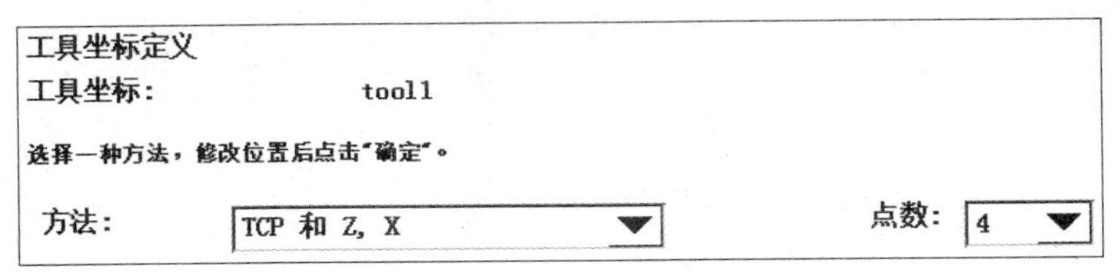

图6-1-4　校验方法选择

3）点1及点4修改：将机器人移动到当前位置，选中点1和点4，分别单击“修改位置”，如图6-1-5和图6-1-6所示。

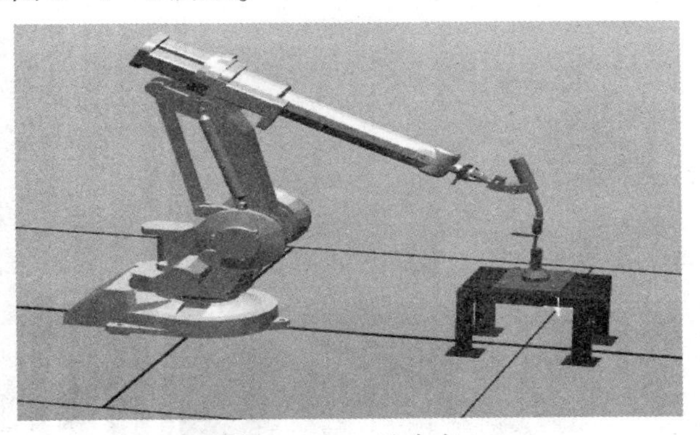

图6-1-5　选中点1

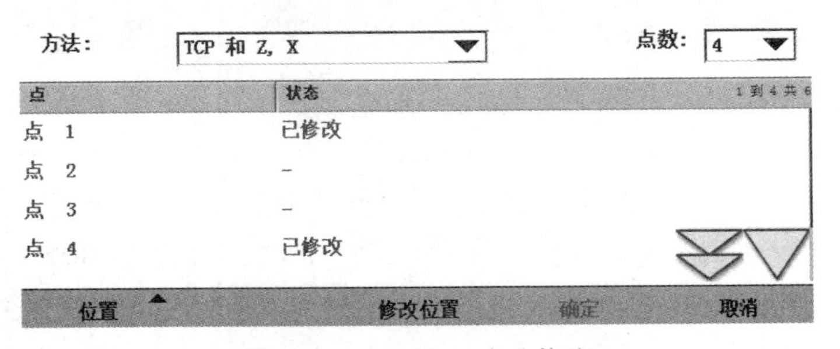

图6-1-6　点1、点4修改

4）点2修改：以点1为基准，标定针尖端为参考点，正向旋转80°（旋转角度为60°～135°），调整好角度后，保持机器人当前姿态，移动机器人使机器人末端夹具尖端移动到标定针尖端（移动位置与点1靠近尖端位置最好大致相同），然后选中点2，单击“修改位置”，记录当前位置信息到点2，如图6－1－7和图6－1－8所示。

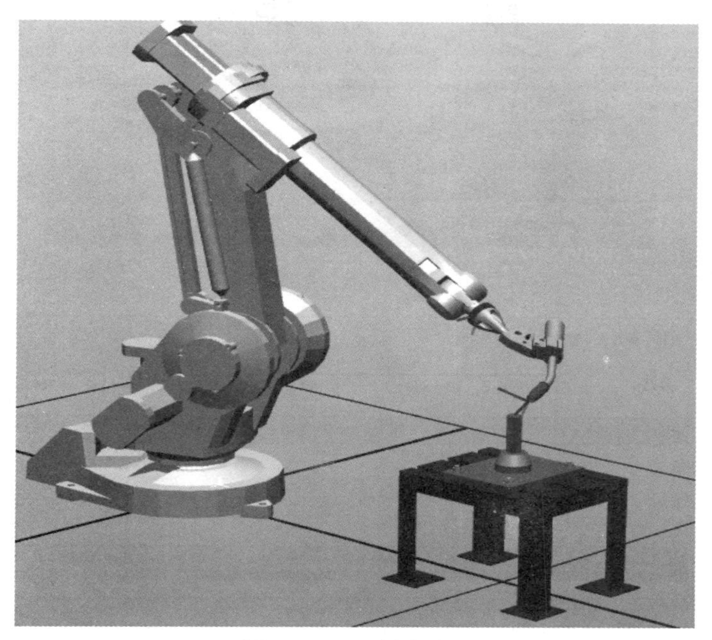

图6－1－7　选中点2

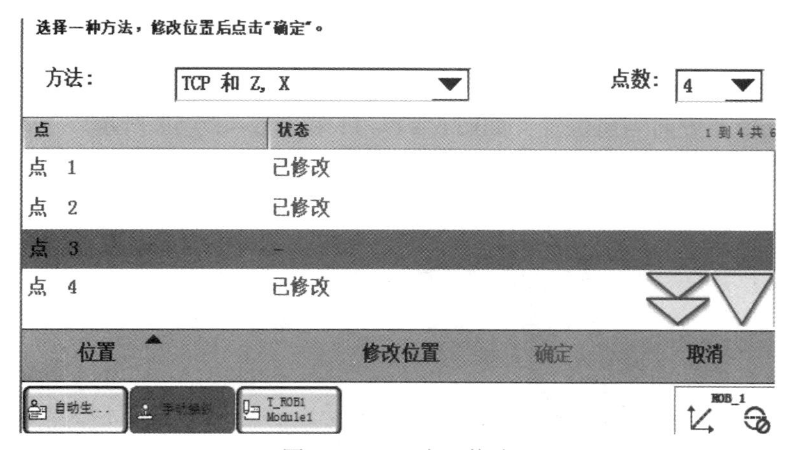

图6－1－8　点2修改

5）点3修改：以点1为基准，标定针尖端为参考点，反向旋转80°（旋转角度为60°～135°），调整好角度后，保持机器人当前姿态，移动机器人使机器人末端夹具尖端移动到标定针尖端（移动位置与点1靠近尖端位置最好大致相同），然后选中点3，单击“修改位置”，记录当前位置信息到点3，如图6－1－9和图6－1－10所示。

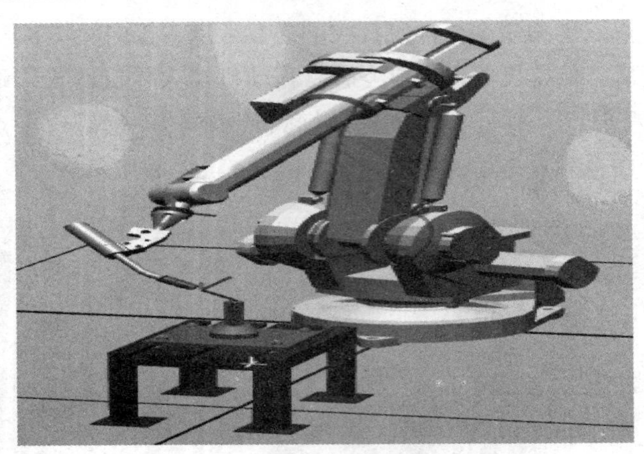

图 6-1-9　选中点 3

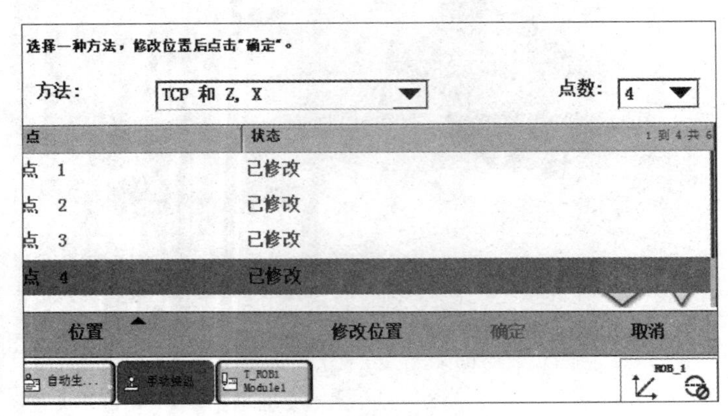

图 6-1-10　点 3 修改

6）延伸器点 *X* 修改：返回点 1 位置记录姿态，在 *X* 方向移动 250 mm 距离，单击“修改位置”，记录在 *X* 方向当前位置，如图 6-1-11 和图 6-1-12 所示。

图 6-1-11　延伸器点 *X*

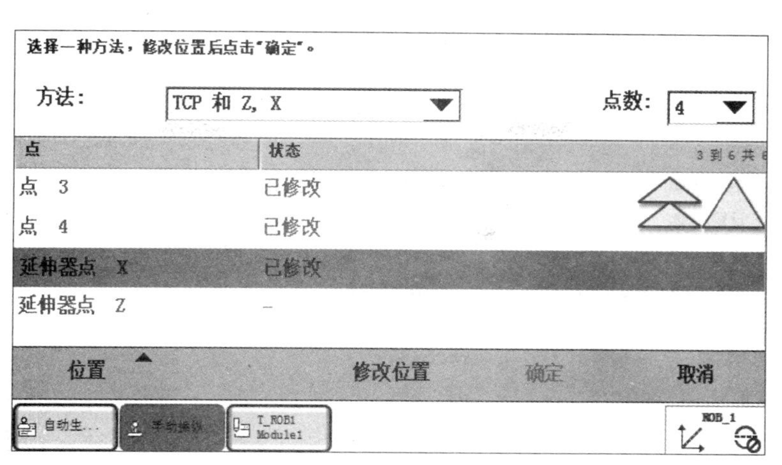

图 6-1-12 延伸器点 X 修改

7）延伸器点 Z 修改：返回点 1 位置记录姿态，在 Z 方向移动 250 mm 距离，单击“修改位置”，记录在 Z 方向当前位置，如图 6-1-13 所示。

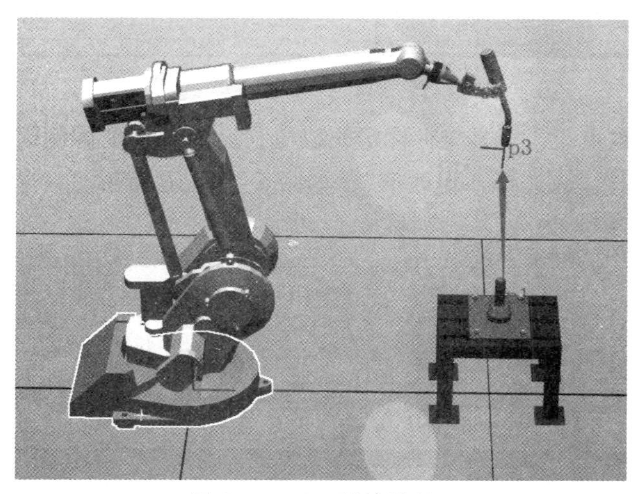

图 6-1-13 延伸器点 Z

当延伸器点 Z 修改记录完成后，效果如图 6-1-14 所示。

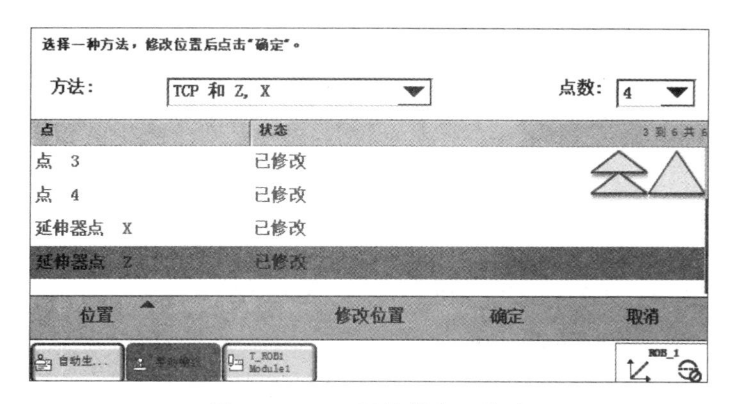

图 6-1-14 延伸器点 Z 修改

工具坐标定义界面，确定选项会由灰色变为黑色状态，此时单击“确定”，显示当前工具坐标创建标定结果。若平均误差大于0.1 mm，则需重新进行工具坐标的定义；若符合要求则单击“确定”，此时工具坐标标定完成，如图6－1－15所示。

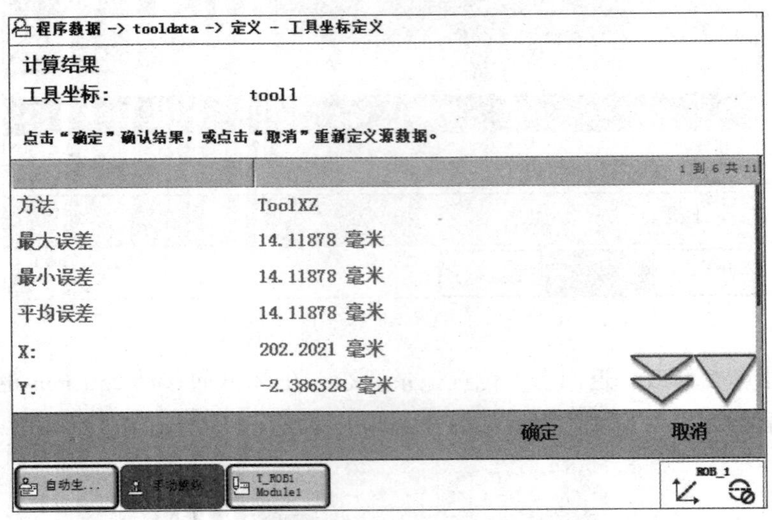

图6－1－15　工具坐标标定完成

8）工具坐标参数更改：工具坐标标定完成后，返回工具坐标创建画面，选中所定义的工具坐标，单击“编辑”，选择“更改值”，如图6－1－16所示。

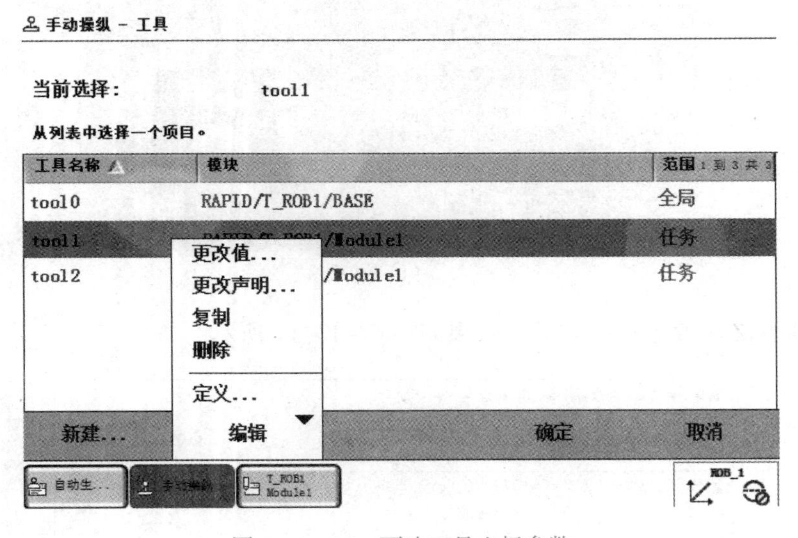

图6－1－16　更改工具坐标参数

进入工具坐标参数设置界面，找到mass选项更改夹具质量，找到位置信息更改$X/Y/Z$的值（工具坐标中$X/Y/Z$的值不能同时为零），将X设为100，Y设为0，Z设为50，如图6－1－17和图6－1－18所示。

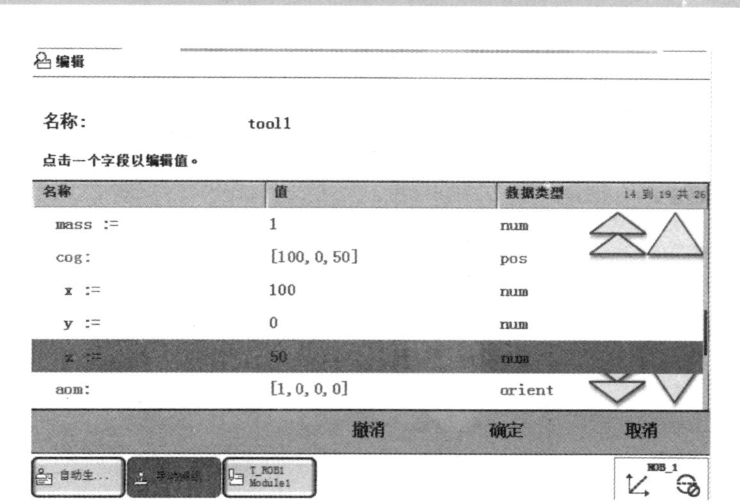

图 6-1-17 工具坐标参数 1

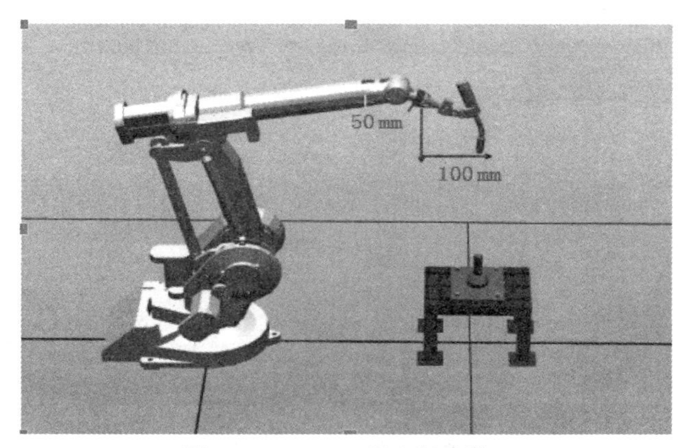

图 6-1-18 工具坐标参数 2

9）工具坐标校验（以 tool1 为例）：在示教器上单击“手动操纵”，进入手动操纵界面，如图 6-1-19 所示。

图 6-1-19 单击“手动操纵”

单击“工具坐标”，选择 tool1，工作模式改为重定位，转动摇杆观察机器人动作是否绕着 TCP 做姿态调整变化。若是，则工具坐标创建成功，反之需重新对工具坐标定义（标定），如图 6－1－20 和图 6－1－21 所示。

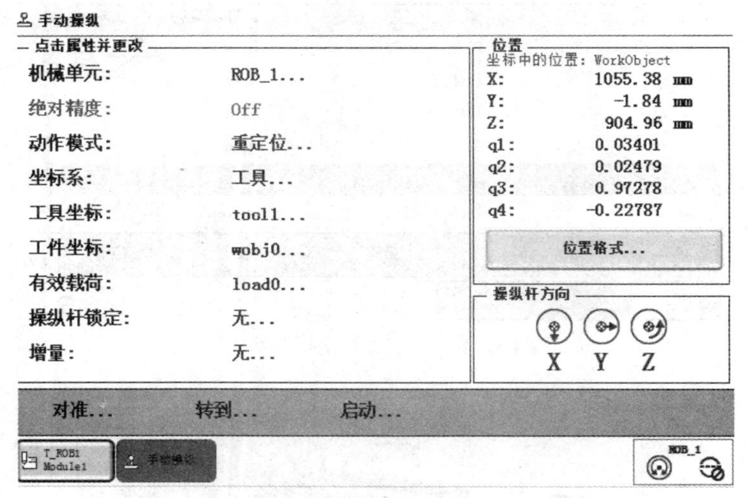

图 6－1－20　工具坐标校验 1

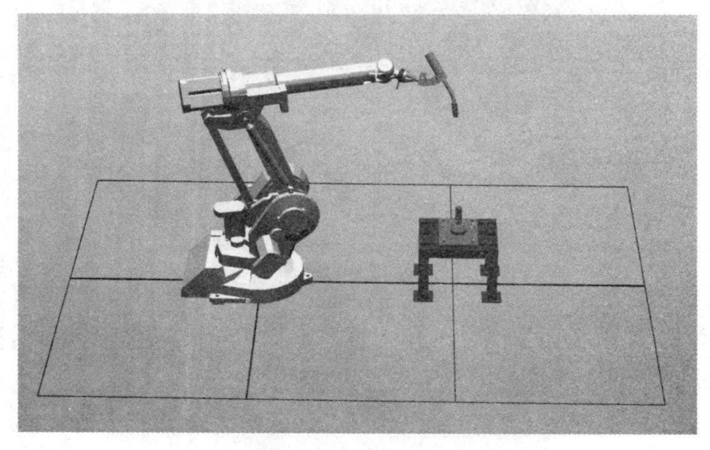

图 6－1－21　工具坐标校验 2

【任务实施】

1. 机器人（ROB_1）与外轴（STN1）同步操作

1）手动操纵界面，工具坐标选择新建的工具坐标 tool1。

2）变位机基座标定。

将变位机回到零位位置，移动机器人末端夹具尖端到变位机上转台边缘标定线处任意尖点，调整末端夹具姿态，使夹具末端与标定线处于同一水平线上，选择点 1（转盘的基座标原点和该点指定了 *X* 轴方向），单击“修改位置”。记录当前位置，然后正反向旋转转台，用 TCP 去碰触刚才碰触的点，记录位置到点 2 中。依次旋转转台，记录点 3 和点 4，最后让

TCP 上拉（不用太长距离只是定义方向），定义最后的延伸器点 Z。单击“确定”，并做标定结果验证/校验。

步骤一：打开 ABB 主菜单，单击“校准”，进入校准选择界面，如图 6－1－22 所示。

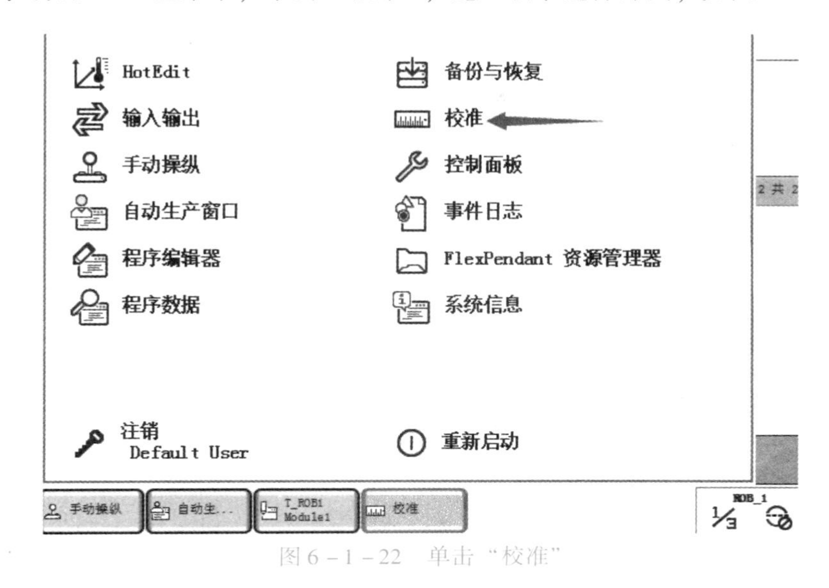

图 6－1－22 单击“校准”

步骤二：单击“STN1 校准”，进入外部轴校准界面，如图 6－1－23 所示。

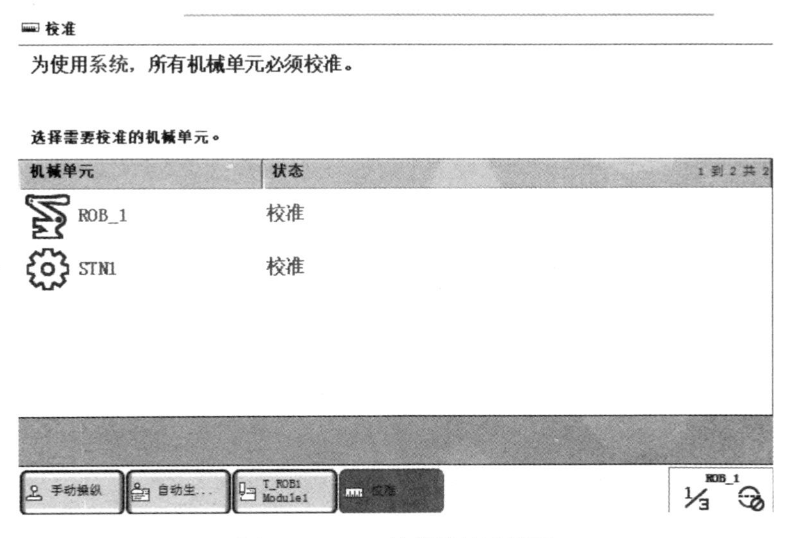

图 6－1－23 外部轴校准界面

步骤三：单击“基座”，选择○点 Z，进入基座标定界面，如图 6－1－24 和图 6－1－25 所示。

步骤四：使夹具末端与标定线处于同一水平线上，选择点 1（转盘的基座标原点和该点指定了 X 轴方向），单击“修改位置”，记录当前位置，如图 6－1－26 所示。

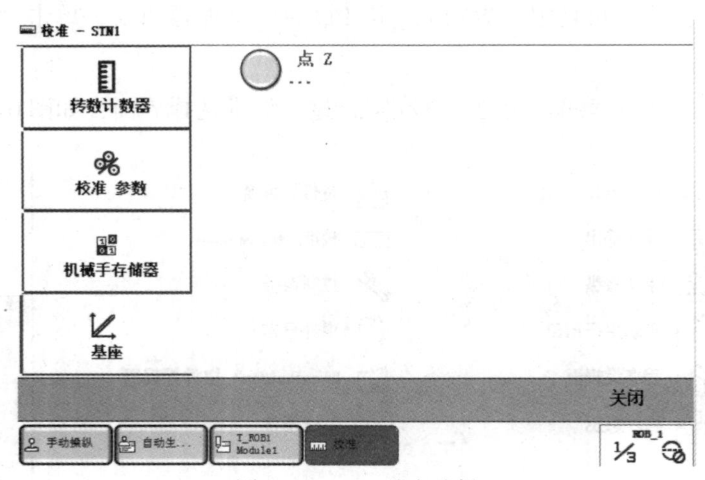

图 6－1－24　基座选择

步骤五：记录当前位置，然后正反向旋转转台，用 TCP 再去碰触刚才碰触的点，记录位置到点 2 中，如图 6－1－27 所示。

步骤六：依次旋转转台，记录点 3 和点 4，如图 6－1－28 和图 6－1－29 所示。

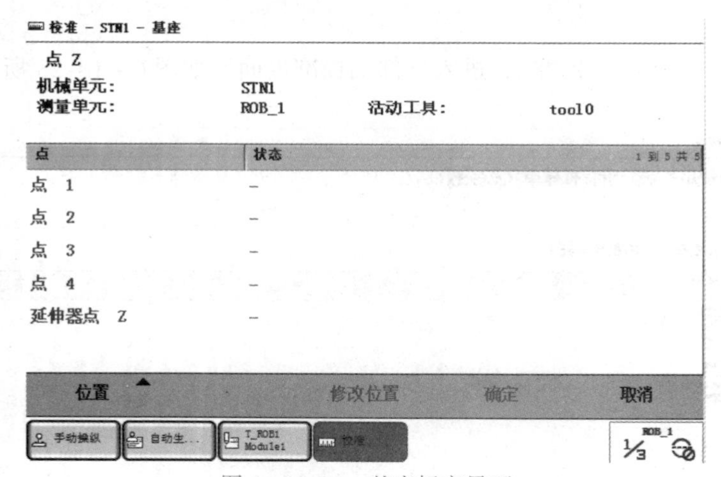

图 6－1－25　基座标定界面

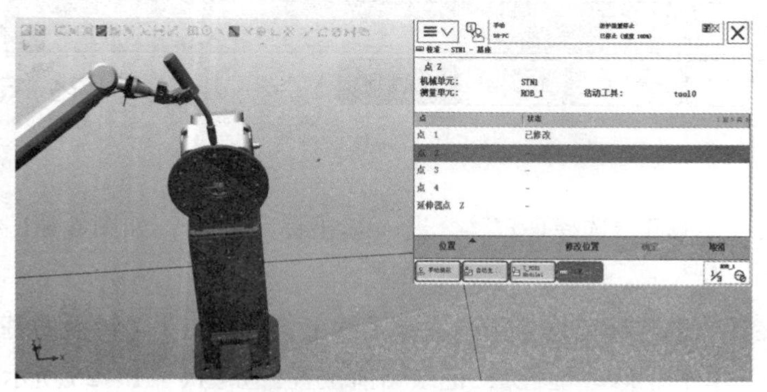

图 6－1－26　点 1 设置

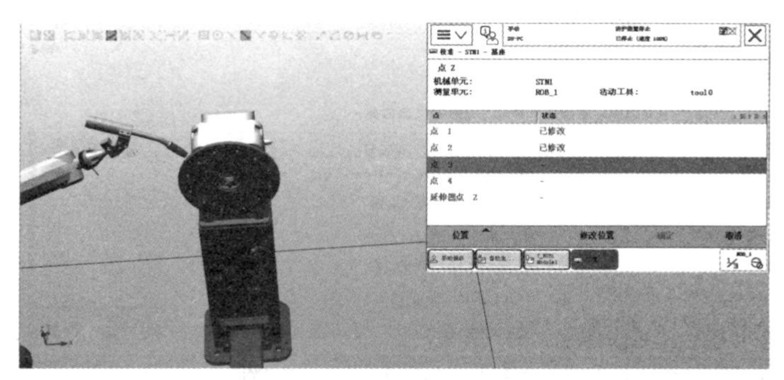

图 6-1-27　点 2 设置

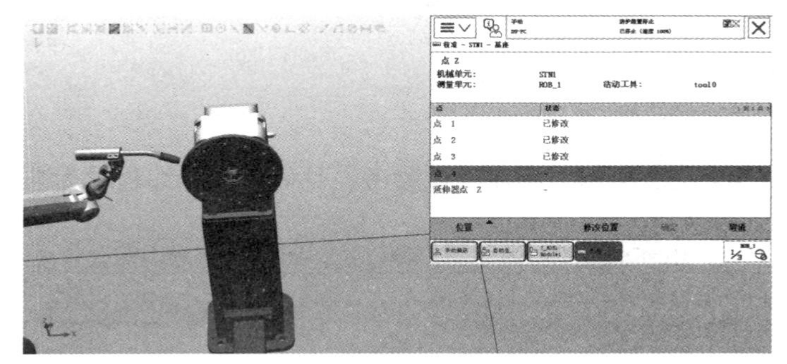

图 6-1-28　点 3 设置

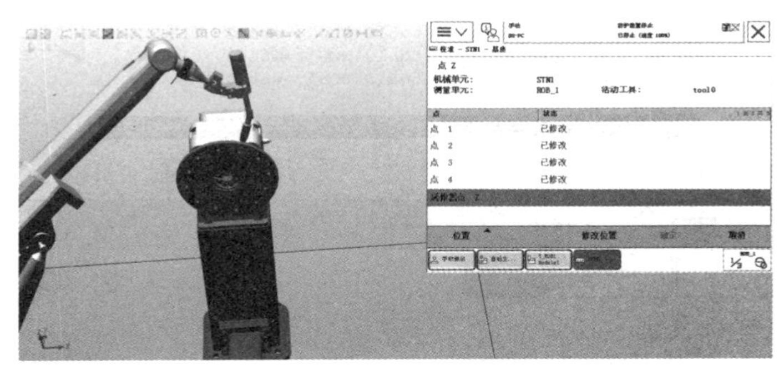

图 6-1-29　点 4 设置

步骤七：让 TCP 上拉（不用太长距离只是定义方向），定义最后的延伸器点 Z。单击“确定”，并做标定结果验证/校验，如图 6-1-30 和图 6-1-31 所示。

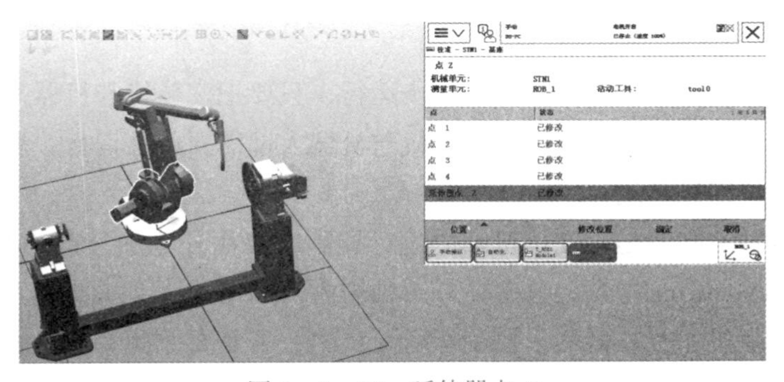

图 6-1-30　延伸器点 Z

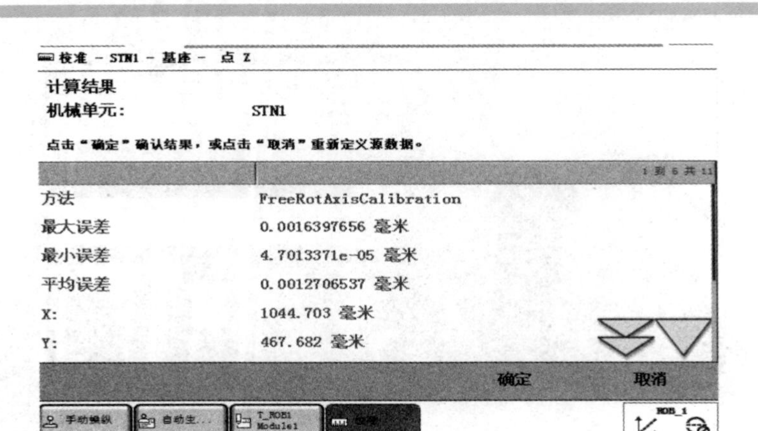

图 6-1-31　单击“确定”

2. 程序编写及程序运行

示例程序如图 6-1-32 所示。程序仅供参考，具体以实际编程时为准。

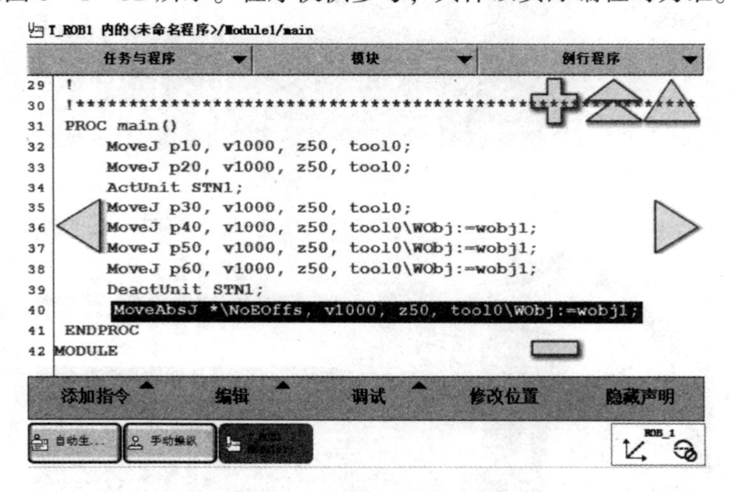

图 6-1-32　示例程序

变位机自动运行也是通过编写机器人例行程序实现的，与行走轴一样，它们都属于机器人的外部扩展轴。对于 ABB 机器人来说，在编写外部扩展轴的运行程序时可以直接使用机器人运动指令，如 MoveAbsJ、MoveJ、MoveL 等，外部轴的点位数据会一同记录在机器人运动的点位数据中。

值得注意的是，变位机可以与机器人同步运行，只要把变位机与机器人的运动点位示教在同一条运动程序中就可以实现；如果变位机与机器人都需要单独运行，那么就需要单独示教各自的运动程序，即异步运行。

与机器人行走轴不同的是，变位机轴的运行控制需要额外添加外部轴激活与关闭指令，也就是 ActUnit 与 DeactUnit 指令。只有在外部轴被激活的情况下，机器人点位的外部轴运动数据才会生效，变位机才能被机器人控制运行。反之，若是要关闭变位机的运行，就要执行外部轴关闭指令。一般情况下，ActUnit 与 DeactUnit 指令分别被添加在机器人例行程序的首行与尾行，如图6－1－32所示。

【任务评价】

变位机操作编程评价表如表6－1－1所示。

表6－1－1 变位机操作编程评价表

	专业知识评价（80分）												过程评价（10分）			素养评价（10分）		
任务评价	掌握变位机操作方法（20分）			正确使用机器人附加轴控制指令（20分）			掌握机器人工具坐标创建和校正（20分）			掌握外部轴校正方法（20分）			穿戴工装、整洁（2分）；具有安全意识、责任意识、服从意识（2分）；与教师、其他成员之间有礼貌地交流、互动（3分）；能积极主动参与、实施检测任务（3分）			能做到安全生产、文明操作、保护环境、爱护公共设施设备（5分）；工作态度端正，无无故缺勤、迟到、早退现象（5分）		
学习评价	自我评价（5分）	学生互评（5分）	教师评价（10分）	自我评价（5分）	学生互评（5分）	教师评价（10分）	自我评价（5分）	学生互评（5分）	教师评价（10分）	自我评价（5分）	学生互评（5分）	教师评价（10分）	自我评价（3分）	学生互评（3分）	教师评价（4分）	自我评价（3分）	学生互评（3分）	教师评价（4分）
评价得分																		
得分汇总																		
学生小结																		
教师点评																		

【任务小结】

本任务介绍了变位机的操作编程，使学生对机器人变位机有更深层次的理解，并能够正确进行变位机编程。

【任务拓展】

使用其他方法标定工具坐标，如三点法、四点法等。

参 考 文 献

[1] 杜志忠，刘伟. 机器人焊接编程与应用 [M]. 北京：机械工业出版社，2019.

[2] 戴建树. 机器人焊接工艺 [M]. 北京：机械工业出版社，2021.

[3] 邱葭菲. 金属熔焊原理及材料焊接 [M]. 2版. 北京：机械工业出版社，2022.

[4] 姚佳，李荣雪. 金属材料焊接工艺 [M]. 北京：机械工业出版社，2021.

[5] 胡新德，刘晓辉. 焊接机器人操作与编程 [M]. 北京：机械工业出版社，2020.

[6] 姚佳，李荣雪. 焊接检验 [M]. 3版. 北京：机械工业出版社，2022.

[7] 邱葭菲. 焊接方法与工艺 [M]. 北京：机械工业出版社，2021.

[8] 叶晖，管小清. 工业机器人实操与应用技巧 [M]. 2版. 北京：机械工业出版社，2020.

[9] 叶晖. 工业机器人典型应用案例精析 [M]. 北京：机械工业出版社，2013.

[10] 邢美峰. 工业机器人操作与编程 [M]. 北京：电子工业出版社，2016.

[11] 兰虎. 工业机器人技术及应用 [M]. 北京：机械工业出版社，2014.

[12] 兰虎. 焊接机器人编程及应用 [M]. 北京：机械工业出版社，2013.

[13] 张培艳. 工业机器人操作与应用实践教程 [M]. 上海：上海交通大学出版社，2009.

[14] 孙慧平. 焊接机器人系统操作、编程与维护 [M]. 北京：化学工业出版社，2018.